高职高专汽车类实践系列教材

U0652858

混合动力
汽车构造与维修

◎主 编 宋学彬

西安电子科技大学出版社

内 容 简 介

　　本书是新能源汽车技术专业高等职业教育创新规划教材之一，全书包括5个项目、17个学习单元。项目一介绍了混合动力汽车构造与工作原理，为学生学习提供了指导方向；项目二介绍了混合动力汽车发动机的构造与维修，包括混合动力汽车发动机的两大机构与四大系统；项目三介绍了混合动力汽车驱动电机的类型、结构与控制及各种驱动电机的特性；项目四介绍了混合动力汽车电池的相关知识；项目五介绍了混合动力汽车变速器的相关知识技能。本书图文并茂地展示了各知识点，便于学生学习理解。

　　本书可作为高等职业院校汽车类相关专业的教材，也可作为汽车维修技术人员的学习参考书。

图书在版编目(CIP)数据

混合动力汽车构造与维修 / 宋学彬主编. 一西安：西安电子科技大学出版社，2022.9
ISBN 978-7-5606-6627-3

Ⅰ. ①混… Ⅱ. ①宋… Ⅲ. ①混合动力汽车—构造—高等职业教育—教材 ②混合动力汽车—车辆维修—高等职业教育—教材 Ⅳ. ① U469.7

中国版本图书馆CIP数据核字(2022)第165664号

策　　划　刘玉芳　刘统军
责任编辑　刘玉芳
出版发行　西安电子科技大学出版社(西安市太白南路2号)
电　　话　(029)88202421　88201467　　邮　　编　710071
网　　址　www.xduph.com　　　电子邮箱　xdupfxb001@163.com
经　　销　新华书店
印刷单位　陕西日报社
版　　次　2022年9月第1版　　2022年9月第1次印刷
开　　本　787毫米×1092毫米　1/16　　印　张　13.5
字　　数　270千字
印　　数　1～3000册
定　　价　49.00元
ISBN 978-7-5606-6627-3 / U

XDUP 6929001-1

如有印装问题可调换

前言 PREFACE

　　环境污染、气候变暖、能源短缺是全球汽车产业面临的共同挑战。为深入贯彻党中央节能减排的文件精神和《国务院关于大力推进职业教育改革与发展的决定》，以及《关于实施职业院校制造业与现代服务业技能型紧缺人才培养培训工程的通知》精神，笔者结合混合动力汽车产业的现状编写了本书，供高等职业院校汽车类专业课程使用。

　　本书符合国家对技能型人才培养培训工作的要求，注重以就业为导向、以能力为本位，坚持面向市场、面向社会，坚持为产业结构调整和科技发展服务的原则，以培养高素质的初、中级汽车专业实用型技能人才为目标。在本书编写过程中，笔者调研了一些高等职业院校多年来的专业教学实践经验，注重吸收其先进的职教理念和方法。本书作者来自教学一线，有较强的企业实践经验和专业教学经验，编写时也充分考虑了目前高等职业院校的教学实际，形成了以下特色：

　　(1) 取材合理，难易适中。本书内容紧密联系实际，将技能点、知识点进行有效融合，以国家职业技能标准为依据，注重对学生职业化素质的培养，满足应知应会的知识技能要求，符合专业培养目标和职业能力的基本要求，取材合理，难易适中，适合高等职业院校学生的学习需求。

　　(2) 通俗易懂。按先易后难的原则安排内容，注重产业发展对技能人才的需求，同时，与高等职业院校学生培养目标衔接，书中内容结合了企业现有操作规程与实际维修经验。

　　(3) 内容针对性强。注重汽车售后市场职业岗位对人才的知识要求与能力要求，力求使读者通过学习达到相应的职业资格标准，并充分反映新技术、新知识、新工艺、新方法、新材料的运用。

（4）精心设计呈现形式。在内容的呈现形式上，尽可能用图片、实物照片和表格等将知识点、技能点生动地展现出来，让学生更直观地理解和掌握所学内容。

由于编者水平有限，书中难免有疏漏和不足之处，恳请广大读者不吝指正，以便再版时修改。

编　者

2022 年 6 月

目录 CONTENTS

项目一　混合动力汽车构造与工作原理

本项目包括混合动力汽车的发展和混合动力汽车结构与工作过程两个学习单元。通过学习，混合动力汽车的发展前景并掌握混合动力汽车的分类、基本结构、工作原理及特点。

学习单元一　混合动力汽车的发展

- 了解全球混合动力汽车的发展状况；
- 了解中国混合动力汽车的发展现状；
- 了解混合动力汽车的发展趋势。

一、全球混合动力汽车的发展

混合动力汽车的概念几乎与汽车的概念同时出现，但是其最初的目的并非是有效降低燃油的消耗量，而是辅助汽车内燃机以保证其性能水平。事实上，早期内燃机工程技术的发展水平不及电机工程技术。

1899 年，巴黎美术展览馆展出了世界最早的两款混合动力汽车。一款是由比利时研究院开发的油电混合动力汽车，该车装有一台由电动机和铅酸电池组辅助的小型空冷汽油发动机。当该混合动力汽车滑行或停车时，发动机给蓄电池组充电；当所需的驱动功率大于发动机额定值时，电动机及时提供辅助的功率。另一款是法国文多弗里与普里斯公司制造的油电混合动力汽车，它由纯商品化的电动汽车衍生而来。该车是一辆三轮车，在其两个后轮上分别装有独立的电动机。与 11 kW 发电机组合的一台 559.28 W 的汽油发动机安装在拖车上，拖带在该车后面，通过汽油发动机驱动的充电装置对蓄电池组再充电以扩展其续航里程。从 1899 年到 1914 年，这期间出现了由发动机与电动机同时驱动车辆行驶和发动机驱动充电装置为蓄电池组充电、由电能通过电动机驱动车辆行驶的混合动力汽车。早期采用混合动力主要是为辅助功率偏小的内燃机汽车，或是为了增进电动汽车的续航里程。混合动力汽车利用了基本的电动汽车应用技术，并使之实用化。尽管在其设计中有很多的创造性，然而在第一次世界大战后，早期的混合动力汽车还是不能与已获重大改进的内燃机汽车相竞争。就功率而言，汽油发动机取得了很大的进步，发动机变得更小、更高效，并且不再需要电动机予以辅助。由于使用电动机产生的附加成本及与酸性电池组相伴随的环境公害，所以第一次世界大战后，混合动力汽车从市场中逐渐消失了。

Victor Wouk 博士被公认为是推进混合动力汽车的近代研究者。1975 年，他与同事们一起制造了一辆 Buick Skylark 型发动机与电动机同时驱动的混合动力汽车。该车发动机是马达自旋转式发动机，它与手动变速器配合，并由一台固定于传动装置前端的 11.19 kW 的他励直流电动机予以辅助，8 个 12 V 的汽车蓄电池组用于能量的储存，最高速度可达 129 km/h，0～96 km/h 加速时间约为 16 s。

1973 年和 1977 年的两次石油危机以及人们不断增加的对环境的忧虑并没有促使混合动力汽车成功地进入市场。此后，研究工作主要集中在纯电动汽车上，许多纯电动汽车的原型在 20 世纪 80 年代完成。在此期间，由于实用电子技术、现代电动机和蓄电池应用技术的欠缺，导致了人们对混合动力汽车的兴趣不足。20 世纪 80 年代，人们见证了传统内燃机汽车体积减小、催化排放净化器的引入以及燃料喷射技术普及化等的进展。20 世纪 90 年代，当纯电动汽车难以达到实用化目标的事实变得明朗时，人们对混合动力汽车的概念产生了很大的兴趣。福特汽车公司启动了福特混合动力汽车挑战计划。全世界汽车制造业生产的混合动力汽车原型取得了巨大的进步，它们在燃油经济性方面超过了对应的内燃机汽车。在美国，道奇汽车公司制造了 Intrepid(无畏)ESX-1、ESX-2 和 ESX-3 型混合动力汽车。ESX-1 型混合动力汽车是发动机驱动充电装置为蓄电池组充电，再由电能通过电动机驱动的混合动力汽车，它装备有一个小型涡轮增压的三气缸柴油机和一个蓄电池组，在后轮上置有两个 7.46 kW 的电机。当时，美国政府提出"新一代汽车合作伙伴计划 (PNGV)"，包含燃油经济性可达 80 mile/gal(1 gal = 3.78541 dm^3) 的中型轿车的目标。

欧洲方面的代表性成果为法国的 Renault Next，该车是一辆由小型发动机与电动机同时驱动的混合动力汽车，采用了一个排量为 0.75 L 的发动机和两个电动机。其燃油经济性达到了 29.4 km/L，最高速度和加速性能也可与传统内燃机汽车相媲美。大众汽车公司也制造了原型车 Chico，其基础是辆装备有镍氢电池组和一台三相异步电动机的小型汽车，在此基础上安装了一台小型的双缸汽油发动机，用以给蓄电池组充电，并为高速巡航提供附加的动力。

2021 年，本田推出了 CR-V 插电混合动力车型，百公里综合油耗仅为 1.3 L，即使在电量不足时，本田 CR-V 插混版的油耗也仅为 4.7 L。该车搭载了一台排量为 2.0 L 发动机，最大功率为 107 kW，与之协同驱动汽车的还有一台功率为 135 kW 的电动机，百公里加速时间为 10.3 s，该车甚至在高动力负荷时（加速和高速巡航工况）仍然可由电动机驱动，已达到最优的节油能耗，车辆的平顺性和噪音控制都非常接近于纯电动汽车。

二、我国混合动力汽车的发展现状

目前，我国各大汽车集团都在进行混合动力汽车的研发。一汽研发的红旗 HQ3 于 2006 年投产；东风集团的混合动力公交车已于 2005 年 7 月完成最终产品定型样车试验，并通过验收；奇瑞集团成立了国家节能环保汽车工程技术研究中心。2022 年，奇瑞推出了 BSG（Belt Driven Starter Generator）技术，这是一种采用皮带传动方式进行动力混合，具备怠速停机和启动功能的弱混合动力技术，成本仅增加 5% 左右，便可以实现约 10% 的节能和 12% 左右二氧化碳减排效果。奇瑞生产的混合动力轿车率先销售到奇瑞出租车公司并投放到出租车市场。2007 年 12 月 13 日，长安汽车集团自主研发了首款量产杰勋混合动力汽车。深圳五洲龙汽车有限公司在 2016 年提出十五年发展计划，将建立中国规模最大、投放车辆最多的混合动力示范运营线路，在深圳市龙岗区开通。广州本田也紧跟行业的步伐，推出了多款混合动力汽车。同一时期，上汽集团与通用签署协议，联手开发混合动力轿车和公交客车。上海别克君越 eco-hybrid 油电混合动力汽车则是国内第一款中高档量产混合动力车型，采用独立的电动机及镍氢电池组作为动力辅助系统，配有 2.4 L 发动机，在车辆减速和静止状态下发动机自动切断燃油供应，实现零排放。

2018 年初，比亚迪的"唐"采用了"三擎，双模"动力。"三擎"指的是三个动力来源，它们分别是一台 2.0 T 涡轮增压发动机和位于前、后的两台电动机；"双模"指的是比亚迪"唐"可以在两种模式下行驶，分别是油电混动模式和纯电动模式，这两种模式可进行自由切换。比亚迪"唐"可通过后轴的电动机实现四轮驱动，而不像传统汽车那样需布置分动箱和传动轴。这台后轮电动机会在车辆运行时一直工作，以保持四驱状态，而轮间限滑依靠电子程序实现。该车采用的这款全铝材质的 2.0 T 发动机，最大扭矩为 320 N·m，最大功率为 151 kW，最大可承受 450 N·m 的扭矩。2018 年长安汽车集团也推出了 CS75 混合动力车型，这款车采用的是发动机驱动充电装置为蓄电池组充电，再由电能通过电动机驱动双电动机 +1.5 T 发动机 + 自主研发的分轴插电四驱动力系统，最大峰值功率为 150 kW，最大功率 105 kW，百公里加速时间仅需 8 s。在油电混合的动力模式下，新车的百公里油耗仅为 1.6 L，续驶里程可达 880 km。蓄电池系统也通过了国家安全测试标准涉水、火烧、碰撞等极限安全测试，安全性较高。

2021 年，长城汽车公司推出了第三代哈弗 H6 油电混合动力车型，作为长城混动平台的首款车型，H6 集成了多项尖端科技，百公里综合油耗仅为 4.6 L。哈弗 H6 混动版车型将提供两种动力组合，分别为排量为 1.5 L 自然吸气发动机和涡轮增压发动机，低功率系统最大功率为 140 kW，高功率系统最大功率为 180 kW，在高功率动力组合下，百公里提速仅需 7.5 s，比传统纯燃油版车型快了近 2 s。在哈弗 H6 的混合动力系统中，电动机将成为主角，在绝大多数工况中，系统会采用纯电驱动，或是由发动机带动发电机进而再由电动机驱动，这么做的目的主要是节油，同时也为车主带来了平顺性较高的驾驶体验，无形中降低了噪音。

三、混合动力汽车的发展趋势

随着混合动力汽车的发展与完善，未来混合动力汽车的发展趋势主要体现在以下方面：

(1) 轿车混合动力系统的模块化愈加明显，将逐步推进汽车动力的电气化。

(2) 城市客车混合动力系统出现平台化趋势，"发电机组 + 驱动电机 + 储能装置"构成了混合动力系统的基本技术平台。通过切换不同的工作模式，控制不同的能源动力转化装置，形成了油—电、气—电、电—电各种不同的混合动力系统，促进了动力系统的平稳过渡与转型。

(3) 大多数混合动力系统使用基于传统变速器的混动化扩展方案，即使用现有变速器并进行调整，让其适用于电动机驱动。

(4) 从能量管理及智能控制技术方面提高汽车动力性和经济性，并兼顾排放。

(5) 随着混合动力汽车节能空间的不断挖掘，在热管理开发方面，不仅要考虑空调性能、热平衡控制，还要考虑整理多个热源（发动机、变速器、驱动电机和蓄电池），使全工况（高温、低温、常温）的能耗最低。

学习单元二　混合动力汽车结构与工作过程

- 掌握混合动力汽车的分类；
- 了解混合动力汽车的基本组成；
- 掌握混合动力汽车的工作原理；
- 掌握混合动力汽车的特点。

一、混合动力汽车分类

（一）按混合程度分类

根据混合动力系统中驱动电机输出功率在整个系统输出功率中所占的比重，混合动力汽车可分为微混合动力汽车、轻度混合动力汽车、中度混合动力汽车、重度混合动力汽车和插电式混合动力汽车五种。

1. 微混合动力汽车

微混合动力汽车是在传统发动机的启动电机基础上加装了皮带驱动启动电机，用来控制发动机的启动和停止，从而消除了发动机的怠速，降低了油耗和排放。一般情况下，电动机的峰值功率和发动机的额定功率比小于或等于 5% 的为微混合动力汽车。微混合动力车型的电动机基本不具备驱动车辆的功能，一般是用作迅速启动发动机，实现启停功能，其代表车型有奇瑞 A5。

2. 轻度混合动力汽车

电动机的峰值功率和发动机的额定功率比为 5%～15% 的为轻度混合动力汽车，也称为"辅助驱动混合"动力汽车，其代表车型为通用的混合动力皮卡车。在这种类型的系统中，发动机和变速器之间装有集成启动发电机 (Integrated Starter and Generator，ISG)，发动机依然是主要动力，驱动电机不能单独驱动汽车，只是在爬坡或加速时辅助驱动，同时具有制动能量回收和启停功能；发动机排量可减少 10%～20%，驱动电机的功率约为发动机的 10%，节油率可达到 10%～15%。轻度混合动力汽车除了能够实现用驱动电机控制发动机的启动和停止外，还能够实现以下功能：

(1) 在减速和制动工况下，对部分能量进行回收。

(2) 在行驶过程中，发动机等速运转，发动机产生的能量可以在车轮的驱动需求和发电机的充电需求之间进行调节。

3. 中度混合动力汽车

中度混合动力汽车采用的是高压驱动电机。另外，中度混合动力汽车还增加了一个功能，即在汽车处于加速或者大负荷工况时，驱动电机能够辅助驱动车轮，补充发动机本身动力输出的不足，从而更好地提高整车的性能。驱动电机的峰值功率和发动机的额定功率比为 15%～40% 的为中度混合动力汽车，其代表车型有本田思域、别克君越。中度混合动力汽车同样采用的是在发动机和变速器之间安装 ISG 系统。

4. 重度混合动力汽车

重度混合动力汽车的驱动电机和发动机都可以独立(或在一起)驱动车辆，因此在低速、缓加速行驶(如交通堵塞、频繁起步/停车)、车辆起步行驶和倒车等情况下，车辆由纯电动方式行驶；急加速时可通过驱动电机和发动机一起驱动车辆，同时具有制动能量回收和启停功能。重度混合动力汽车驱动电机的功率约为发动机的 50%，节油率可达到 30%～50%，技术难度较大，成本增多。重度混合动力汽车的代表车型有丰田公司的普锐斯。驱动电机的峰值功率和发动机的额定功率比为 40% 以上的为重度混合动力汽车，也称为全混合或强混合动力汽车，这种动力系统采用了 272 ～ 650 V 的高压驱动电机。

5. 插电式混合动力汽车

插电式混合动力汽车是一种将纯电动系统和现有发动机系统结合起来的产物，如图 1-1 所示。车辆带有外接插入式充电系统，因此可以单独利用电动机行驶较长距离，将发动机的工作比例进一步缩小，提供更好的节油比例，但会消耗一定的电能。同时，它还解决了目前纯电动汽车续航里程短的问题。

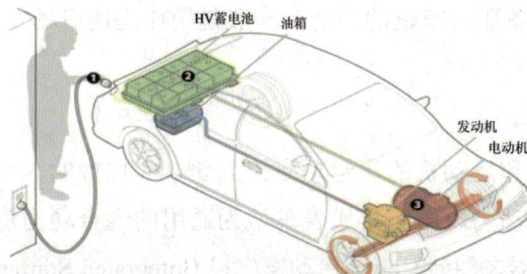

图 1-1　插电式混合动力系统

（二）按运行模式分类

1. 单一模式混合动力汽车

单一模式混合动力汽车可以按照 3 种方式操控，即仅使用电能驱动、仅使用发动机驱动和发动机与电能驱动的组合。

2. 双模式混合动力汽车

双模式混合动力汽车的核心实质上是一个电控可调变速器，它利用现有的传动系统，配有 2 个电动机，可以在两种混合动力运行模式之间自动切换。

（三）按驱动方式分类

1. 串联式混合动力系统

串联式混合动力系统的布置如图 1-2 所示。

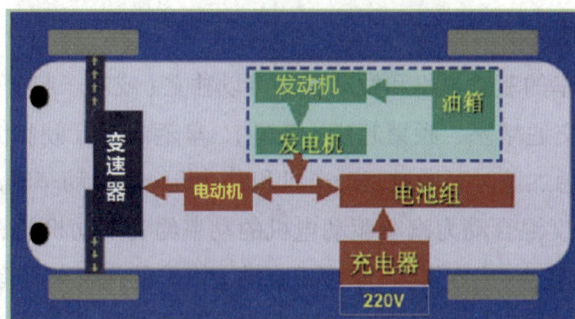

图 1-2　串联式混合动力系统的布置

　　串联式混合动力系统是由发动机带动发电机发电，给电动机传输电能，再由电动机给变速器传输机械能，驱动车辆行驶，由于发动机的动力是以串联的方式供应到电动机的，所以称为"串联式混合动力系统"。另外，电池组也可以单独向电动机提供电能，驱动车辆行驶。

2. 并联式混合动力系统

　　并联式混合动力系统的布置如图 1-3 所示，它使用电动机和发动机两种不同的装置来驱动车轮，动力的流向为并联传递。它的关键特征是，变速箱内的两个机械功率被叠加在一起，发动机是基本能源设备，而电池组和电动机则起到能量缓冲作用。

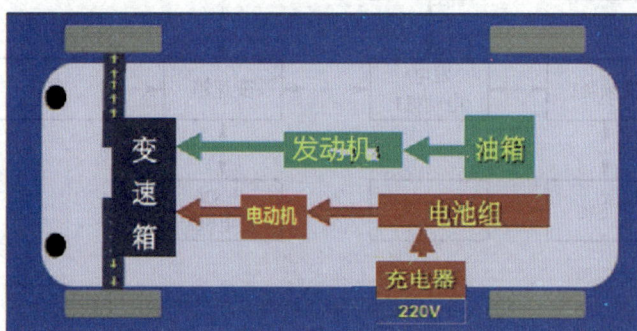

图 1-3　并联式混合动力系统的布置

　　并联式混合动力系统的特点是，并联式驱动系统既可以单独使用发动机或电动机作为动力源，又可以同时使用发动机和电动机作为动力源，驱动车辆行驶。

3. 混联式混合动力系统

　　混联式混合动力系统的布置如图 1-4 所示，混联式混合动力系统是串联和并联的组合，它具有串联式和并联式的特性，相比于单纯的串联式或并联式混合动力系统，它拥有更多可选择的运行方式。

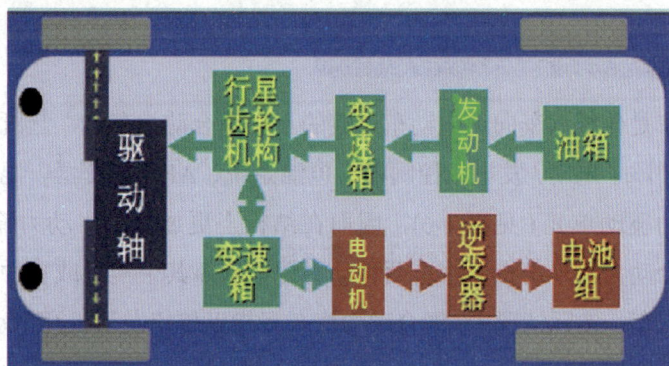

图 1-4　混联式混合动力系统的布置

混联式混合动力系统的特点是既可以在串联式混合模式下工作，也可以在并联式混合模式下工作，同时兼顾了串联式和并联式混合动力汽车的特点。

4. 复合式混合动力系统

典型复合式混合动力系统的布置如图 1-5 所示，它具有与混联式相似的结构。两者间的差异在于通过变频器 2 调节输出电压，从而得到电动 / 发电机 2 调速和节能的优势，并且在发电 / 电动机 1 与蓄电池之间加入了一个变频器 1，有利于与发动机更好地协调工作。

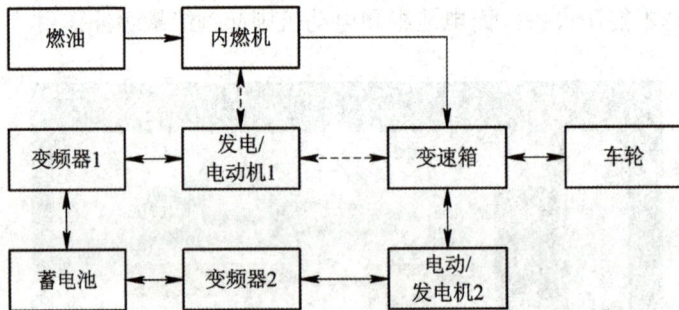

图 1-5　复合式混合动力系统的布置

（四）按行驶模式分类

1. 手动行驶模式

手动行驶模式是在发动机与电动机的功率输出时，通过驾驶员手动选择切换功能来决定行驶模式。手动行驶模式有发动机模式、纯电动模式和发动机与电动机混合模式 3 种。

2. 非手动行驶模式

非手动行驶模式不具备手动选择功能。车辆的行驶模式是根据不同工况由控制单元自动切换的。

二、混合动力汽车基本组成与工作模式

混合动力汽车是传统汽车向纯电动车过渡的一种综合动力车型，它既保留了传统汽车的部分结构，又增添了电动 / 发电机控制器、电池系统、APG 逆变器、混合动力控制模块(HCM)、混合动力驱动单元 (见图 1-6)，因而在结构上更加复杂，动力输出也更加灵活。从广义上讲，混合动力汽车是指至少有两种动力源，依靠其中一种或多种动力源提供部分或者全部动力的汽车；实际情况中，混合动力汽车多指以传统发动机和电动机作为驱动源，混合使用热能和电能的车辆。

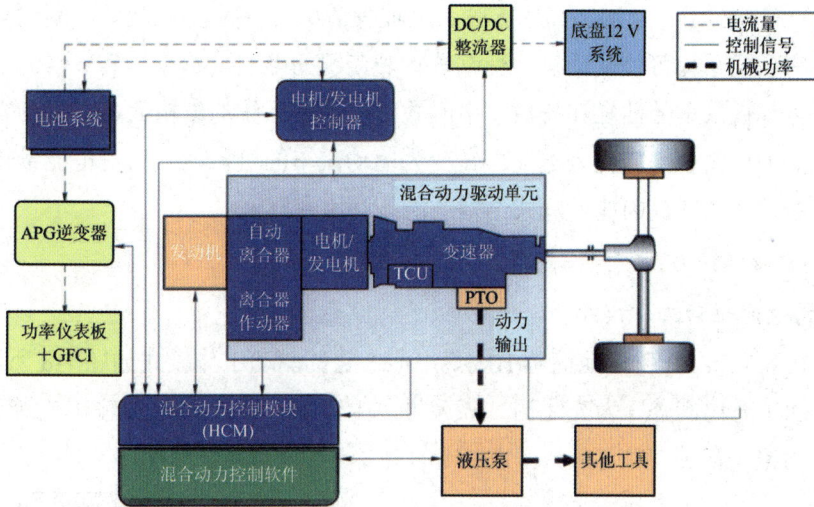

图 1-6　混合动力汽车基本组成

（一）串联式混合动力汽车基本结构与工作模式

1. 串联式混合动力系统基本结构

串联式混合动力系统的基本结构如图 1-7 所示，由驱动电机、发动机、发电机、HV 蓄电池和变压器等组成。系统工作时由发动机工作驱动发电机发电，直接向驱动电机输送电能。

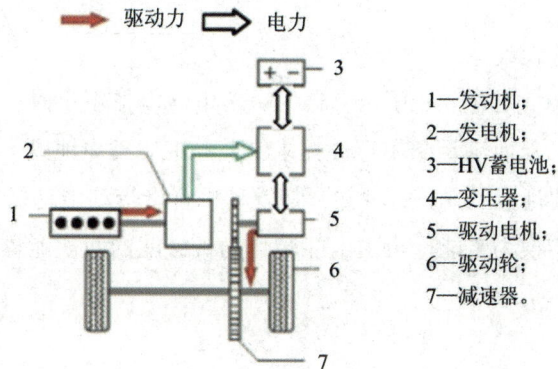

1—发动机；
2—发电机；
3—HV蓄电池；
4—变压器；
5—驱动电机；
6—驱动轮；
7—减速器。

图 1-7　串联混合动力系统的基本结构

在串联式混合动力系统中，发动机和发电机构成辅助动力单元，发动机输出的驱动力（能）首先通过发电机转化为电能，转化后的电能一部分用来给 HV 蓄电池充电，另一部分由驱动电机驱动传动装置。在这种结构中，发动机的主要功能就是发电，而驱动车轮的转矩全部来自驱动电机。HV 蓄电池实际上起平衡输出电能、驱动电机和输出功率的作用。当发电机的发电功率大于驱动电机所需的功率时（如汽车减速滑行、低速行驶或短时停车等工况），控制器控制发电机向 HV 蓄电池充电；当发电机发出的功率低于驱动电机所需的功率时（如汽车起步、加速、高速行驶、爬坡等情况），HV 蓄电池则向驱动电机提供额外的电能。串联式结构可使发动机不受汽车行驶工况的影响，始终在其最佳的工作区稳定运行，因此可降低汽车的油耗和排放。串联式混合动力系统的结构简单、控制容易，但是由于发动机的输出需全部转化为电能再转变为驱动汽车的机械能，而机电能量转换和蓄电池的充放电的效率较低，因此串联式结构的能量利用率较低。

2. 串联式混合动力系统工作模式

1) HV 蓄电池驱动工作模式

高压 (High Voltage) 蓄电池简称 HV 蓄电池，它的驱动工作模式如图 1-8 所示。当 HV 蓄电池的 SOC(充电状态) 为充足时，发动机关闭，HV 蓄电池单独输出电能给电动机，由电动机驱动整车行驶。

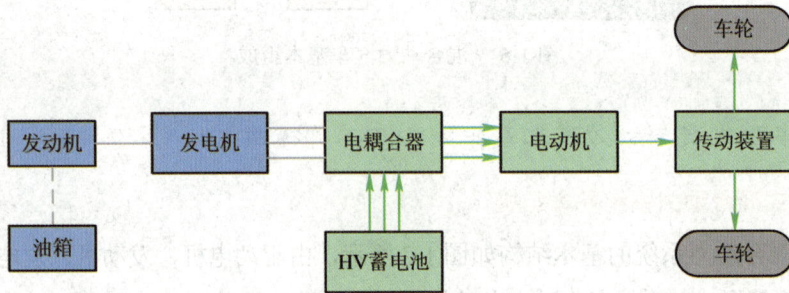

图 1-8　HV 蓄电池驱动工作模式

2) 发动机驱动工作模式

发动机驱动工作模式如图 1-9 所示。当 HV 蓄电池电量不足时，发动机启动并驱动发电机发电供给电动机，从而满足整车行驶需求。此时 HV 蓄电池既不供电也不从驱动系统中吸收能量。这里需要注意的是，此时并不是发动机直接带动电动机旋转，驱动车辆行驶，而是进行了将机械能转换为电能，再由电能转化为机械能的两次能量转换。

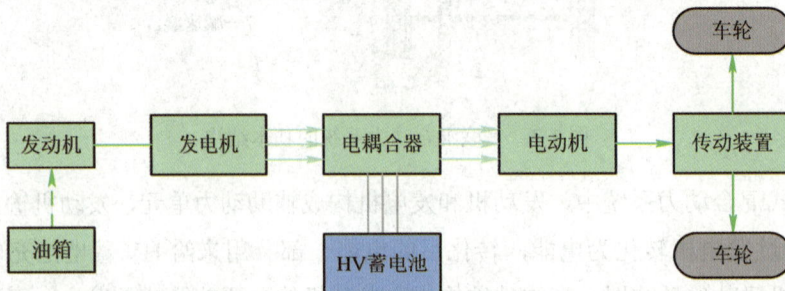

图 1-9　发动机驱动工作模式

3) 混合驱动工作模式

混合驱动工作模式如图 1-10 所示。当整车需要大功率时，也就是说，驾驶员猛踩油门时，发动机与发电机组和 HV 蓄电池两者共同向电动机供电，为了达到省油的目的，系统还是会控制发动机工作在最佳燃油经济性区域。

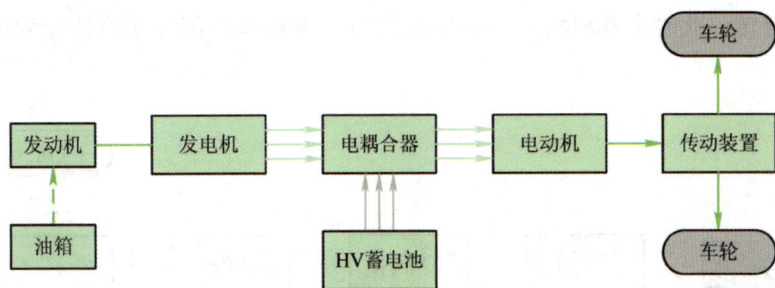

图 1-10 混合驱动工作模式

4) 发动机驱动 + 充电工作模式

发动机驱动 + 充电工作模式如图 1-11 所示。当 HV 蓄电池 SOC(充电状态) 为最低值时，必须予以充电，此时发动机的功率被分解为两部分：一部分用于传输给电动机驱动整车行驶；另一部分则用于给 HV 蓄电池充电。发动机与发电机的功率在电耦合器中实施分解。

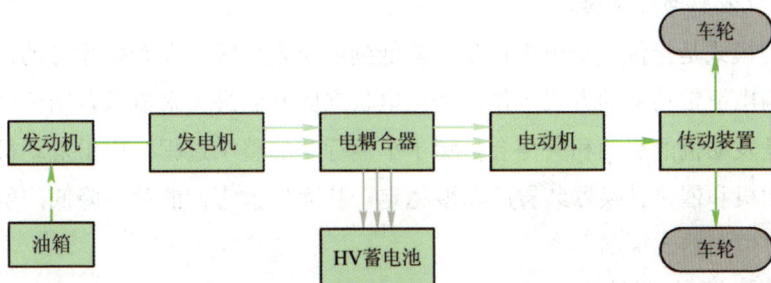

图 1-11 发动机驱动 + 充电工作模式

5) 发动机仅充电工作模式

发动机仅充电工作模式如图 1-12 所示。当车辆行驶过程中且 HV 蓄电池 SOC 值较低又无法进行外部充电时，发动机将启动，发动机驱动发电机发电给 HV 蓄电池充电。通过消耗燃油发电来保持 HV 蓄电池电量使车辆继续行驶。

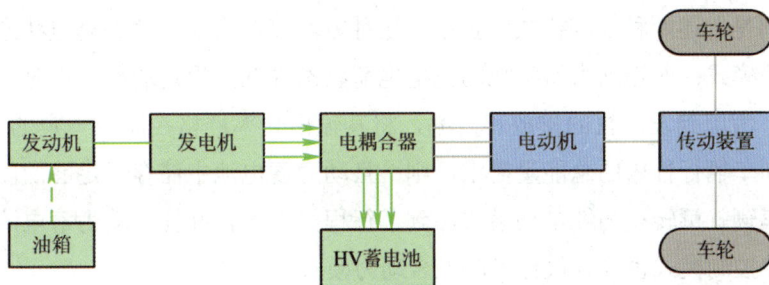

图 1-12 发动机仅充电工作模式

6) 制动能量回收工作模式

制动能量回收工作模式如图 1-13 所示。当车辆制动时，发动机处于关闭状态，车轮带动电动机旋转，此时电动机将作为发电机发电，将整车的部分动能转变为电能，向 HV 蓄电池充电。

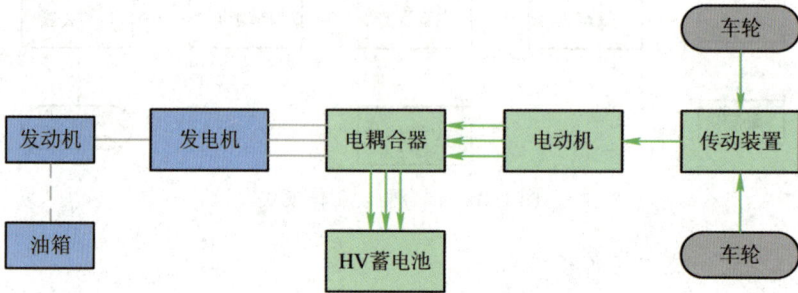

图 1-13　制动能量回收工作模式

3. 串联式混合动力系统的 3 种基本控制模式

1) HV 蓄电池驱动控制模式

这种控制模式是指仅当充电电荷状态降低到最小限值时，发动机才启动，发动机在最高效率区以输出恒定功率的方式工作，当充电状态回升到最大限值时发动机停止运转。它的主要缺点是发动机的启动和关停会贯穿于车辆行车的整个过程，由于发动机每次停止运转期间，发动机和催化转换器装置的温度稳定，从而导致它们的效率降低，所以这种控制模式也称为"恒温器式控制"。

2) "负荷跟随"控制模式

"负荷跟随"控制模式是指保持动力蓄电池的充电量在规定的范围之内，发动机驱动发电机工作并尽可能地供应接近车辆行驶所需的电能，动力蓄电池并不向车辆提供动力，仅起负荷调节的作用。这种控制模式的动力蓄电池的充放电量较小，能量损失最小；其缺点是发动机不能工作在最佳转速和负荷下，因此其排放变差、效率降低。

3) 折中控制模式

折中控制是上述两种控制模式的折中，这种方案在动力蓄电池的充电状态较高时，主要采用纯电动模式；而当动力蓄电池的充电电荷状态降低到设定的范围内时，发动机驱动发电机工作，考虑到发动机的排放和效率，将其输出功率严格控制在一定的变化范围内。如果能预测到车辆行程内的总能量需求，则一旦动力蓄电池中储存了足够的能量，在剩余的行程中，车辆就可转换为纯电动模式，到了行程终点，正好耗尽动力蓄电池所允许放出的电能，这种控制模式也称为最佳串联混合动力模式。

（二）并联式混合动力汽车基本结构与工作模式

1. 并联式混合动力系统基本结构

并联式混合动力汽车使用驱动电机和发动机两种不同的装置来驱动车轮，动力的流向为并联，如图 1-14 所示，所以称为"并联式混合动力系统"。并联式混合动力汽车可以采用发动机单独驱动、驱动电机单独驱动或发动机和驱动电机混合驱动 3 种工作模式，典型的并联式混合动力系统是由电动机/发电机、发动机、动力蓄电池、变压器和变速器等组成的。并联式混合动力系统中利用动力蓄电池的电力来驱动电动机，在汽车制动时可进行制动能量回收，此时电动机用作发电机。

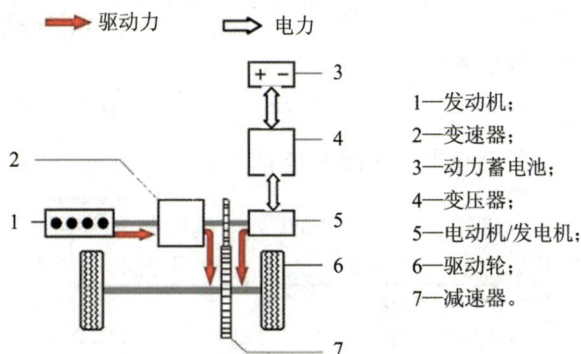

图 1-14　并联式混合动力系统的基本结构

从结构形式上可以将并联式混合动力系统分为单轴式和双轴式两种。在单轴式混合动力系统中，发动机和电动机的输出采用了同一根传动轴，这样有利于电动机和变速器结构的一体化模块设计。单轴式结构的合成方式为转矩合成，这种结构导致电动机和发动机两者的瞬时转速值相同，控制了电动机的工作区域；双轴式结构中可以有两套机械式变速器，发动机和电动机各自与一套变速机构相连，然后通过齿轮系统进行复合。

2. 并联式混合动力系统典型工作模式

1) 纯电动工作模式

在纯电动工作模式下，当车辆起步、低速及轻载行驶时，发动机关闭，车辆由电动机驱动，如图 1-15 所示。

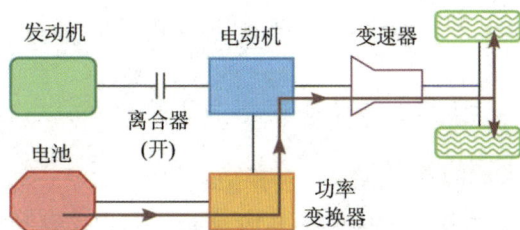

图 1-15　纯电动工作模式

2) 混合动力工作模式

在混合动力工作模式下，在车辆正常行驶、加速及爬坡时，发动机和电动机同时工作，驱动车辆行驶，如图 1-16 所示。

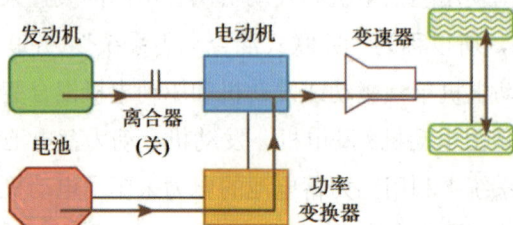

图 1-16　混合动力工作模式

3) 动力蓄电池充电工作模式

在动力蓄电池充电工作模式下，在车辆行驶过程中，当电池电量过低时，发动机在驱动车辆行驶的同时向电池补充充电，如图 1-17 所示。

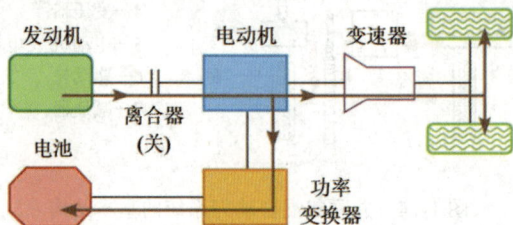

图 1-17　动力蓄电池充电工作模式

4) 制动能量回收工作模式

在制动能量回收工作模式下，当车辆减速及制动时，电动机以发电机模式工作，如图 1-18 所示，回收车辆制动能量并向电池充电。

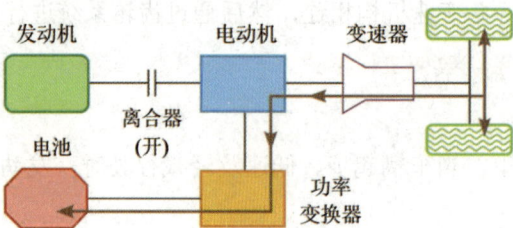

图 1-18　制动能量回收工作模式

（三）混联式混合动力汽车的基本结构与工作模式

1. 混联式混合动力系统的基本结构

混联式混合动力系统的基本结构如图 1-19 所示，其中，发动机输出的动力通过动力分离装置分解为发电机的驱动力和车轮的驱动力，发电机产生的电能一部分输送给电动机以产生驱动力；另一部分通过变压器把交流电变为直流电输送给 HV 蓄电池充电，HV 蓄电池又通过变压器把直流电变成交流电，给电动机供电以驱动车轮，此部分为串联混合动力部分。另一方面，发动机可以通过变速器来驱动车轮，电动机也可以参与驱动，与发动机共同驱动车轮，此部分构成并联混合动力部分。丰田的混联式混合动力系统的核心是用行星齿轮组组成的动力分离装置，用于协调发动机和电动机的动力传递，具有低油耗和低排放的效果。根据行驶工况的不同，混合动力汽车以不同的模式工作，可最大限度地适应车辆的行驶工况，使系统达到最佳的燃油经济性和实现最低的排放量。

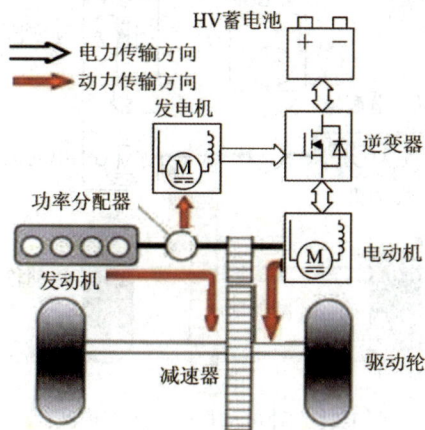

图 1-19　混联式混合动力系统的基本结构

2. 混联式混合动力系统的工作模式

1) 纯发动机驱动工作模式

纯发动机驱动工作模式如图 1-20 所示，此模式下仅有发动机向车辆提供驱动功率，HV 蓄电池既不从传动系统中获取能量，也不提供电能；此时，功率分配器切断了发电机的功率传递，电动机、发电机处于关闭状态。

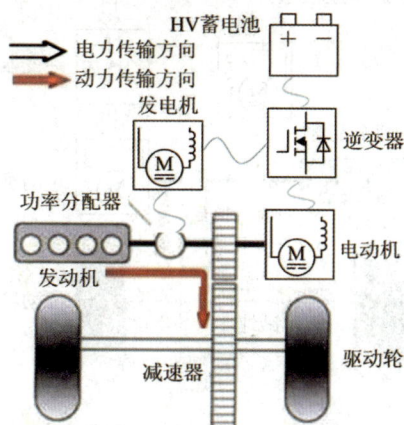

图 1-20　纯发动机驱动工作模式

2) 纯电动机驱动工作模式

纯电动机驱动工作模式如图 1-21 所示，车辆由 HV 蓄电池通过逆变器向电动机供电，电动机通过减速器将动力输送到驱动轮来驱动车辆；此时，发动机、发电机均处于关闭状态。

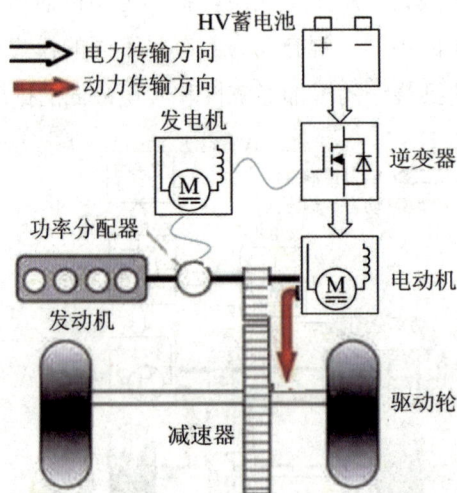

图 1-21 纯电动机驱动工作模式

3) 混合驱动工作模式

混合驱动工作模式如图 1-22 所示，车辆的驱动功率由电动机和发动机共同提供，两者动力合并后向驱动轮提供动力；此时，功率分配器切断发电机动力，发电机处于关闭状态。

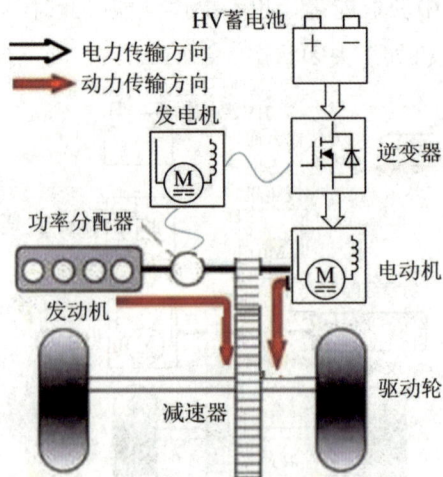

图 1-22 混合驱动工作模式

4) 制动能量回收工作模式

制动能量回收工作模式如图 1-23 所示，电动机运行在发电机状态，通过消耗车辆本身的动能产生电功率，向 HV 蓄电池充电，发动机处于关闭状态。

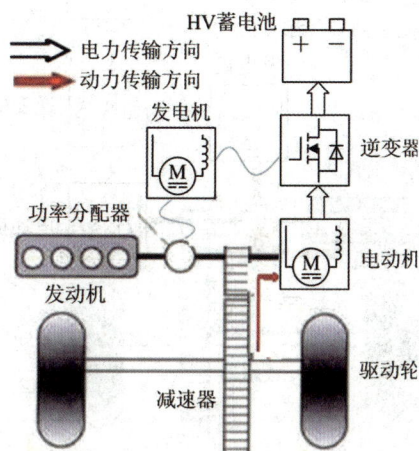

图1-23 制动能量回收工作模式

5) 停车充电工作模式

停车充电工作模式如图 1-24 所示。当车辆停止行驶时，发动机通过功率分配器带动发电机发电，向 HV 蓄电池提供电能，进行充电。

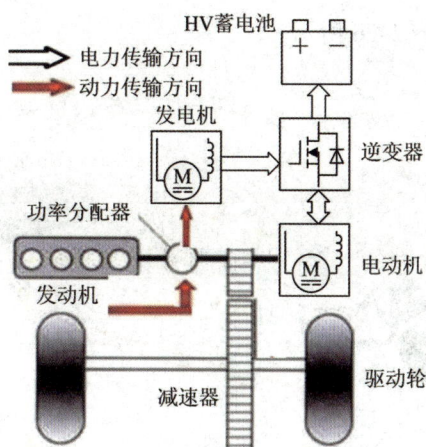

图1-24 停车充电工作模式

6) 发动机驱动、HV 蓄电池充电工作模式

发动机驱动、HV 蓄电池充电工作模式如图 1-25 所示，发动机除提供车辆行驶所需要

的驱动功率外，同时向 HV 蓄电池提供充电功率；此时，发动机的功率由功率分配器分成两路，一路驱动车辆行驶，一路带动发电机发电。

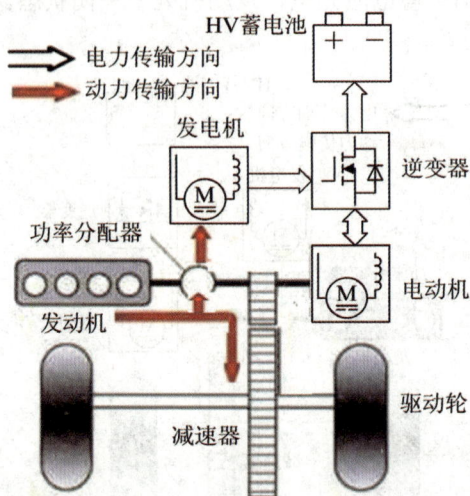

图 1-25　发动机驱动、HV 蓄电池充电工作模式

三、混合动力汽车的特点

混合动力汽车具有如下特点：

(1) 能量转换装置至少要从两种不同的能量储存装置 (如燃油箱、HV 蓄电池、飞轮、超级电容等) 吸取能量，如图 1-26 所示。

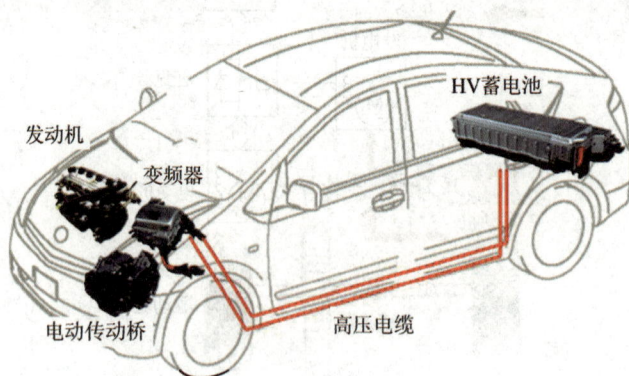

图 1-26　两种不同能量储存装置

(2) 送到车轮推进车辆运动的能量至少来自两种不同的能量转换装置 (如内燃发动机传输的机械能和 HV 蓄电池传输的电能)。

(3) 从储能装置到车轮的通道中至少有一条是可逆的（既可放出能量，也可吸收能量），并至少有一条是不可逆的。

(4) 可逆的储能装置供应的是电能。

(5) 采用复合动力后可按平均需用的功率来确定发动机的最大功率，此时处于油耗低、污染少的最优工况，当需要大功率而发动机功率不足时，由 HV 蓄电池来补充；当负荷少时，富余的功率可发电给 HV 蓄电池充电，由于发动机可持续工作，HV 蓄电池又可以不断被充电，故其行程和普通汽车一样。

(6) 因为有了 HV 蓄电池，所以可以十分方便地回收制动、下坡时的能量。

(7) 在繁华市区，可关停发动机，由 HV 蓄电池单独驱动，实现"零"排放。

(8) 有了发动机，可以十分方便地解决耗能大的空调、取暖、除霜等纯电动汽车遇到的难题。

(9) 车载辅助蓄电池可以由发电机为其充电，也可以由 HV 蓄电池转换为其补充电能。

(10) 可让 HV 蓄电池保持在良好的工作状态，不发生过充、过放，以延长其使用寿命，降低成本。

练习测试

一、填空题

1. 混合动力汽车按照能量合成的形式主要分为_____、_____、_____、_____4 种类型。

2. 根据混合动力系统中电机输出功率在整个系统输出功率中所占的比重，混合动力系统可分为_____、_____、_____、_____、_____。

3. 在轻度混合动力系统中，发动机和变速器之间装有_____，发动机依然是主要动力，电动机不能单独驱动汽车。

4. 按运行模式分类，混合动力汽车可分为_____、_____。

5. 混联式混合动力汽车的优点是具有_____、_____的效果。

二、选择题

1. 制动能量回收模式是指电动机运行在发电状态，通过消耗车辆本身的动能产生电功率，向 HV 蓄电池充电，发动机处于（　　）。

A. 关闭状态　　　B. 高速状态　　　　C. 中速状态　　　　D. 低速状态

2. 混合动力汽车通过控制策略，可以实现发动机的启动与停止。当车速为（　　）、加速踏板松开时，控制程序自动关闭发动机。

A. 低速   B. 高速   C. 零   D. 加速

3. 串联式混合动力汽车发动机输出的驱动力首先通过 (   ) 转化为电能.

A. HV 蓄电池   B. 备用蓄电池   C. 电动机   D. 发电机

4. 串联式混合动力系统有 (   ) 种基本控制模式。

A. 一   B. 二   C. 三   D. 四

三、判断题

1. 并联式混合动力系统中蓄电池和电动机驱动装置组成能量缓冲器。   (   )

2. 混联式混合动力系统相比于串联式或并联式的结构，拥有更多的运行方式。 (   )

3. 微混合动力车型的电动机具备驱动车辆的功能，一般是用作迅速启动发动机，实现启动/停止功能。   (   )

4. 中混合动力系统采用的是低压电机。   (   )

5. 单一模式混合动力汽车可以按照 3 种方式操控，即仅使用电力驱动、仅使用发动机驱动和发动机与电力驱动的任意组合。   (   )

6. 混合动力汽车发动机功率降低带来的优点有减小功率损失、提高发动机的效率、所消耗的燃油减少。   (   )

项目二　混合动力汽车发动机

本项目主要包括混合动力汽车发动机的曲柄连杆机构、配气机构、燃料供给系统、点火系统、冷却系统、润滑系统的构造与检修，共 6 个学习单元，通过学习，熟悉混合动力汽车发动机的结构组成、工作原理及相关检测知识。

学习单元一　曲柄连杆机构的构造与维修

学习目标

- 理解曲柄连杆机构的结构与工作原理；
- 掌握曲柄连杆机构的检查要求；
- 掌握曲柄连杆机构的组装要求；
- 能对曲柄连杆机构一般的故障进行检测与维修。

一、曲柄连杆机构的功用及组成

曲柄连杆机构的功用是将活塞的往复运动转变为曲轴的旋转运动，同时将作用于活塞上的推力转变为曲轴对外输出的转矩，以驱动汽车车轮转动。曲柄连杆机构主要由活塞组、连杆组和曲轴飞轮组组成。

（一）活塞组

1. 活塞

1）活塞的功用及工作条件

活塞的主要功用是承受燃烧气体压力，并将此压力通过活塞传递给连杆以推动曲轴旋转，活塞顶部形状如图 2-1 所示，活塞与气缸盖、气缸壁共同组成燃烧室。活塞是发动机中工作条件最严酷的零件。作用在活塞上的有气体推力和往复惯性力。活塞顶与高温燃气直接接触，使活塞顶的温度很高。活塞在侧压力的作用下沿气缸壁面高速滑动，由于润滑条件差，因此摩擦损失大，磨损严重。

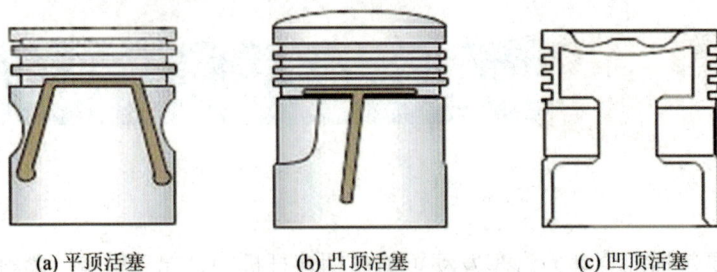

(a) 平顶活塞　　　　　(b) 凸顶活塞　　　　　(c) 凹顶活塞

图 2-1　活塞顶部形状

2) 活塞材料

现代汽车发动机 (不论是汽油机还是柴油机) 广泛采用铝合金活塞，只在极少数汽车发动机上采用铸铁或耐热钢活塞。

3) 活塞组成

活塞由顶部、头部和裙部 3 部分组成。

(1) 活塞顶部。

活塞顶部形状与燃烧室形状、混合气形成方式及压缩比大小有关。大多数汽油机采用平顶活塞，其优点是受热面积小、加工简单。采用凹顶活塞可以通过改变活塞顶上凹坑的尺寸来调节发动机的压缩比。在分隔式燃烧室的活塞顶部设有形状不同的浅凹坑，如图 2-2(a) 所示，以便在主燃烧室内形成二次涡流，增进混合气形成与燃烧。直喷式燃烧室的全部容积都集中在气缸内，且在活塞顶部设有深浅不一、形状各异的燃烧室凹坑，如图 2-2(b) 所示。在直喷式燃烧室的柴油机中，喷油器将燃油直接喷入燃烧室凹坑内，使其与运动气流相混合，形成可燃混合气并燃烧。

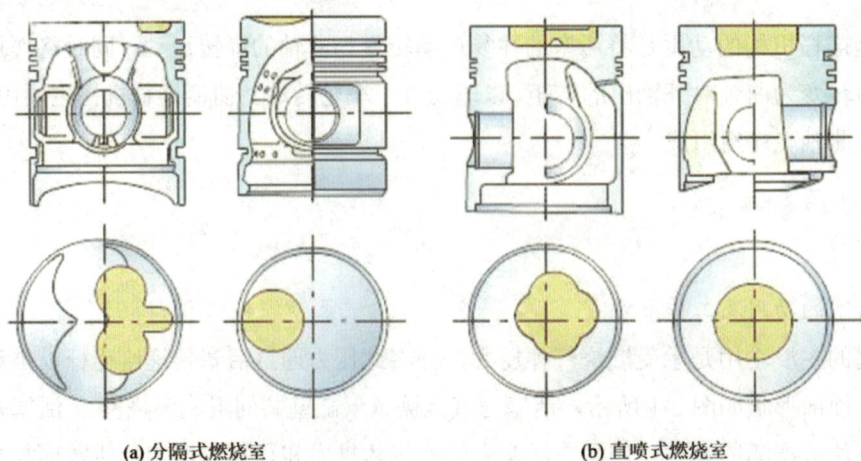

(a) 分隔式燃烧室　　　　　　　　　(b) 直喷式燃烧室

图 2-2　凹顶活塞

(2) 活塞头部。

活塞顶至油环槽下端面之间的部分称为活塞头部。在活塞头部加工有用来安装气环和油环的气环槽和油环槽，如图 2-3 所示。在油环槽底部还加工有回油孔或横向切槽，油环从气缸壁上刮下来的多余机油，经回油孔或横向切槽流回油底壳。活塞头部应该足够厚，从活塞顶到环槽区的断面变化要尽可能圆滑，过渡圆角 R 应足够大，以减小热流阻力，便于热量从活塞顶经活塞环传给气缸壁，使活塞顶部的温度不致过高。在第一道气环槽上方设置一道较窄的隔热槽的作用是隔断由活塞顶传向第一道活塞环的热流，使部分热量由第二、三道活塞环传出，从而可以减轻第一道活塞环的热负荷，改善其工作条件，防止活塞环粘结。

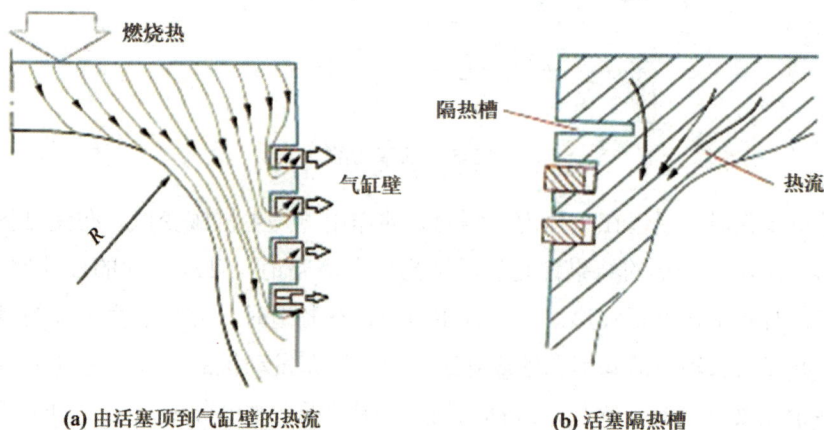

(a) 由活塞顶到气缸壁的热流　　**(b) 活塞隔热槽**

图 2-3　活塞环槽

活塞环槽的磨损是影响活塞使用寿命的重要因素。在强化程度较高的发动机中，第一道环槽温度较高，磨损严重。为了增强环槽的耐磨性，通常在第一环槽或第一、二环槽处镶嵌耐热护圈。在高强化直喷式燃烧室柴油机中，在第一环槽和燃烧室喉口处均镶嵌耐热护圈，如图 2-4 所示，以保护喉口不致因为过热而开裂。

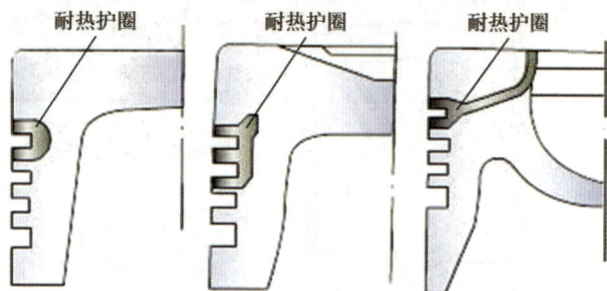

图 2-4　耐热护圈

(3) 活塞裙部。

活塞头部以下的部分为活塞裙部，如图 2-5 所示。裙部的形状应该保证活塞在气缸内得到良好的导向,气缸与活塞之间在任何工况下都应保持均匀的、适宜的间隙。间隙过大,活塞敲缸;间隙过小,活塞可能被气缸卡住。此外,裙部应有足够的实际承压面积,以承受侧向力。活塞裙部承受膨胀侧向力的一面称主推力面,承受压缩侧向力的一面称次推力面。

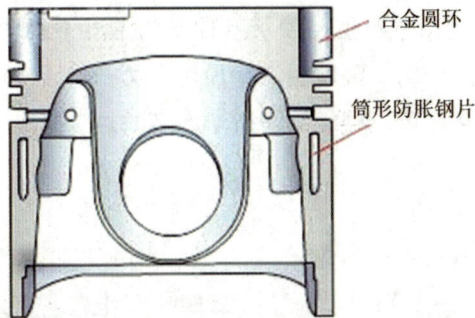

图 2-5　活塞裙部

当发动机工作时,活塞在气体力和侧向力的作用下发生机械变形,在受热膨胀时还会发生热变形。这两种变形的结果都是使活塞裙部在活塞销孔轴线方向的尺寸增大。因此,为使活塞工作时裙部接近正圆形,与气缸相适应,在制造时,应将活塞裙部的横断面加工成椭圆形,并使其长轴与活塞销孔轴线垂直。现代汽车发动机的活塞均为椭圆裙。

在活塞销座处镶有筒形钢片,故称为筒形钢片活塞,如图 2-6 所示。由于活塞在销座处只靠筒形钢片与活塞裙相连且筒形钢的热膨胀系数只有铝合金的 1/10 左右,因此当温度升高时,在筒形钢片的牵制下,裙部在活塞销孔轴线方向的热膨胀量很小。若将普通碳素钢片铸在销座处的铝合金层内侧形成双金属壁,则由于两种金属的热膨胀系数不同,当温度升高时双金属壁发生弯曲,而钢片两端的距离基本不变,从而限制了裙部的热膨胀量。因为这种控制热膨胀的作用随温度升高而增大,所以称这种活塞为自动热补偿活塞。

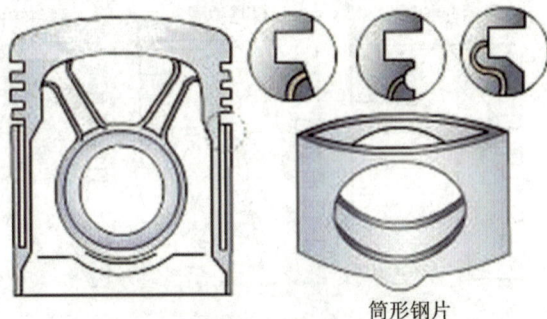

图 2-6　筒形钢片活塞

发动机上广泛采用半拖鞋式裙部或拖鞋式裙部的活塞,在保证裙部有足够承压面积的条件下，将不承受侧向力一侧的裙部部分去掉，即为半拖鞋式裙部；若全部去掉则为拖鞋式裙部，如图2-7所示。其优点是：①质量轻，比全裙式活塞轻10%～12%，适应高速发动机减小往复惯性力的需要。②裙部弹性好，可以减小活塞与气缸的配合间隙。③能够避免与曲轴平衡重发生运动干涉。

图2-7 拖鞋式裙部活塞

活塞销孔轴线通常与活塞轴线垂直相交。这时，当压缩行程结束、做功行程开始，活塞越过上止点时，侧向力方向改变，活塞由次推力面贴紧气缸壁突然转变为主推力面贴紧气缸壁，活塞与气缸发生"拍击"，产生噪声，且有损活塞的耐久性。在许多高速发动机中，活塞销孔轴线会朝主推力面一侧偏离活塞轴线1～2 mm。压缩压力使活塞在接近上止点时发生倾斜，活塞在越过上止点时，将逐渐地由次推力面转变为由主推力面贴紧气缸壁，从而消减了活塞对气缸的拍击，如图2-8所示。

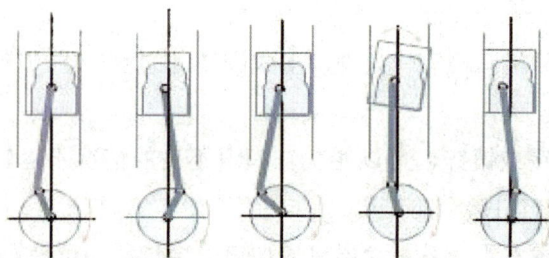

图2-8 销孔位置对侧向力变向时活塞运动的影响

4) 活塞的冷却

高强化发动机尤其是活塞顶上有燃烧室凹坑的发动机，为了减轻活塞顶部和头部的热负荷，会采用油冷活塞，如图2-9所示。用机油冷却活塞的方法有以下几种：

(1) 自由喷射冷却法。从连杆小头上的喷油孔或从安装在机体上的喷油嘴向活塞顶内壁喷射机油。

(2) 振荡冷却法。从连杆小头上的喷油孔将机油喷入活塞内壁的环形油槽中，由于活塞的运动使机油在槽中产生振荡而冷却活塞。

(3) 强制冷却法。在活塞头部铸出冷却油道或铸入冷却油管，使机油在其中强制流动以冷却活塞。强制冷却法多在增压发动机中采用。

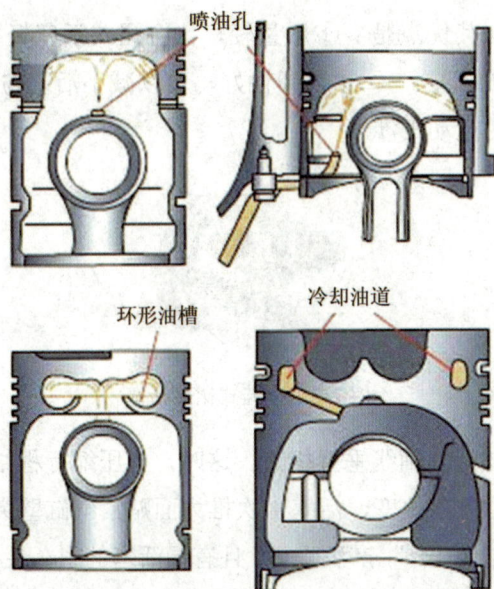

图 2-9　油冷活塞

5) 活塞的表面处理

根据不同的目的和要求，进行不同的活塞表面处理，常见活塞表面处理方法有以下几种：

(1) 对活塞顶进行硬模阳极氧化处理，形成高硬度的耐热层，增大热阻，减少活塞顶部的吸热量。

(2) 在活塞裙部镀锡或镀锌，可以避免在润滑不良的情况下运转时出现的拉缸现象，也可以起到加速活塞与气缸磨合的作用。

(3) 在活塞裙部涂覆石墨，石墨涂层可以加速磨合过程，可使裙部磨损均匀，在润滑不良的情况下可以避免拉缸。

2. 活塞环

1) 活塞环的功用及工作条件

活塞环分气环和油环两种。气环的主要功用是密封和传热，保证活塞与气缸壁间的密封，防止气缸内的可燃混合气和高温燃气漏入曲轴箱，并将活塞顶部接受的热传给气缸壁，避免活塞过热。油环的主要功用是刮除飞溅到气缸壁上的多余的机油，并在气缸壁上涂布一层均匀的油膜。活塞环工作时受到气缸中高温、高压燃气的作用，并在润滑不良的条件下在气缸内高速滑动。由于气缸壁面的形状误差，使活塞环在上下滑动的同时还在环槽内产生径向移动。这不仅加重了环与环槽的磨损，还使活塞环受到交变弯曲应力的作用而容易折断。

2) 活塞环材料及表面处理

根据活塞环的功用及工作条件可知,制造活塞环的材料应具有良好的耐磨性、导热性、耐热性、冲击韧性、弹性和足够的机械强度。目前广泛应用的活塞环材料有优质灰铸铁、球墨铸铁、合金铸铁和钢带等。第一道活塞环外圆面通常进行镀铬或喷钼处理。多孔性铬层硬度高,并能储存少量机油,可以改善润滑,减轻磨损。钼的熔点高,也具有多孔性,因此喷钼同样可以提高活塞环的耐磨性。

3) 气环

(1) 气环的密封原理。活塞环在自由状态下不是正圆形,其外廓尺寸比气缸直径大。当活塞环装入气缸后,在其自身的弹力作用下,活塞环的外圆面与气缸壁贴紧(称为背隙),形成第一密封面,这样气缸内的高压气体就形成第一密封面,防止缸内气体泄漏。活塞环槽与活塞环侧面的接触面之间形成活塞环的侧隙。当有少量的缸内高压气体进入侧隙时,就会通过高压气体使活塞环的侧面与环槽的侧面贴紧形成第二密封面,高压气体也不可能通过第二密封面泄漏。这时漏气的唯一通道就是活塞环的开口端隙。如果几道活塞环的开口处在安装时相互错开一定的角度,那么就形成了迷宫式漏气通道。由于侧隙、背隙和开口端隙都很小,气体在通道内的流动阻力很大,致使气体压力迅速下降,最后漏入曲轴箱内的气体很少甚至完全密封,一般漏气量仅为进气量的 0.2%～1.0%。

(2) 气环开口形状。如图 2-10 所示,气环开口形状对漏气量有一定影响。直开口工艺性好,但密封性差;阶梯形开口密封性好,工艺性差;斜开口的密封性和工艺性介于前两种开口之间,斜角一般为 30° 或 45°。

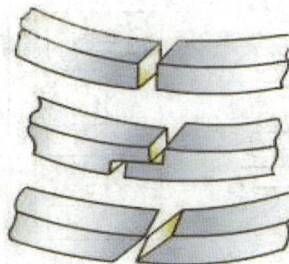

图 2-10 气环开口形状

(3) 气环的断面形状。气环的断面形状多种多样,根据发动机的结构特点和强化程度,选择不同断面形状的气环组合,可以得到最好的密封效果和使用性能。常见的气环断面形状为矩形,矩形环的形状简单,加工方便,与气缸壁接触面积大,有利于活塞散热。但其磨合性差,而且在与活塞一起作往复运动时,会在环槽内上下窜动,把气缸壁上的机油不断地挤入燃烧室中,产生"泵油作用",如图 2-11 所示,使机油消耗量增加,并在活塞顶及燃烧室壁面积炭。

锥面环如图 2-12 所示，环的外圆面为锥角很小的锥面。理论上，锥面环与气缸壁为线接触，磨合性好，增大了接触压力和对气缸壁形状的适应能力。当活塞下行时，锥面环能起到向下刮油的作用；当活塞上行时，由于锥面的油楔作用，锥面环能滑越过气缸壁上的油膜而不致将机油带入燃烧室。锥面环传热性差，所以不用作第一道气环。由于锥角很小，一般不易识别，为避免装错，在环的上侧面标有向上的记号。

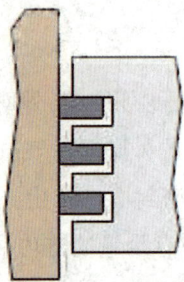

图 2-11　矩形环的泵油作用　　　　图 2-12　锥面环

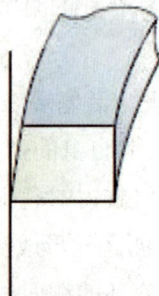

扭曲环断面不对称的气环装入气缸后如图 2-13(b) 所示，由于弹性内力的作用使断面发生扭转，故称扭曲环，其断面扭曲原理如图 2-13(a) 所示。活塞环装入气缸之后，其断面中性层以外产生拉应力，断面中性层以内产生压应力。拉应力的合力 F_1 指向活塞环中心，压应力合力 F_2 的方向背离活塞环中心。由于扭曲环中性层内、外断面不对称，使 F_1 与 F_2 不作用在同一平面内而形成力矩 M。在力矩 M 的作用下，环的断面发生扭转，这就是扭曲环断面扭曲原理。

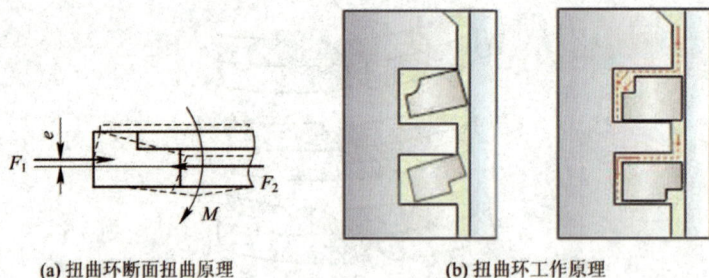

(a) 扭曲环断面扭曲原理　　　　(b) 扭曲环工作原理

图 2-13　扭曲环

若将内圆面的上边缘或外圆面的下边缘切掉一部分，整个气环将扭曲成碟子形，则称这种环为正扭曲环；若将内圆面的下边缘切掉一部分，气环将扭曲成盖子形，则称其为反扭曲环。在环面上切去部分金属称为切台。当发动机工作时，在进气、压缩和排气行程中，扭曲环发生扭曲，其工作特点一方面与锥面环类似，另一方面由于扭曲环的上、下侧面与环槽的上、下侧面相接触，从而防止了环在环槽内上下窜动，消除了泵油现象，减轻了环对环槽的冲击引起的磨损。在作功行程中，巨大的燃气压力作用于环的上侧面和内圆面，足以克服环的弹性内力使环不再扭曲，整个外圆面与气缸壁接触，这时扭曲环的工作特点与矩形环相同。梯形环的断面为梯形，如图 2-14(a) 所示。其主要优点是抗黏结性好。当活塞头部温度很高时，窜入第一道环槽中的机油容易结焦并将气环粘住。在侧向力使换向活塞左右摆动时，梯形环侧隙、径向间隙都发生变化，将环槽中的胶质挤出。楔形环的工作特点与梯形环相似，且由于断面不对称，装入气缸后也会发生扭曲。梯形环多用作柴油机的第一道气环。桶面环的外圆面为外凸圆弧形，如图 2-14(b) 所示，它的密封性、磨合性及对气缸壁表面形状的适应性都比较好。桶面环在气缸内不论上行或下行均能形成楔形油膜，将环浮起，从而减轻环与气缸壁的磨损。开槽环是指在外圆面上加工出环形槽，在槽内填充能吸附机油的多孔性氧化铁，有利于润滑、磨合和密封，如图 2-14(c) 所示。

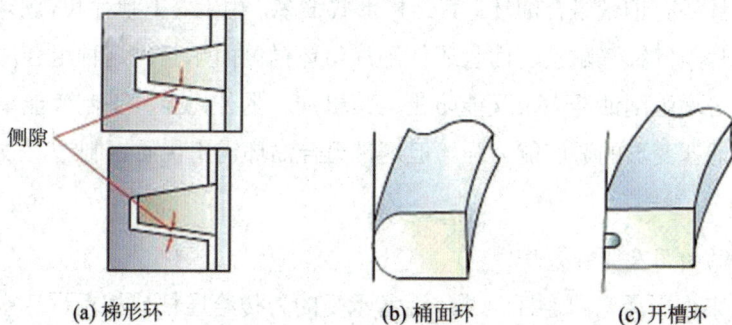

侧隙

(a) 梯形环　　　　(b) 桶面环　　　　(c) 开槽环

图 2-14　几种气环断面形状

顶岸环的断面为"L"形，如图 2-15 所示，因为顶岸环距活塞顶面近，在做功行程时，燃气压力能迅速作用于环的上侧面和内圆面，使环的下侧面与环槽的下侧面、外圆面与气缸壁面贴紧，有利于密封。由于同样的原因，顶岸环可以减少汽车尾气的排放量。

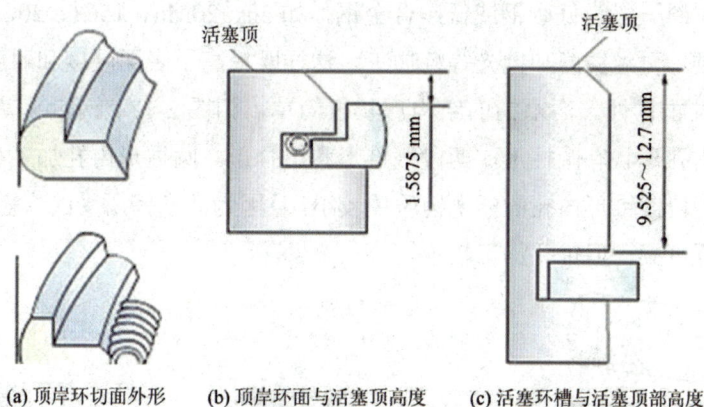

活塞顶

1.5875 mm

活塞顶

9.525～12.7 mm

(a) 顶岸环切面外形　　　(b) 顶岸环面与活塞顶高度　　　(c) 活塞环槽与活塞顶部高度

图 2-15　顶岸环

4) 油环

在槽孔式油环的内圆面加装撑簧即为槽孔撑簧式油环。其断面形状如图 2-16 所示。

一般作为油环撑簧的有螺旋弹簧、板形弹簧和轨形弹簧 3 种。由于这种油环增大了环与气缸壁的接触压力，从而使环的刮油能力和耐久性有所提高。

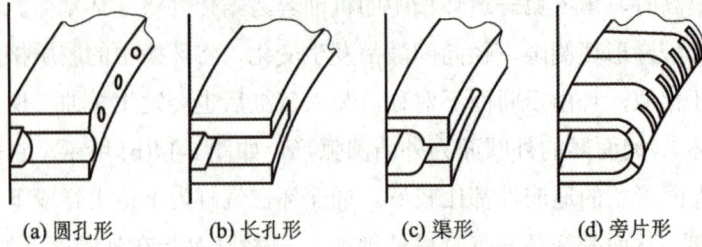

(a) 圆孔形　　(b) 长孔形　　(c) 渠形　　(d) 旁片形

图 2-16　槽孔撑簧式油环的断面形状

常见的油环还有钢带组合油环，其结构形式很多，由上、下刮片和轨形撑簧组合而成。撑簧不仅使刮片与气缸壁贴紧，而且还使刮片与环槽侧面贴紧。这种组合油环的优点是接触压力大，既可增强刮油能力，又能防止上窜机油。另外，上、下刮片能单独动作，因此对气缸失圆和活塞变形的适应能力强。但钢带组合油环需用优质钢制造，成本较高。

3. 活塞销

1) 活塞销的功用及工作条件

活塞销用来连接活塞和连杆，并将活塞承受的力传给连杆或相反。活塞销在高温条件下承受很大的周期性冲击负荷，且由于活塞销在销孔内摆动角度不大，难以形成润滑油膜，因此润滑条件较差。为此活塞销必须有足够的刚度、强度和耐磨性，质量尽可能小，销与销孔应该有适当的配合间隙和良好的表面质量。在一般情况下，活塞销的刚度尤为重要，如果活塞销发生弯曲变形，可能使活塞销座损坏。

2) 活塞销材料及结构

活塞销的材料一般为低碳钢或低碳合金钢，如 20、20Mn、15Cr、20Cr 或 20MnV 等。外表面渗碳淬硬，再经精磨和抛光等精加工。这样既提高了表面硬度和耐磨性，又保证有较高的强度和冲击韧性。活塞销的结构形状很简单，如图 2-17 所示，基本上是一个厚壁空心圆柱。其内孔形状有圆柱形、两段截锥形和组合形。圆柱形内孔加工容易，但活塞销的质量较大；两段截锥形内孔的活塞销质量较小，且因为活塞销所受的弯矩在其中部最大，所以接近于等强度梁，但锥孔加工较难。

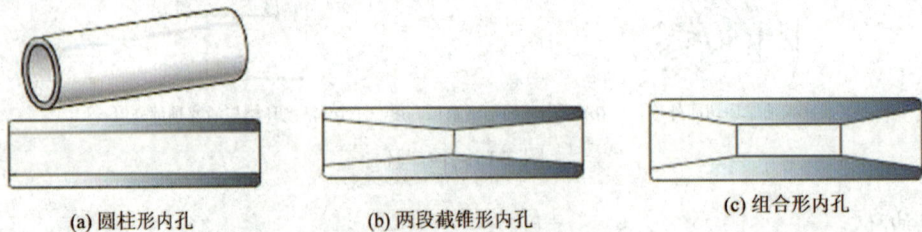

(a) 圆柱形内孔　　　　(b) 两段截锥形内孔　　　　(c) 组合形内孔

图 2-17　活塞销的结构形状

（二）连杆组

1.连杆组的功用及工作条件

连杆组的功用是将活塞承受的力传给曲轴，并将活塞的往复运动转变为曲轴的旋转运动。连杆小头与活塞销连接，同活塞一起作往复运动；连杆大头与曲柄销连接，同曲轴一起作旋转运动，因此，在发动机工作时连杆作复杂的平面运动。连杆组主要受压缩、拉伸和弯曲等交变负荷。最大压缩载荷出现在做功行程上止点附近，最大拉伸载荷出现在进气行程上止点附近。在压缩载荷和连杆组作平面运动时产生的横向惯性力的共同作用下，连杆体可能发生弯曲变形。

2.连杆组材料

连杆体和连杆盖由优质中碳钢或中碳合金钢（如45、40Cr、42CrMo或40MnB等）模锻或辊锻而成。连杆螺栓通常用优质合金钢40Cr或35CrMo制造。一般均经喷丸处理以提高连杆组零件的强度。纤维增强铝合金连杆以其质量轻、综合性能好而备受关注。在相同强度和刚度的情况下，纤维增强铝合金连杆比用传统材料制造的连杆要轻30%。

3.连杆构造

连杆由连杆小头、连杆杆身、连杆大头和连杆轴瓦等构成，如图2-18所示。

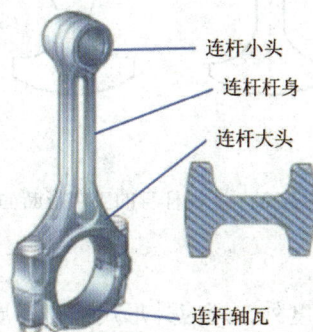

连杆小头
连杆杆身
连杆大头
连杆轴瓦

图2-18 连杆组

1) 连杆小头

连杆小头的结构形状如图2-19所示，其结构形状取决于活塞销的尺寸及其与连杆小头的连接方式。

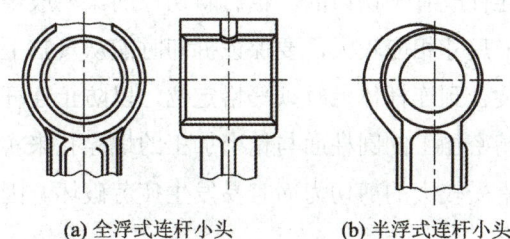

(a) 全浮式连杆小头　　(b) 半浮式连杆小头

图2-19 连杆小头结构形状

在汽车发动机中,连杆小头与活塞销的连接方式有两种,即全浮式连接和半浮式连接。全浮式连接就是发动机在正常工作温度下,活塞销在连杆小头和活塞销座内部都有合适的配合间隙,并能自由转动,可以保证活塞销沿圆周磨损均匀。为防止活塞销两端刮伤气缸壁,在活塞销孔外侧装置活塞销挡圈。半浮式连接是指连杆小头与活塞销处固定不转动,连杆小头孔内装有衬套,活塞销孔与活塞销处能浮动。全浮式连接活塞销为间隙配合,在工作时可作缓慢的无规则转动,磨损均匀,寿命长,被广泛采用。半浮式连接采用活塞销与连杆小头固定的方式,在加热连杆小头后,将活塞销装入,为过盈配合。

2) 连杆杆身

连杆杆身断面为工字形,如图 2-20 所示,连杆杆身刚度大、质量轻,适于模锻。工字形断面的 $Y-Y$ 轴在连杆运动平面内。有的连杆在杆身内加工有油道,用来润滑小头衬套或冷却活塞。如果是后者,须在小头顶部加工出喷油孔。

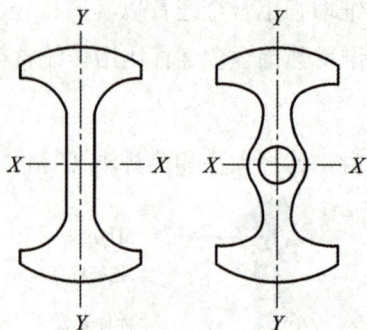

图 2-20　连杆杆身的工字形断面

3) 连杆大头

连杆大头除应具有足够的刚度外,还应外形尺寸小、质量轻,拆卸发动机时能从气缸上端取出。连杆大头是剖分的,连杆盖用螺栓或螺柱紧固,如图 2-21 所示,为使结合面在任何转速下都能紧密结合,连杆螺栓的拧紧力矩必须足够大。结合面与连杆轴线垂直的为平切口连杆,而结合面与连杆轴线成 30°～60°夹角的为斜切口连杆。平切口连杆体大端的刚度较大,因此大头孔受力变形较小,而且平切口连杆制造费用较低。汽油机均采用平切口连杆。柴油机连杆既有平切口的,也有斜切口的。一般柴油机由于曲柄销直径较大,因此连杆大头的外形尺寸相应较大,要保证拆卸时能从气缸上端取出连杆体,必须采用斜切口连杆。连杆盖装合到连杆体上时须严格定位,以防止连杆盖横向位移。平切口连杆利用连杆螺栓上一段精密加工的圆柱面与精密加工的螺栓孔来实现连杆盖的定位。斜切口连杆的连杆螺栓由于承受较大的剪切力而容易发生疲劳破坏。因此,应采用能够承受横向力的定位方法。

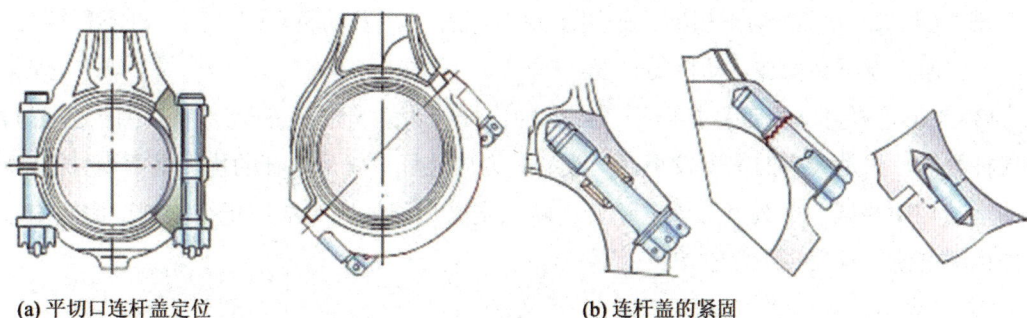

(a) 平切口连杆盖定位　　　　　　　　　　(b) 连杆盖的紧固

图 2-21　连杆盖的定位

4) 连杆螺栓

连杆螺栓如图 2-22 所示，工作时连杆螺栓承受交变载荷，因此在结构上应尽量增大连杆螺栓的弹性，而在加工方面要精细加工过渡圆角，消除应力集中，以提高其抗疲劳强度。连杆螺栓采用优质合金钢制造，如 40Cr、35CrMo 等，经调质后滚压螺纹，并在表面进行防锈处理。

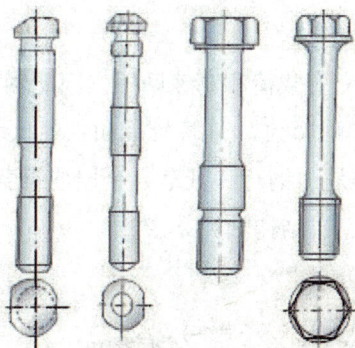

图 2-22　连杆螺栓

5) V 形发动机连杆

V 形发动机连杆如图 2-23 所示。V 形发动机左右两个气缸的连杆安装在同一个曲柄销上，其结构随安装形式的不同而不同。

(1) 并列连杆。并列连杆指两个完全相同的连杆一前一后并列地安装在同一个曲柄销上。连杆结构与上述直列式发动机的连杆基本相同，只是大头宽度稍小一些。并列连杆的优点是前后连杆可以通用，左右两列气缸的活塞运动规律相同；缺点是两列气缸沿曲轴纵向须相互错开一段距离，从而增加了曲轴和发动机的长度。

(2) 主副连杆。一个主连杆和一个副连杆组成主副连杆，副连杆通过销轴铰接在主连杆体或主连杆盖上。一列气缸装主连杆，另一列气缸装副连杆，主连杆大头安装在曲轴的曲柄销上。主、副连杆不能互换，且副连杆对主连杆作用以附加弯矩。两列气缸中活塞的运动规律和上止点位置均不相同。采用主副连杆的V形发动机，其两列气缸不需要相互错开，因而也就不会增加发动机的长度。

(3) 叉形连杆。叉形连杆指一列气缸中的连杆大头为叉形，另一列气缸中的连杆与普通连杆类似，只是大头的宽度较小，一般称其为内连杆。叉形连杆的优点是两列气缸中活塞的运动规律相同，两列气缸无需错开；缺点是叉形连杆大头结构复杂，制造比较困难，维修也不方便，且大头刚度较差。

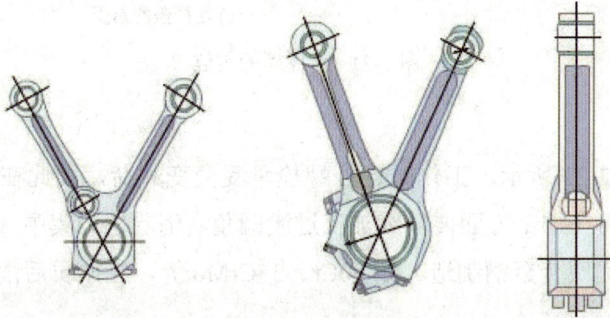

图 2-23　V形发动机连杆

6) 连杆轴承和主轴承

连杆轴承和主轴承均承受交变载荷和高速摩擦，因此轴承材料必须具有足够的抗疲劳强度，而且要摩擦小、耐磨损和耐腐蚀。连杆轴承和主轴承均由上、下两片轴瓦对合而成，如图 2-24 所示。每一片轴瓦都是由钢背和减摩合金层或钢背、减摩合金层和软镀层构成，前者称二层结构轴瓦，后者称三层结构轴瓦。

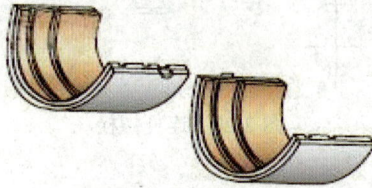

图 2-24　轴瓦

钢背是轴瓦的基体，由厚 1 ～ 3 mm 的低碳钢板制造，以保证有较高的机械强度。在钢背上浇铸减摩合金层，减摩合金材料主要有白合金、铜基合金和铝基合金。白合金也叫巴氏合金，应用较多的锡基白合金减摩性好，但疲劳强度低，耐热性差，当温度超过100℃时，其硬度和强度均明显下降，因此常用于负荷不大的汽油机。铜铅合金的突出优点是承载能力大、抗疲劳强度高、耐热性好，但磨合性能和耐腐蚀性差。为了改善其磨合性和耐腐蚀性，通常在铜铅合金表面电镀一层软金属，形成三层结构轴瓦，多用于高强化的柴油机。铝基合金包括铝锑镁合金、低锡铝合金和高锡铝合金。含锡 20% 以上的高锡铝合金轴瓦因为有较好的承载能力、抗疲劳强度和减摩性而被广泛地应用于汽油机和柴油机。软镀层是指在减摩合金层上电镀一层锡或锡铅合金，其主要作用是改善轴瓦的磨合性能并作为减摩合金层的保护层。在自由状态时，轴瓦两个结合面外端的距离比轴承孔的直径大，其差值称为轴瓦的张开量。在装配时，轴瓦的圆周过盈变成径向过盈，对轴承孔产生径向压力，使轴瓦紧密贴合在轴承孔内，以保证其良好的承载和导热能力，提高轴瓦工作的可靠性和延长其使用寿命。

（三）曲轴飞轮组

1. 曲轴的功用及工作条件

曲轴的功用是把活塞、连杆传来的气体推力转变为转矩，用以驱动汽车的传动系统和发动机的配气机构以及其他辅助装置。曲轴在周期性变化的气体推力、惯性力及其力矩的共同作用下工作，承受弯曲和扭转交变载荷。因此，曲轴应有足够的抗弯曲、抗扭转的疲劳强度和刚度；轴颈应有足够大的承压表面和耐磨性；曲轴的质量应尽量小；对各轴颈的润滑应该充分。

2. 曲轴材料

曲轴一般由 45、40Cr、35Mn2 等中碳钢和中碳合金钢模锻而成，轴颈表面经高频淬火或氮化处理，最后进行精加工。现代汽车发动机广泛采用球墨铸铁曲轴。球墨铸铁价格便宜，耐磨性能好，轴颈不需硬化处理，同时金属消耗量少，机械加工量也少。为提高曲轴的疲劳强度，消除应力集中，轴颈表面应进行喷丸处理，圆角处要经滚压处理。

3. 曲轴构造

曲轴基本上由若干个单元曲拐构成，如图 2-25 所示。一个连杆轴颈，左右两个曲柄臂和左右两个主轴颈构成一个单元曲拐。单缸发动机的曲轴只有一个曲拐，多缸直列式发动机曲轴的曲拐数与气缸数相同，V 形发动机曲轴的曲拐数等于气缸数的一半。将若干个单元曲拐按照一定的相位连接起来，再加上曲轴前、后端便构成一根曲轴。多数发动机的曲轴在其曲柄臂上装有平衡重。按单元曲拐连接方法的不同,曲轴分为整体式和组合式两类。

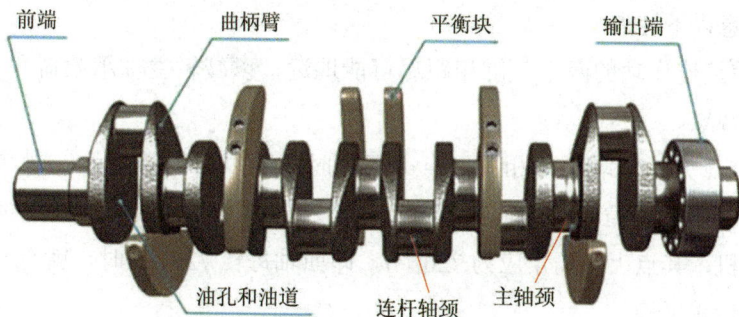

图 2-25 曲轴结构

现代轿车特别重视乘坐的舒适性和噪声水平，为此必须将引起汽车振动和噪声的发动机不平衡力及不平衡力矩减小到最低限度。在曲轴的曲柄臂上设置的平衡重只能平衡旋转惯性力及其力矩，而往复惯性力及其力矩的平衡则需采用专门的平衡机构。当发动机的结构和转速一定时，一阶往复惯性力与曲轴转角的余弦成正比，二阶往复惯性力与二倍曲轴转角的余弦成正比，如图 2-26 所示。

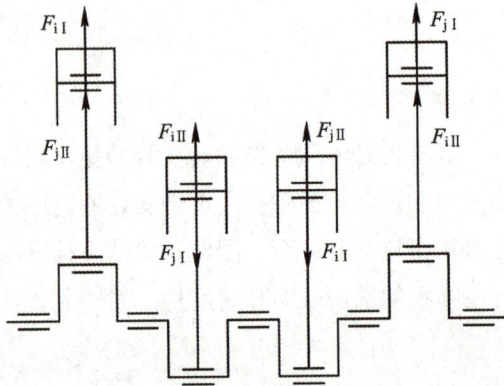

图 2-26 作用在曲轴上的一、二阶往复惯性力示意图

发动机往复惯性力的平衡状况与气缸数、气缸排列形式及曲拐布置形式等因素有关。现代中级和普及型轿车普遍采用四冲程直列四缸发动机。平面曲轴的四缸发动机的一阶往复惯性力、一阶往复惯性力矩和二阶往复惯性力矩都平衡，只有二阶往复惯性力不平衡。为了平衡二阶往复惯性力，需采用双轴平衡机构。两根平衡轴与曲轴平行且与气缸中心线等距，旋转方向相反，转速相同，都为曲轴转速的二倍。两根轴上都装有质量相同的平衡重，其旋转惯性力在垂直于气缸中心线方向的分力互相抵消，在平行于气缸中心线方向的分力则合成为沿气缸中心线方向作用的力，与 $F_{jⅡ}$ 大小相等，方向相反，从而使 $F_{jⅡ}$ 得到平衡。

4. 曲拐布置与多缸发动机的工作顺序

各曲拐的相对位置或曲拐布置取决于气缸数、气缸排列形式和发动机工作顺序。在气缸数和气缸排列形式确定之后，曲拐布置就只取决于发动机工作顺序。在选择发动机工作顺序时，应注意以下几点：

(1) 应该使接连作功的两个气缸相距尽可能地远，以减轻主轴承载荷和避免在进气行程中发生抢气现象。

(2) 各气缸点火的间隔时间相同。点火间隔时间若以曲轴转角计，则称点火间隔角。在发动机完成一个工作循环的曲轴转角内，每个气缸都应点火做功一次。对于气缸数为 i 的四冲程发动机，其点火间隔角应为 $720°/i$，即曲轴每转 $720°/i$ 时，就有一缸点火作功，以保证发动机运转平稳。

(3) V 形发动机左右两列气缸应交替发火。四冲程直列四缸发动机的点火间隔角为

$720°/4＝180°$。4 个曲拐在同一平面内。发动机工作顺序为 1—2—4—3，如表 2-1 所示，或顺序为 1—3—4—2，如表 2-2 所示。

表 2-1　四冲程直列四缸发动机工作顺序为 1—2—4—3

曲轴转角/(°)	第一缸	第二缸	第三缸	第四缸
0～180	作功	压缩	排气	进气
180～360	排气	作功	进气	压缩
360～540	进气	排气	压缩	作功
540～720	压缩	进气	作功	排气

表 2-2　四冲程直列四缸发动机工作顺序为 1—3—4—2

曲轴转角/(°)	第一缸	第二缸	第三缸	第四缸
0～180	作功	排气	压缩	进气
180～360	排气	进气	作功	压缩
360～540	进气	压缩	排气	作功
540～720	压缩	作功	进气	排气

四冲程直列六缸发动机的工作顺序和曲拐布置：四冲程直列六缸发动机点火间隔角为 $720°/6＝120°$，6 个曲拐分别布置在 3 个平面内，工作顺序是 1—5—3—6—2—4，其工作循环表如表 2-3 所示。

表 2-3　四冲程直列六缸发动机工作顺序是 1—5—3—6—2—4

曲轴转角/(°)		第一缸	第二缸	第三缸	第四缸	第五缸	第六缸
0～180	0～60	作功	排气	进气	作功	压缩	进气
	60～120	作功	排气	进气	排气	压缩	进气
	120～180	作功	排气	压缩	排气	作功	进气
180～360	180～240	排气	进气	压缩	排气	作功	压缩
	240～300	排气	进气	作功	进气	作功	压缩
	300～360	排气	压缩	作功	进气	排气	压缩
360～540	360～420	进气	压缩	作功	进气	排气	作功
	420～480	进气	压缩	排气	压缩	排气	作功
	480～540	进气	作功	排气	压缩	进气	作功
540～720	540～600	压缩	作功	排气	压缩	进气	排气
	600～660	压缩	作功	进气	作功	进气	排气
	660～720	压缩	排气	进气	作功	压缩	排气

　　四冲程 V 形六缸发动机的点火间隔角仍为 120°，3 个曲拐互成 120°。工作顺序为 R1—L3—R3—L2—R2—L1。面对发动机的冷却风扇，右列气缸用 R 表示，由前向后气缸号分别为 R1、R2 和 R3；左列气缸用 L 表示，气缸号分别为 L1、L2 和 L3，其工作循环表如表 2-4 所示。

表 2-4　四冲程 V 形六缸发动机工作顺序是 R1—L3—R3—L2—R2—L1

曲轴转角/(°)		R1	R2	R3	L1	L2	L3
0~180	0~60		排气	进气	作功		压缩
	60~120	作功				进气	
	120~180			压缩	排气		
180~360	180~240		进气				作功
	240~300	排气				压缩	
	300~360			作功	进气		
360~540	360~420		压缩				排气
	420~480	进气				作功	
	480~540			排气	压缩		
540~720	540~600		作功				进气
	600~660	压缩		进气	作功	排气	
	660~720		排气				压缩

5. 曲轴止推轴承

　　由于汽车行驶时踩踏离合器而对曲轴施加轴向推力，使曲轴发生轴向窜动。过大的轴向窜动将影响活塞连杆组的正常工作，破坏正确的配气定时和柴油机的喷油定时。为了保证曲轴轴向的正确定位，需装设止推轴承，而且只能在一处设置止推轴承，以保证曲轴受热膨胀时能自由伸长。曲轴止推轴承有翻边轴瓦、半圆环止推片和止推轴承环 3 种形式。翻边轴瓦是将轴瓦两侧翻边作为止推面，并在止推面上浇铸减摩合金而制成的，如图 2-27 所示。

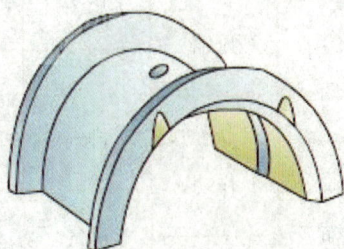

图 2-27　翻边轴瓦

轴瓦的止推面与曲轴止推面之间留有 0.06 ～ 0.25 mm 的间隙，从而限制了曲轴轴向窜动量。半圆环止推片一般为 4 片，上、下各两片，分别安装在机体和主轴承盖上的浅槽中，用定位舌或定位销定位，防止其转动，如图 2-28 所示。装配时，需将有减摩合金层的止推面朝向曲轴的止推面，不能装反。止推轴承环为两片止推圆环，分别安装在第一主轴承盖的两侧。

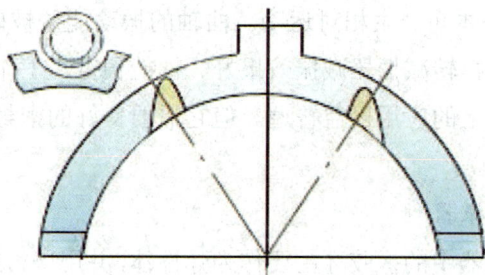

图 2-28　半圆环止推片

6. 曲轴油封

曲轴前、后端均须密封，曲轴前端借助甩油盘和橡胶油封实现密封。当发动机工作时，落在甩油盘上的机油在离心力的作用下被甩到定时传动室盖的内壁上，再沿壁面流回油底壳。即使有少量机油落到甩油盘前面的曲轴上，也会被装在定时传动室盖上的自紧式橡胶油封挡住。由于近年来橡胶油封的耐油、耐热和耐老化性能的提高，在现代汽车发动机上，曲轴后端的密封越来越多地采用与曲轴前端一样的自紧式橡胶油封。自紧式油封由金属保持架、氟橡胶密封环和拉紧弹簧构成。

7. 曲轴扭转减振器

当发动机工作时，曲轴在周期性变化的转矩作用下，各曲拐之间发生周期性相对扭转的现象称为扭转振动，简称扭振。当发动机转矩的变化频率与曲轴扭转的自振频率相同或成整数倍时，就会发生共振。共振时扭转振幅增大，导致传动机构磨损加剧，发动机功率下降，甚至使曲轴断裂。为了消减曲轴的扭转振动，现代汽车发动机多在扭转振幅最大的曲轴前端装置扭转减振器。汽车发动机多采用橡胶扭转减振器、硅油扭转减振器和硅油—橡胶扭转减振器等。

1) 橡胶扭转减振器

减振器壳体与曲轴连接，减振器壳体与扭转振动惯性所产生的惯性质量被硫化橡胶层所吸收。当发动机工作时，减振器壳体与曲轴一起振动，由于惯性质量滞后于减振器壳体，因而在两者之间产生相对运动，使橡胶层来回揉搓，振动能量被橡胶的内摩擦阻尼吸收，从而使曲轴的扭振得以消减。橡胶扭转减振器结构简单、工作可靠、制造容易，在汽车上广为应用。但其阻尼作用小，橡胶容易老化，故在大功率发动机上较少应用。

2) 硅油扭转减振器

由钢板冲压而成的减振器壳体与曲轴连接。扭转减震器侧盖与减振器壳体组成封闭腔，其中滑套带着扭转振动惯性质量。惯性质量与封闭腔之间留有一定的间隙，里面充满高黏度硅油。当发动机工作时，减振器壳体与曲轴一起旋转、一起振动，惯性质量则被硅油的黏性摩擦阻尼和衬套的摩擦力所带动。由于惯性质量相当大，因此它近似作匀速转动，于是在惯性质量与减振器壳体间产生相对运动。曲轴的振动能量被硅油的内摩擦阻尼吸收，使扭振消除或减轻。硅油扭转减振器减振效果好、性能稳定、工作可靠、结构简单、维修方便，所以在汽车发动机上的应用日益普遍。但它需要良好的密封和较大的惯性质量，致使减振器尺寸较大。

3) 硅油—橡胶扭转减振器

硅油—橡胶扭转减振器中的橡胶环主要作为弹性体，并用来密封硅油和支撑惯性质量。在封闭腔内注满高黏度硅油，硅油—橡胶扭转减振器集中了硅油扭转减振器和橡胶扭转减振器二者的优点，即体积小、质量轻和减振性能稳定等。

8. 飞轮

对于四冲程发动机来说，每 4 个活塞行程做功一次，即只有做功行程作功，而排气、进气和压缩 3 个行程都要消耗功。因此，曲轴对外输出的转矩呈周期性变化，曲轴转速也不稳定。为了改善这种状况，在曲轴后端装置飞轮。飞轮是转动惯量很大的盘形零件，如图 2-29 所示，其作用如同一个能量存储器。在做功行程中，发动机传输给曲轴的能量除对外输出外，还有部分能量被飞轮吸收，从而使曲轴的转速不会升高很多；在排气、进气和压缩 3 个行程中，飞轮将其储存的能量放出来补偿这 3 个行程所消耗的功，从而使曲轴转速不致降低太多。除此之外，飞轮还有下列功用：

(1) 飞轮是摩擦式离合器的主动件；

(2) 在飞轮轮缘上镶嵌有供启动发动机用的飞轮齿圈；

(3) 在飞轮上还刻有上止点记号，用来校准点火定时或喷油定时以及调整气门间隙。

图 2-29　飞轮

二、曲柄连杆机构的故障

曲柄连杆机构的故障主要表现为异响。何谓异响？就汽车而言，异响是指汽车总成或机构在工作中产生的超过技术文件规定的不正常的响声。

曲柄连杆机构的异响一般是某些运动件自然磨损，使其间隙过大、润滑不良、紧固不良，或修理调整不当等原因引起的。曲柄连杆机构异响常与发动机的转速、负荷、温度和缸位有关。

1. 曲轴主轴承响

1) 现象

(1) 发动机在一般稳定运转时不响，当转速突然变化时，发出低沉钝重的连续"当当"的金属敲击声。

(2) 发动机转速越高，响声越大。

(3) 发动机有负荷时响声明显。

(4) 单缸断火时响声无变化。

2) 原因

(1) 主轴承盖螺栓松动。

(2) 主轴承与主轴颈配合间隙过大。

(3) 发动机机油不良。

(4) 主轴承合金层烧毁或脱落。

3) 诊断与排除

用旋具抵触曲轴箱接近曲轴主轴承处听察，反复变更发动机转速，在突然加速或减速时，如有明显的沉重响声，则为主轴承响。第一道主轴承响的声音较清脆；第五道主轴承响的声音偏沉闷。

(1) 发动机温度越高响声越明显，说明发动机机油黏度过低或老化，应更换发动机机油。

(2) 在发动机高速运转或汽车重载爬坡时，机件有较大的振动，机油压力明显下降，说明主轴承与主轴颈配合间隙过大，或合金层脱落，应及时更换主轴承或修磨主轴颈。

(3) 若怀疑是曲轴轴向窜动响，可踩下离合器踏板，如果响声减弱或消失，则为曲轴轴向窜动发响，此时应更换曲轴止推垫片或更换曲轴。

(4) 若怀疑是飞轮固定不良发响，可在发现异响时关闭点火开关，而当发动机即将熄火时再立即接通点火开关，若此时能听到一声撞击声，且每次重复上述操作均如此，即证明是飞轮固定不良发响，应紧固或更换飞轮固定螺栓予以排除。

2. 连杆轴承响

1) 现象

(1) 突然加速时，发动机有明显连续"堂堂堂"的类似木棒敲击铁桶的声音，该声响较主轴承响清脆。

(2) 怠速时响声较小，中速时明显。

(3) 单缸断火后，响声明显减弱或消失。

(4) 汽车高速或爬坡时，响声加剧。

2) 原因

(1) 连杆轴承盖螺栓松动。

(2) 连杆轴承径向间隙过大。

(3) 连杆轴承合金层烧毁。

(4) 发动机机油不良。

3) 诊断与排除

(1) 发动机初发动时响声严重，待机油压力上升后响声减弱或消失，表明个别连杆轴承间隙稍大或合金层剥落，应视情修磨连杆轴颈或更换连杆轴承。

(2) 若发动机温度正常，当由低速突然加至中高速时，发动机发出有节奏的"当当当"响声；当转速再升高时，其响声减弱直至消失；单缸断火时响声消失，复火时响声恢复；稍关节气门，响声更明显。这些现象说明连杆轴承间隙过大，应修磨连杆轴颈或更换连杆轴承。

(3) 发动机温度升高，响声增加，说明发动机机油不符合要求，应予更换。若在提高发动机转速时，其响声减弱但显得杂乱，则说明连杆轴承合金层过热融化，应立即修复。

3. 活塞敲缸响

活塞敲缸响的原因是多方面的，因具体原因不同，敲缸响所表现的现象也不同，主要有以下几种：

A. 发动机冷态时敲缸响

1) 现象

(1) 怠速时，气缸上部发出有节奏的"吭吭"的金属敲击声，当转速稍高时响声消失。

(2) 在发动机低温时发响，温度正常后响声消失。

(3) 在单缸断火时响声消失。

2) 原因

(1) 活塞与气缸壁配合间隙偏大。

(2) 发动机机油量少，机油飞溅不足。

3) 诊断与排除

(1) 拔出机油尺，检查机油量并视情况添加机油。

(2) 在发动机低温启动时，如有有节奏的"吭吭"响声，机油加注口和排气管均冒蓝烟。向怀疑发响的气缸注入 20 ml 左右的新机油，响声减弱或消失，说明活塞与气缸壁配合间隙偏大。应检测活塞与气缸，必要时修理气缸、更换活塞。

B. 发动机热态时敲缸响

发动机热态时敲缸响有以下两种不同现象：

(1) 发动机高温时发出连续"嘎嘎"的金属敲击声，且温度升高，响声加重。

原因：

① 连杆轴颈与主轴颈不平行。

② 连杆有弯、扭变形。

(2) 发动机怠速时发出"嗒嗒"的响声，机体有抖动；单缸断火时响声加大（该缸有故障）；随着温度升高，响声加大。

原因：

① 活塞裙部椭圆度过小。

② 活塞与气缸壁配合间隙过小。

③ 活塞销装配过紧。

④ 活塞环背隙、开口间隙过小。

(3) 诊断与排除

可根据故障现象判明故障原因。具体故障原因要通过分解发动机后方可查明。

C. 发动机冷、热态均有敲缸响

1) 现象

(1) 发动机怠速运转急加速时有敲缸响。

(2) 发动机大负荷或高速档急加速时有敲缸响。

2) 原因

(1) 点火正时失准。

(2) 燃油牌号不对或燃油品质不良。

3) 诊断与排除

(1) 调整点火正时。

(2) 换用规定牌号品质合格的燃油。

4. 活塞销响

1) 现象

(1) 发动机有较尖锐清脆且有节奏的"嗒嗒嗒"类似手锤敲击铁钻的响声，在同转速下比活塞敲缸响连续且尖细。

(2) 随发动机转速变化，响声周期性变化，加速时响声更大。

(3) 发动机温度升高，响声不减，甚至更明显。

(4) 单缸断火响声减弱或消失。

(5) 略将点火时间提前，响声更大。

2) 原因

(1) 活塞销与连杆衬套磨损过甚，间隙增大。

(2) 活塞销与其座孔配合松旷。

(3) 活塞销卡环脱落，使活塞销轴向窜动。

(4) 发动机机油量少，机油飞溅不足。

3) 诊断与排除

(1) 发动机低温怠速时发出"嗒嗒嗒"的连续响声，响声部位在发动机上部，发动机中、低速时响声消失。发响时，某单缸断火时响声消失，复火时响声恢复，即为该缸故障。此故障一般是活塞销与连杆衬套配合间隙稍大，暂可继续使用。

(2) 发动机温度正常，中、低速运转时均发出有节奏的清脆且明显的"嗒嗒嗒"声。单缸断火响声消失，复火时响声恢复，即为该缸活塞销与连杆衬套配合间隙过大，应更换活塞销或连杆衬套。

(3) 发动机在低温、高温，低速、高速时均发出带震动性的有节奏的沉重"嗒嗒嗒"响声；在断火试验时，响声转为"咯咯"的哑声，即可断定为活塞销与连杆衬套严重松旷，应立即拆检，必要时更换活塞销或连杆衬套。

(4) 发动机只在某一转速时发出"贴贴贴"的明显有节奏的响声，断火试验时响声减弱却杂乱，即为活塞销与其座孔间隙过大，应拆检并视情更换活塞销和活塞。

(5) 检查机油变质情况，查看机油量，必要时添加或更换发动机机油。

5. 活塞环响

活塞环响有以下两种不同现象：

(1) 活塞环敲击响，发动机出现钝哑的"啪啪"响声，当发动机转速升高时响声增大，且显得杂碎。

原因：

① 活塞环折断。

② 活塞环磨损，在环槽内松旷。

③ 气缸壁顶部磨出凸肩，修磨连杆轴颈后，使活塞环与气缸壁凸肩相碰。

(2) 活塞环漏气响，类似活塞敲缸响，单缸断火时响声减弱但不消失。

原因：

① 活塞环与气缸壁间漏光度过大。

② 活塞环弹力过弱。

③活塞环开口间隙过大或各环开口重叠。

④活塞环在环槽内卡死。

(3) 诊断与排除。

① 用旋具抵在火花塞上听察，如感觉有"唰唰唰"的响声，即为活塞环折断；如感觉有明显的振动，则为活塞环碰撞气缸凸肩响。根据具体故障视情更换活塞环或修理气缸。

② 在发动机低温时，有"唰蹦蹦"的响声，机油加注口处脉动地冒蓝烟。若发动机温度正常后，响声减弱或消失，即为活塞环与气缸壁漏光度过大或活塞环在环槽内卡死等原因引起的，应立即更换活塞环或修理气缸。若冷却液温度高时，发动机有明显的窜气响，做断火试验时，窜气响减弱，则说明活塞环开口间隙过大、活塞环开口重叠或活塞环弹力过弱，应视情更换或按规定重新装复活塞环。

学习单元二　配气机构的构造与维修

学习目标：

- 了解配气机构的结构组成及原理；
- 掌握配气机构点火时间调整；
- 掌握配气机构的拆装与维修；
- 能对配气机构一般的故障进行检测与排除。

一、配气机构的功用和组成

配气机构的功用是按照发动机每一气缸内所进行的工作循环或点火顺序的要求，定时开启和关闭各气缸的进、排气门，使新鲜可燃混合气（汽油机）或空气（柴油机）得以及时进入气缸，废气得以及时从气缸中排出。进入气缸内的可燃混合气或空气对发动机性能的影响很大。进气量越多，发动机的转矩越大、功率越高。

配气机构的结构组成如图2-30所示。配气机构由气门组和气门传动组组成。气门组包括液压挺柱、进排气门、气门座、气门导管和气门弹簧等部件。气门传动组主要包括凸轮轴、凸轮轴正时齿形带轮、正时齿形带、张紧轮、曲轴正时齿形带轮等部件。

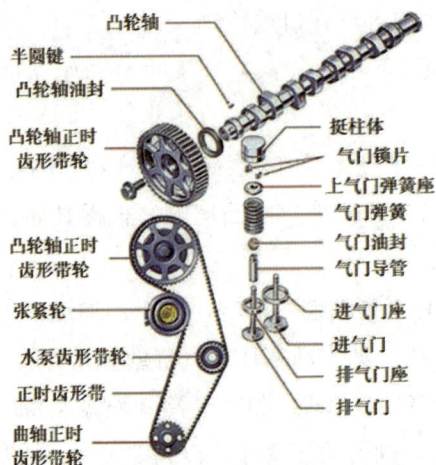

图 2-30　配气机构的结构组成

当发动机工作时，曲轴通过曲轴正时带轮、正时齿带、凸轮轴正时带轮驱动凸轮轴旋转，当凸轮轴转到凸轮的凸起部分顶到液压挺柱时，液压挺柱压缩气门弹簧，使气门离座，即气门开启。当凸轮凸起部分离开液压挺柱时，气门便在气门弹簧力的作用下上升而落座，气门关闭。

由于四冲程发动机每完成一个工作循环，曲轴旋转 2 周，而各缸进、排气门各开启 1 次，完成一次进气和排气，此时凸轮轴只旋转 1 周。因此，曲轴与凸轮轴的转速比为 2 : 1，即凸轮轴正时带轮的齿数是曲轴正时带轮齿数的 2 倍。

二、配气机构主要部件的构造

（一）气门组

气门及其相关零件总称为气门组，气门组的作用是使新鲜气体通过进气门进入气缸，将废气通过排气门排出气缸并保证气门头部与气门座能紧密贴合。配置一根门弹簧的标准型气门组结构如图 2-31 所示。

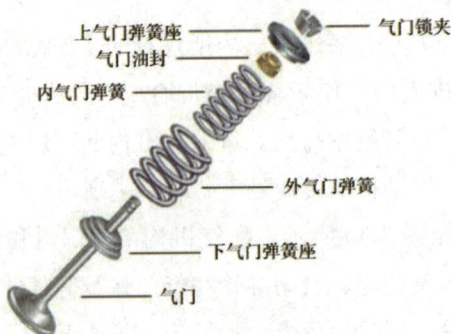

图 2-31　标准型气门组结构

1. 气门

1) 气门结构

气门的功用是与气门座相配合，对气缸进行密封。气门由头部和杆部两部分组成，如图 2-32 所示，头部用来封闭气缸的进、排气道，杆部用来为气门的运动起导向作用。

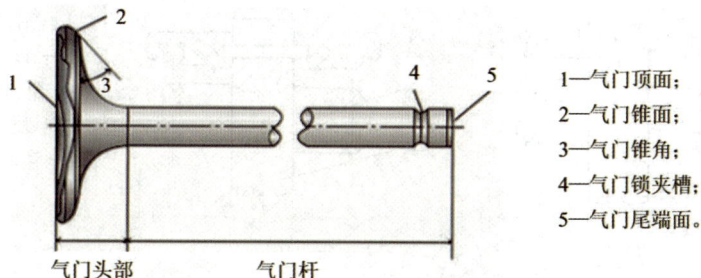

1—气门顶面；
2—气门锥面；
3—气门锥角；
4—气门锁夹槽；
5—气门尾端面。

图 2-32　气门结构

(1) 气门头部。气门头部的形状有平顶、喇叭形顶和球面顶，如图 2-33 所示。使用最多的是平顶气门头部，进、排气门均可采用此种形式。喇叭形顶头部多用于进气门，球面顶气门头部适用于排气门。

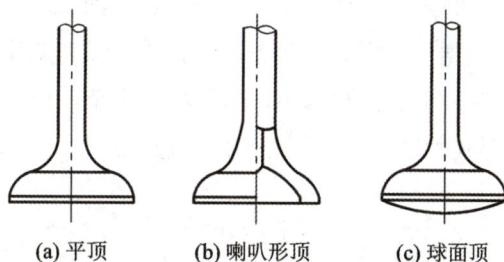

(a) 平顶　　(b) 喇叭形顶　　(c) 球面顶

图 2-33　气门头部结构

气门头部与气门座圈接触的工作面是与杆部同心的锥面，通常将这一锥面与气门顶部平面的夹角称为气门锥角，如图 2-34 所示，一般制作成 30° 或 45°。

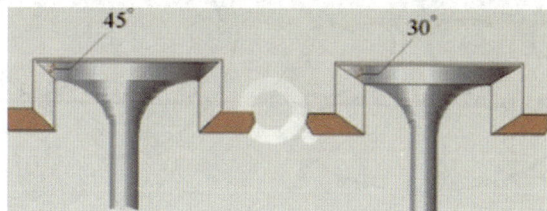

图 2-34　气门锥角

考虑到进气阻力比排气阻力对发动机性能的影响大得多，为尽量减小进气阻力，一般进气门的尺寸略大于排气门，这是因为进气是利用活塞下移产生的真空来实现的，进气门大些，可提高进气效率；排气是通过活塞上升将废气排出的，排气门即使是小一些也不会造成太大的影响。

(2) 气门杆。气门杆是圆柱形的，在气门导管中不断上下往复运动。气门杆尾部结构取决于气门弹簧座的固定方式，其气门尾部结构如图 2-35 所示。

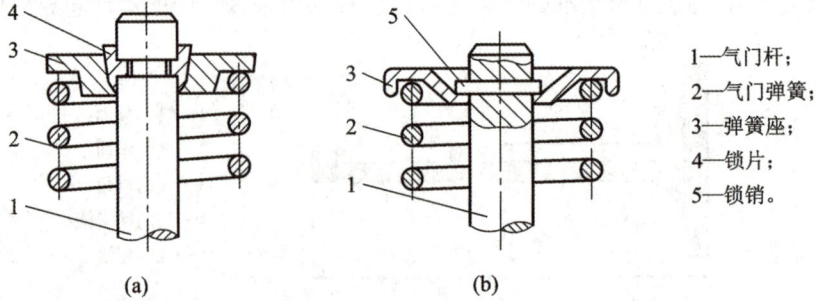

1—气门杆；
2—气门弹簧；
3—弹簧座；
4—锁片；
5—锁销。

图 2-35　气门尾部结构

2) 气门数

气门数是指每个气缸的进、排气门总数量，汽车上常见的有二气门、三气门、四气门和五气门几种。在短时间内是否能够将尽量多的气体吸入和排出，在很大程度上影响着发动机的整体性能。从气门在有限的燃烧室表面积中所占的面积来看，与具有两个气门的气缸相比，进、排气门越多，则气门面积之和就越大，进、排气效率越高，而且可以使单个气门的体积减小、质量减轻。但气门数越多，其结构越复杂，成本越高。

(1) 二气门式的结构形式如图 2-36 所示。每个气缸采用一个进气门和一个排气门，一般进气门比排气门大些。

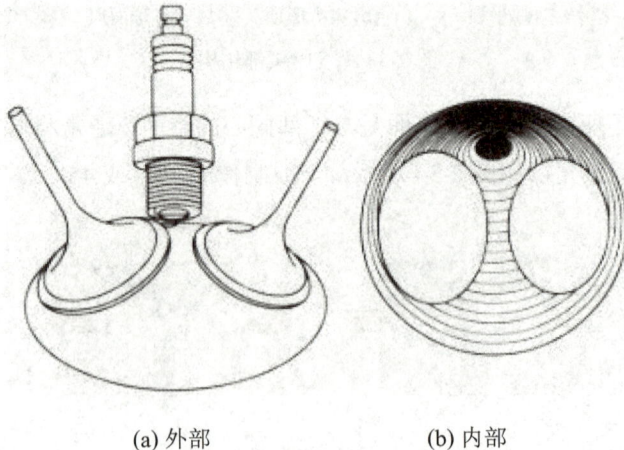

(a) 外部　　　　　　(b) 内部

图 2-36　二气门式的结构形式

(2) 三气门式的结构形式如图 2-37 所示。每个气缸有两个进气门和 1 个排气门，排气门大对排出高温气体有利，能提高发动机的排气性能。

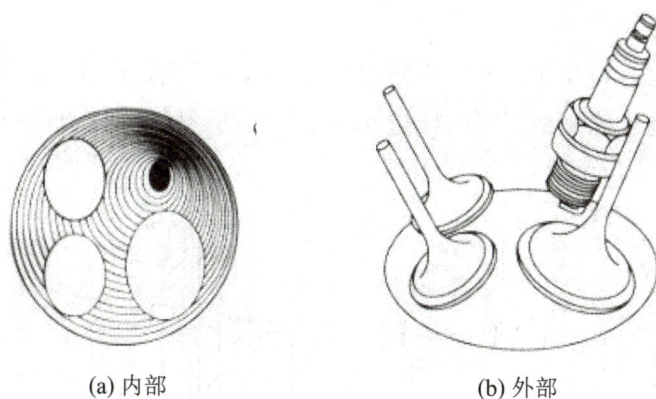

(a) 内部   (b) 外部

图 2-37　三气门式的结构形式

(3) 四气门式的结构形式如图 2-38 所示。每个气缸有两个进气门和两个排气门，两套凸轮轴装置分别控制一组进、排气门的开闭。

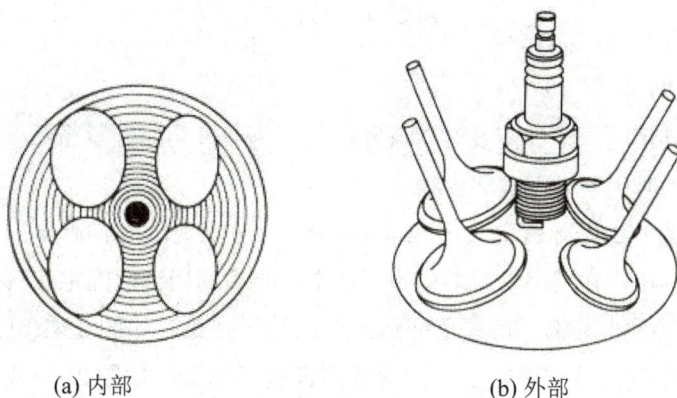

(a) 内部   (b) 外部

图 2-38　四气门式的结构形式

(4) 五气门式的结构形式如图 2-39 所示。每个气缸有 3 个进气门和两个排气门，并以梅花形状分布。

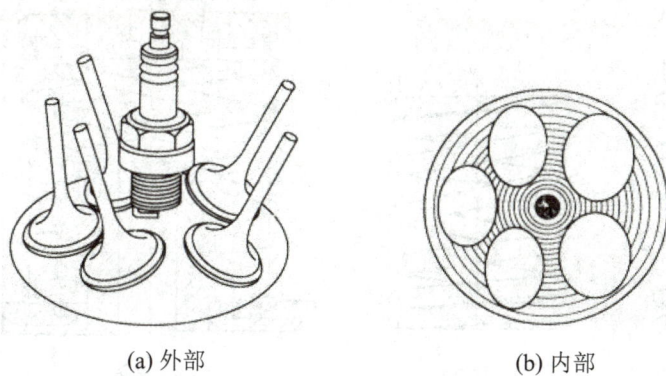

(a) 外部   (b) 内部

图 2-39　五气门式的结构形式

2. 气门导管

气门导管如图 2-40 所示，其功用是为气门的运动导向，保证气门作直线往复运动，使气门与气门座能正确贴合。气门杆与气门导管之间一般留有 0.05～0.12 mm 的间隙，使气门杆能在导管中自由运动。

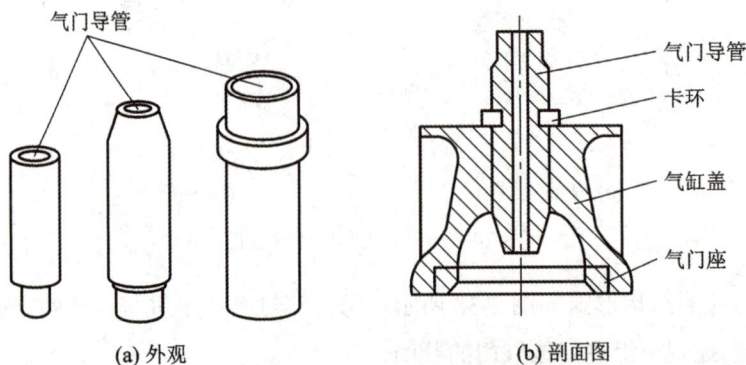

(a) 外观　　　　　　　　(b) 剖面图

图 2-40　气门导管

3. 气门弹簧

气门弹簧的功用是保证气门及时落座并与气门座或气门座圈紧密贴合，同时也可防止气门在发动机振动时因跳动而破坏密封。

气门弹簧多为等螺距弹簧，如图 2-41(a) 所示。安装时，气门弹簧的一端支撑在气缸盖上，而另一端则压靠在气门杆尾端的弹簧座上，弹簧座用锁片固定在气门杆的末端；

为了防止弹簧发生共振，可采用变螺距的圆柱形弹簧，如图 2-41(b) 所示；大多数高速发动机采用一个气门装有同心安装的内外两根气门弹簧，如图 2-41(c) 所示，这样不但可以防止共振，而且当一根弹簧折断时，另一根仍可维持工作。此外，装用两根气门弹簧还能减小气门弹簧的高度。当装用两根气门弹簧时，气门弹簧的螺旋方向和螺距应各不相同，这样可以防止折断的弹簧圈卡入另一个弹簧圈内。

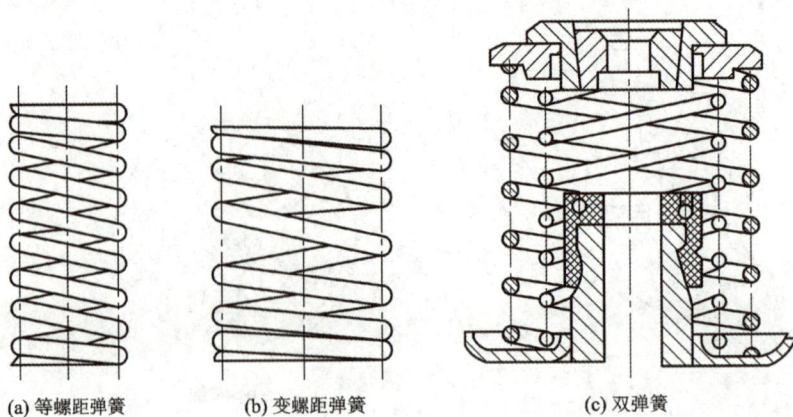

(a) 等螺距弹簧　　　(b) 变螺距弹簧　　　(c) 双弹簧

图 2-41　气门弹簧

（二）气门传动组

气门传动组的结构如图 2-42 所示，其作用是使气门按发动机配气相位规定的时刻及时开、闭，并保证规定的开启时间和开启高度。由于配气机构的布置形式多样，气门传动组的差别也很大。

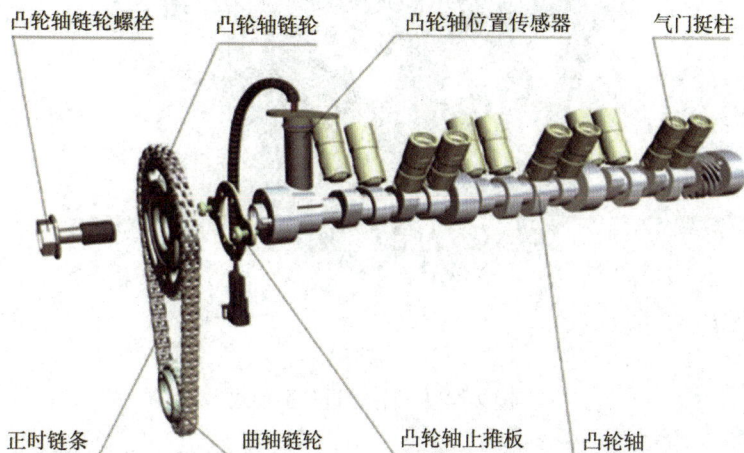

图 2-42　气门传动组的结构

1. 凸轮轴

1）凸轮轴结构

凸轮轴主要由各缸进、排气凸轮和凸轮轴轴颈等组成，如图 2-43 所示。进、排气凸轮用于使气门按一定的工作顺序和配气相位及时开、闭，并保证气门有足够的升程。

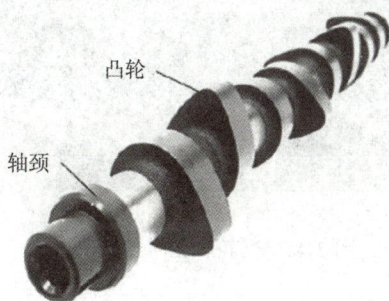

图 2-43　凸轮轴

2）凸轮轴驱动方式

凸轮轴的旋转是依靠曲轴带动的，一般采用链条驱动式或正时齿带驱动式。

(1) 凸轮轴链条驱动式如图 2-44 所示。凸轮轴位于气缸盖上，由曲轴带动的曲轴链轮通过正时链条驱动凸轮轴上的链轮旋转，从而带动凸轮轴旋转。链条导槽和链条张紧装置将张力传递至链条，以调节链条的张紧度。

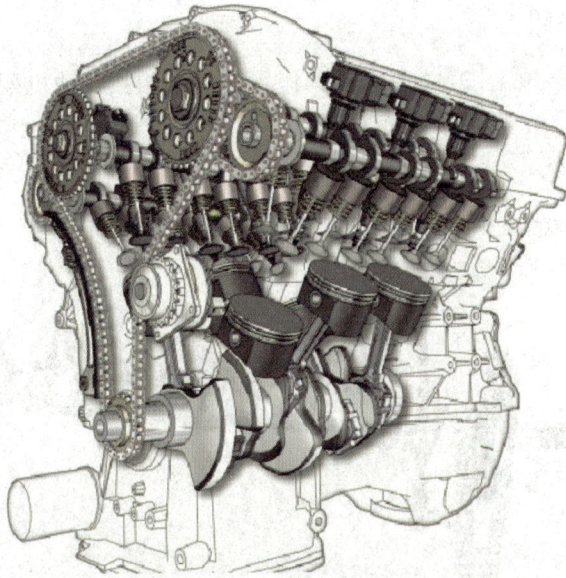

图 2-44　凸轮轴链条驱动式

(2) 凸轮轴正时齿带驱动式如图 2-45 所示。由于正时齿带是由强度大、不易变形的纤维和橡胶制成，具有质量轻、无噪声、不需要润滑等优点，所以被广泛使用。

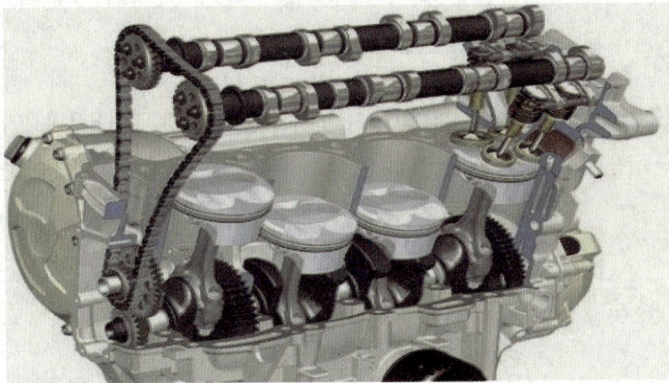

图 2-45　凸轮轴正时齿带驱动式

3) 凸轮轴安装位置与配气机构类型

根据凸轮轴安装位置的不同，可将配气机构分成以下 4 种类型。

(1) 下置凸轮轴配气机构如图 2-46 所示。下置凸轮轴配气机构是指进、排气门安装在气缸盖上，而凸轮轴安装在气缸体下部的配气机构上。当发动机工作时，曲轴通过正时齿轮驱动凸轮轴正时齿轮和凸轮轴旋转。当凸轮工作段顶起挺柱时，经推杆和气门间隙调整螺钉推动摇臂绕摇臂轴摆动，压缩气门弹簧使气门开启。当凸轮工作段离开挺柱时，气门在气门弹簧力的作用下逐渐关闭。

下置凸轮轴配气机构的特点是凸轮轴与曲轴位置靠近，可以简单地用一对齿轮传动，但需要较长的推杆、摇臂和摇臂轴等零部件，整个机构的刚度差，多用于转速较低的发动机，如货车用的柴油机等。

(2) 中置凸轮轴配气机构如图 2-47 所示。中置凸轮轴配气机构是指进、排气门安装在气缸盖上，而凸轮轴安装在气缸体中上部的配气机构。中置凸轮轴配气机构的凸轮轴一般采用链条传动或正时齿带传动，采用短推杆或省去推杆，但需要摇臂和摇臂轴。

图 2-46　下置凸轮轴配气机构　　图 2-47　中置凸轮轴配气机构

(3) 单顶置凸轮轴配气机构是通过一根凸轮轴驱使进、排气门动作，其特征为气门和凸轮轴都设置在气缸盖上。凸轮轴由正时链条或正时齿带驱动。

① 单顶置凸轮轴、双摇臂和摇臂轴配气机构如图 2-48 所示。凸轮轴分别通过进气摇臂和排气摇臂驱动进气门和排气门开启，由于进、排气门排成两列，所以驱动进、排气门的进气摇臂和排气摇臂分别安装在各自的摇臂轴上。

图 2-48　单顶置凸轮轴、双摇臂和摇臂轴配气机构

② 单顶置凸轮轴、无摇臂轴配气机构如图 2-49 所示。凸轮轴通过液压挺柱直接驱动气门开启，无摇臂轴和摇臂，气门排成一列。

图 2-49　单顶置凸轮轴、无摇臂配气机构

(4) 双顶置凸轮轴配气机构如图 2-50 所示。进、排气门分别由各自的凸轮轴控制 (气门排成两列)，凸轮轴直接驱动气门，具有质量轻以及驱动气门的相关部件易于适应高转速等优点。另外，由于进、排气凸轮轴是彼此相互独立的，所以增大了气门配置的自由度，火花塞可以设置在两根凸轮轴之间，即燃烧室的正中央。

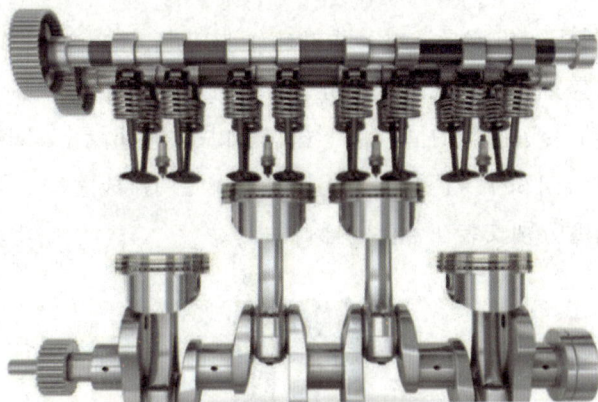

图 2-50　双顶置凸轮轴配气机构

4) 凸轮轴正时定位

常见的凸轮轴正时定位有齿轮式正时定位、链条式正时定位和齿带式正时定位 3 种形式。每种凸轮轴正时定位的原理都类似，安装时对凸轮轴正时齿轮和曲轴正时齿轮上的正时定位标记必须按对应的维修手册操作。齿轮式凸轮轴正时定位在如图 2-51 所示的箭头所指处，即齿轮与齿轮间都注有正时标记以保证正确的配气相位、点火时刻和喷油时刻，其采用一对正时齿轮传动，曲轴正时齿形带轮和凸轮轴正时齿形带轮分别用键安装在曲轴和凸轮轴的前端，其传动比为 2：1。

图 2-51　齿轮式正时机构

另一种曲轴与凸轮轴的配气相位和点火时刻是通过正时齿带或正时链条进行传递的，如图 2-52 所示，发动机为双凸轮轴，在两凸轮轴正时齿与曲轴正时齿上都标注有记号，在正时链条上也标注有 3 处蓝色链节，正时齿上的三处记号必须与正时链条上的 3 处记号同时对正，例如，丰田普锐斯混合动力发动机采用的就是正时链条连接。

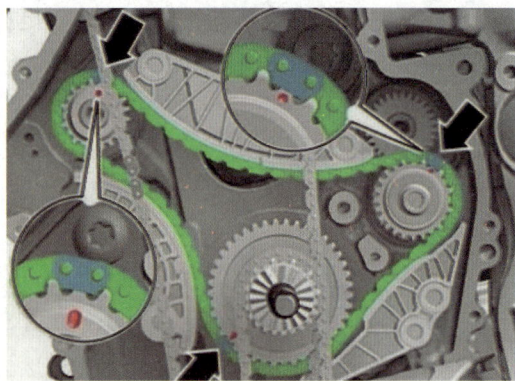

图 2-52　曲轴正时带轮上的正时标记对齐

2. 挺柱

挺柱的作用是将来自凸轮轴的推力传递给推杆（或气门杆），并承受凸轮轴旋转时所施加的侧向力。

1) 挺柱的类型

挺柱常用镍铬合金铸铁或冷寂合金铸铁制造，其摩擦表面应经热处理后研磨，汽车发动机上采用的挺柱有普通挺柱和筒式（液压）挺柱两种。

(1) 普通挺柱。配气机构采用的普通挺柱可分为滚轮式挺柱和菌式挺柱两种，如图 2-53 所示。滚轮式挺柱的优点是可以减小摩擦造成的对挺柱的侧向力。这种挺柱结构复杂，质量较大，一般多用于大缸径柴油发动机。菌式挺柱的优点是不易损坏、耐磨、结构简单。菌式挺柱没有自动调节气门间隙功能，多运用在载重型车辆上。通常把挺柱底部工作面设计为球面，并且将凸轮制成锥形，使两者的接触点偏离挺柱轴线。工作中，当挺柱被凸轮顶起时，接触点间的摩擦力使挺柱绕自身轴线旋转，以实现均匀磨损。挺柱可直接安装在气缸体一侧的导向孔中，或安装在可拆卸的挺柱架中。

(a) 滚轮式   (b) 菌式

图 2-53　普通挺柱

(2) 筒式 (液压) 挺柱。轿车发动机普遍采用的筒式 (液压) 挺柱如图 2-54 所示，其中间为空心，在挺柱圆周钻有通孔，便于筒内收集的机油流出，对挺柱底面及凸轮加以润滑。筒式 (液压) 挺柱在轿车中普遍采用，由于其长度能自动调整，故不需要预留气门间隙，也没有气门间隙调整装置。

图 2-54　筒式 (液压) 挺柱

2) 挺柱的工作原理

筒式 (液压) 挺柱的工作原理是当凸轮轴转动，凸轮的凸起部分与挺柱顶面接触时，挺柱在凸轮推动力作用下向下移动，高压腔内的机油被压缩，单向球阀在压力差和单向球阀弹簧的作用下关闭，高低压油腔被分隔开。由于液体的不可压缩性，整个挺柱如同一个刚体一样下移，推开气门并保证气门升程，如图 2-55 所示。

当挺柱开始上行返回时，在弹簧向上顶压和凸轮下压的作用下，高压油腔继续封闭，筒式 (液压) 挺柱仍可认为是一个刚体，直至上行到凸轮处于基圆，即气门关闭时为止。此时，气缸盖主油道中的机油经量孔、斜油孔和挺柱体上的环形油槽再次进入挺柱的低压油腔，由于挺柱不再受凸轮推动力和气门弹簧力的作用，高压油腔中的机油与回位弹簧推动柱塞上行，高压油腔的油压下降，单向球阀打开，低压油腔中的机油流入高压油腔，使两腔连通充满机油。这时，筒式（液压）挺柱的顶面仍然和凸轮表面紧贴，从而起到了补偿气门间隙的作用。

当气门受热膨胀时，柱塞和油缸作轴向相对运动，高压油腔中机油可经过油缸与柱塞间缝隙被挤入低压油腔。因此使用筒式（液压）挺柱时，可以不预留气门间隙。

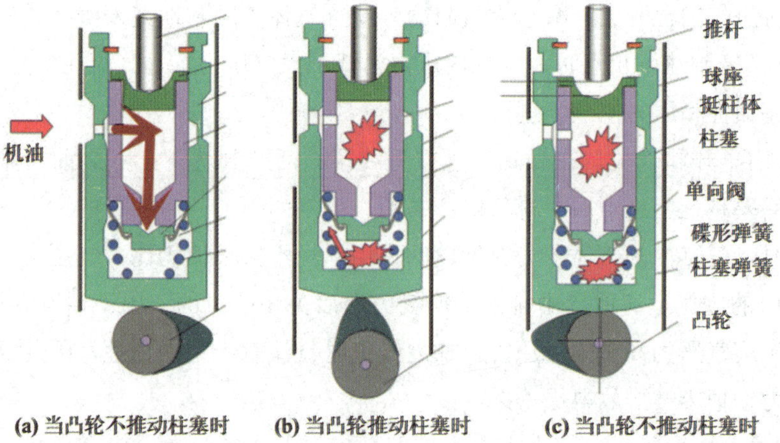

机油

推杆
球座
挺柱体
柱塞
单向阀
碟形弹簧
柱塞弹簧
凸轮

(a) 当凸轮不推动柱塞时　　　(b) 当凸轮推动柱塞时　　　(c) 当凸轮不推动柱塞时

图 2-55　液压挺柱的工作原理

三、配气相位及可变配气相位

1. 配气相位

用曲轴转角表示的进、排气门实际开、闭时刻和开启持续时间，称为配气相位。通常采用相位对于上、下止点曲拐位置的曲轴转角的环形图来表示，这种图形称为配气相位图，如图 2-56 所示。

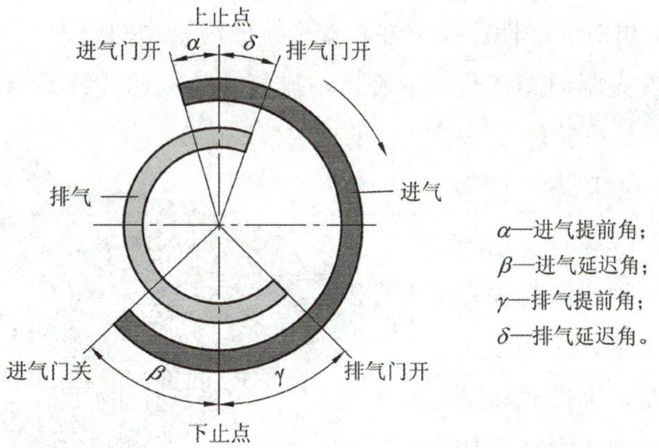

上止点
进气门开 α　δ 排气门开
排气　　　进气
进气门关 β　γ 排气门开
下止点

α—进气提前角；
β—进气延迟角；
γ—排气提前角；
δ—排气延迟角。

图 2-56　配气相位图

理论上，当曲拐处在上止点时，进气门开启；处在下止点时，进气门关闭。当曲拐在下止点时,排气门开启;在上止点时,排气门关闭。进气时间和排气时间各占180°曲轴转角。但实际上发动机转速很高,活塞每一行程历时相当短,短的时间势必会造成进气不足和排气不净,从而使发动机功率下降。因此,现代发动机都采取延长进、排气时间的方法。

(1) 进气门早开和晚关。在排气行程接近终了,活塞到达上止点之前,进气门便开始开启,直到活塞越过了下止点以后,进气门才关闭。进气门提前开启的目的:为了保证进气行程开始时进气门已开大,减小进气阻力,新鲜气体能顺利地充入气缸。进气门迟后关闭目的:由于活塞到达下止点时,气缸内压力仍低于大气压力,且气流还有相当大的惯性,可以利用气流惯性和压力差继续进气。

(2) 排气门早开和晚关。在做功行程接近终了,活塞到达下止点之前,排气门便开始开启。直到活塞越过上止点后,排气门才关闭。排气门提前开启的目的:当作功行程活塞接近下止点时,气缸内的气体压力对做功的作用已经不大,但仍比大气压力高,可利用此压力使气缸内的废气迅速地自由排出。排气门迟后关闭的目的:由于活塞到达上止点时,气缸内的残余废气压力高于大气压力,加之排气时气流有一定的惯性,因此仍可以利用气流惯性和压力差把废气排放得更干净。

(3) 气门叠开。由于进气门在上止点前即开启,而排气门在上止点后才关闭,这就出现了在一段时间内,进、排气门同时开启的现象,这种现象称为气门叠开。由于新鲜气流和废气流的流动惯性都比较大,在短时间内是不会改变流向的,因此只要气门叠开角选择适当,就不会有废气倒流入进气管和新鲜气体随同废气排出的可能性。

2. 可变配气相位

有些混合动力汽车发动机具有可变的配气相位,进气门的开启和关闭时间可被调节。当发动机转速高时,可增大进气门的升程,提前开启和延迟关闭进气门,提高发动机的功率;当发动机转速低时,可减少进气门的升程,延迟开启和提前关闭进气门,提高发动机的转矩,以满足发动机对经济性、稳定性和减少排放污染物的要求。

曲轴通过齿带首先驱动排气凸轮轴旋转,排气凸轮轴通过链条驱动进气凸轮轴旋转,两轴之间设置有一个凸轮轴调整器,在内部液压缸的作用下,调整器可以上升和下降,以调整发动机进气凸轮轴的位置。液压缸的油路与气缸盖上的油路连通,工作压力由凸轮轴调整阀控制,而凸轮轴调整阀由ECU进行控制。排气凸轮轴位置是不可调的。可变气门调整器结构如图2-57所示。

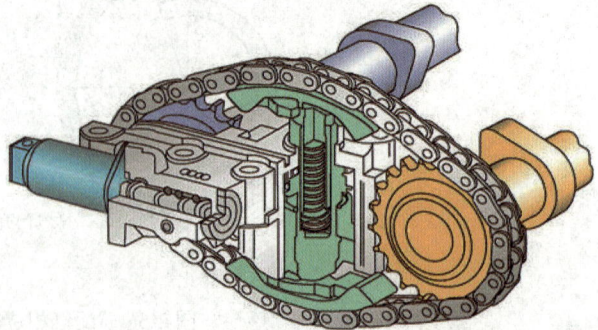

图2-57 可变气门调整器结构

四、正时链的拆装与更换

发动机正时链的拆装与更换是现代汽车维修保养学中最常见、最关键且工艺要求极高的一项专项工作，一条正时链能左右着发动机的两大机构、五大系统的顺序运行，精准正时制约着进气、压缩、做功、排气等行程的时刻。如果更换工艺不达标，技术不成熟，方法不正确，过程不严谨都会直接影响发动机正常工作。

要对正时链进行操作就必须熟悉正时链的相关知识，与正时链相关联的外部结构如图2-58所示。首先要对正时链条盖分总成进行拆卸,拆卸过程中要注意的环节是对水泵总成、机油滤清器支架、发动机右悬置支架和正时链条盖分总成的螺栓进行预松和对角操作。

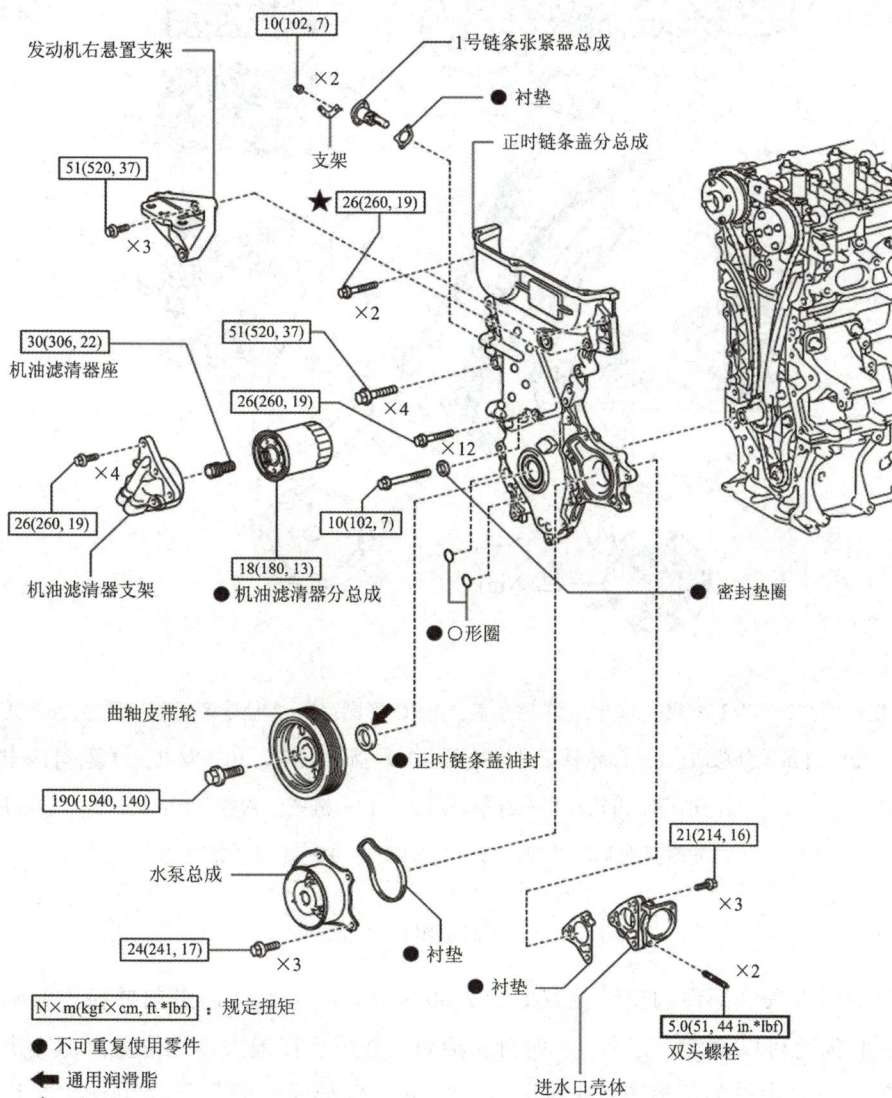

图 2-58　正时链组件外部结构

正时链组件的内部结构如图 2-59 所示，正时链上面直接关联进、排气凸轮轴，从而控制进、排气门的打开与关闭；下面直接关联曲轴，控制着各缸活塞在气缸中的工作。采用张紧器把正时链张紧，以免出现正时链跳齿。

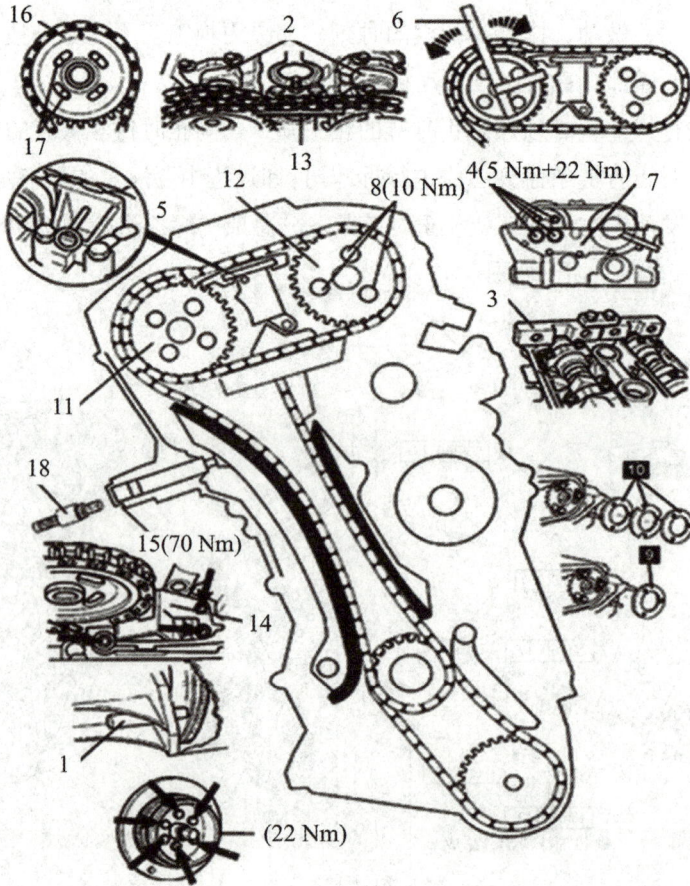

1—导板定位销；2—VVT 总成；3—凸轮轴轴承盖；4—O 形圈；5—2 号链条振动阻尼器；6—正时专用工具；7—正时链条盖分总成；8—凸轮轴正时齿轮螺栓；9—水泵位置；10—发电机位置；11—排气凸轮轴正时齿轮；12—进气凸轮轴正时齿轮；13—链条分总成；14—链条张紧器导板；15—1 号链条张紧器支架；16—凸轮轴正时齿轮总成；17—凸缘螺栓；18—1 号链条张紧器总成。

图 2-59　正时链组件内部结构

正时链组件关联部件的安装位置如图 2-60 所示，在安装正时链前要检查并确认进气凸轮轴正时齿轮可以朝延迟方向（顺时针）转动，并锁止在最大延迟位置，但一定不要使排气凸轮轴正时齿轮朝延迟方向（顺时针）转动。O 形密封圈只能使用一次，其后必须更换。

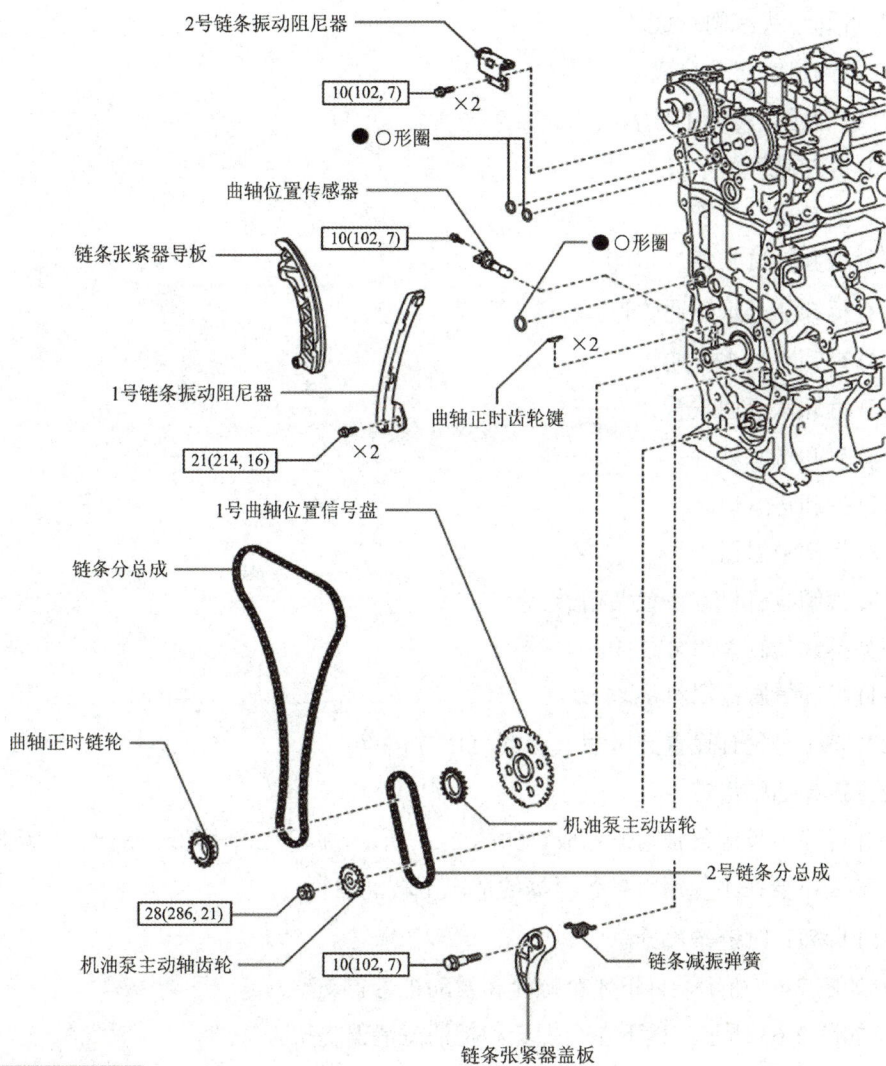

2号链条振动阻尼器

10(102, 7) ×2

●○形圈

曲轴位置传感器

链条张紧器导板

10(102, 7)

●○形圈

1号链条振动阻尼器

曲轴正时齿轮键

21(214, 16) ×2

×2

1号曲轴位置信号盘

链条分总成

曲轴正时链轮

机油泵主动齿轮

2号链条分总成

28(286, 21)

机油泵主动轴齿轮

10(102, 7)

链条减振弹簧

链条张紧器盖板

N×m(kgf×cm, ft.*lbf)：规定扭矩

● 不可重复使用零件

图 2-60　正时链组件关联部件安装位置

1. 正时链条的拆卸

正时链条的拆卸步骤如下：

(1) 拆卸带变速器的发动机总成。

(2) 安装发动机台架。

(3) 拆卸进气歧管。

(4) 拆卸燃油管分总成。

(5) 拆卸输油管分总成。

(6) 拆卸喷油器总成。

(7) 拆卸点火线圈总成。

(8) 拆卸机油尺分总成。

(9) 拆卸排气歧管 1 号隔热罩。

(10) 拆卸歧管撑条。

(11) 拆卸排气歧管。

(12) 拆卸通风软管。

(13) 拆卸 3 号水旁通软管。

(14) 拆卸 1 号水旁通管。

(15) 拆卸水旁通软管。

(16) 拆卸进水软管。

(17) 拆卸进水口。

(18) 拆卸节温器。

(19) 拆卸收音机，设置调相器。

(20) 拆卸气缸盖罩分总成。

(21) 拆卸气缸盖罩衬垫。

(22) 将 1 号气缸设置到压缩上止点 (TDC) 位置。

(23) 拆卸曲轴齿带轮。

(24) 拆卸 1 号链条张紧器总成。如图 2-61 所示，拆下 2 个螺母、托架、张紧器和衬垫。

注意：不要在不使用链条张紧器的情况下转动曲轴。

(25) 拆卸正时链条盖分总成。

① 如图 2-62 所示，拆下 3 个螺栓和发动机悬置支架。

② 如图 2-63 所示，拆下 4 个螺栓和机油滤清器支架。

③ 如图 2-64 所示，拆下两个 O 形圈。

④ 如图 2-65 所示，拆下 19 个螺栓。

⑤ 如图 2-66 所示，用螺丝刀撬动正时链条盖和气缸盖或气缸体之间的部位，拆下正时链条盖。

注意：不要损坏正时链条盖、气缸体和气缸盖的接触面。在使用螺丝刀之前，在螺丝刀头部缠上胶带。

⑥ 如图 2-67 所示，拆下 3 个螺栓和水泵。

⑦ 如图 2-68 所示，拆下衬垫。

(26) 拆卸正时链条盖油封。如图 2-69 所示，用螺丝刀和手锤拆下油封。

注意：小心操作，不要损坏正时链条盖油封。使用螺丝刀之前，要在螺丝刀头部缠上胶带。

(27) 如图 2-70 所示，拆下两个螺栓和 1 号链条振动阻尼器。

图 2-61　正时链条的拆卸 (1)

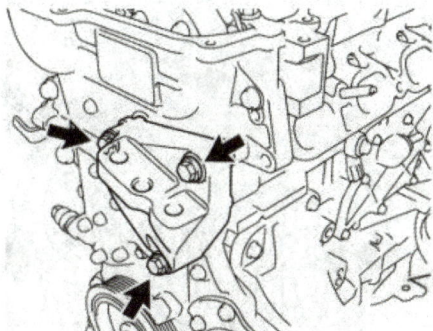

图 2-62　正时链条的拆卸 (2)

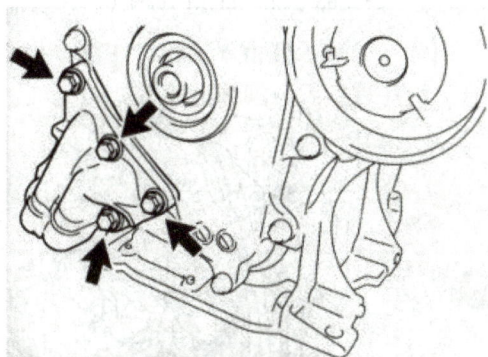

图 2-63　正时链条的拆卸 (3)

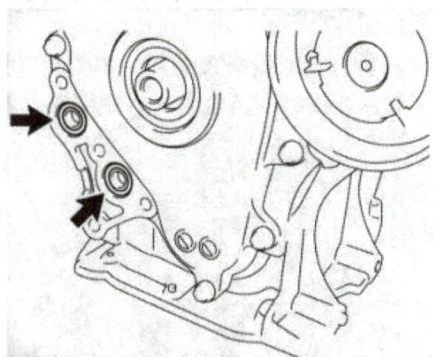

图 2-64　正时链条的拆卸 (4)

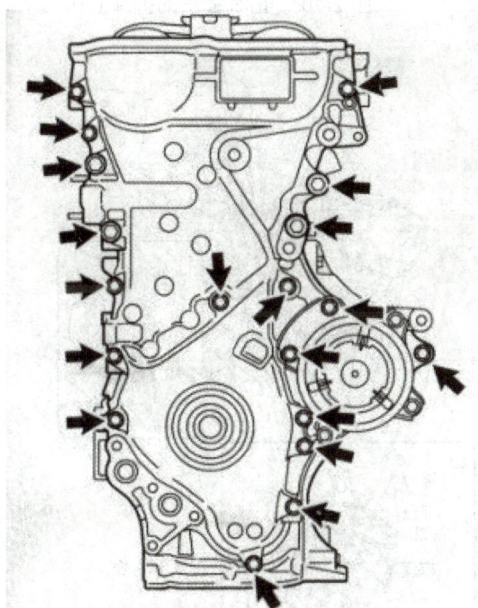

图 2-65　正时链条的拆卸 (5)

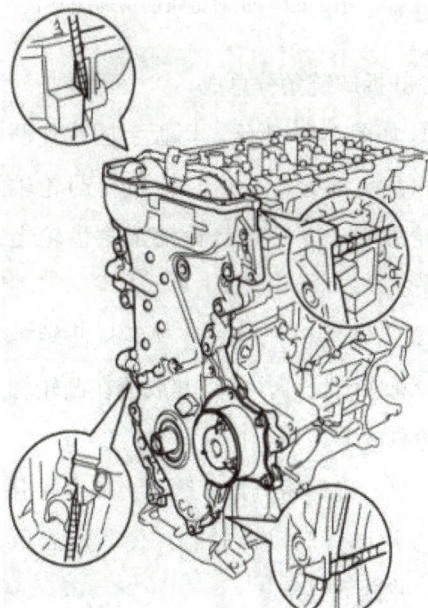

图 2-66　正时链条的拆卸 (6)

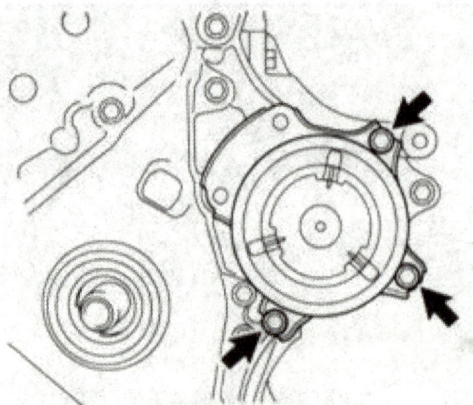

图 2-67　正时链条的拆卸图 2-68(7)

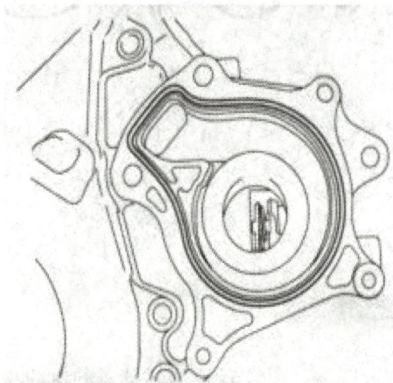

图 2-68　正时链条的拆卸 (8)

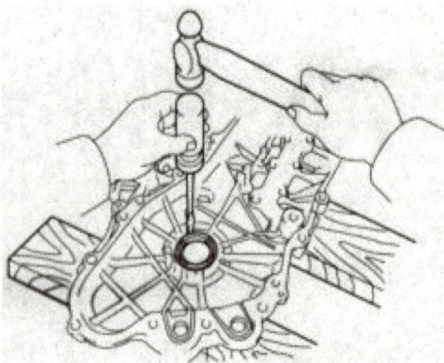

图 2-69　正时链条的拆卸图 (9)

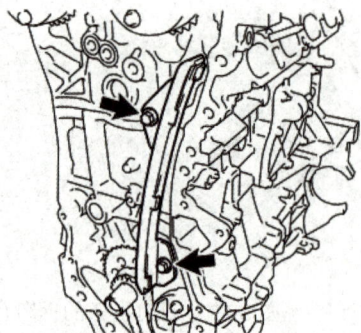

图 2-70　正时链条的拆卸 (10)

(28) 拆卸链条分总成。

① 如图 2-71 所示，用扳手固定住凸轮轴的六角头部分，并逆时针旋转凸轮轴正时齿轮总成，以松开凸轮轴正时齿轮之间的链条。

② 当链条松开时，将链条从凸轮轴正时齿轮总成上松开，并将其放置在凸轮轴正时齿轮总成上。

注意：确保将链条从链轮上完全松开。

③ 顺时针转动凸轮轴，使其回到原来位置，并拆下链条。

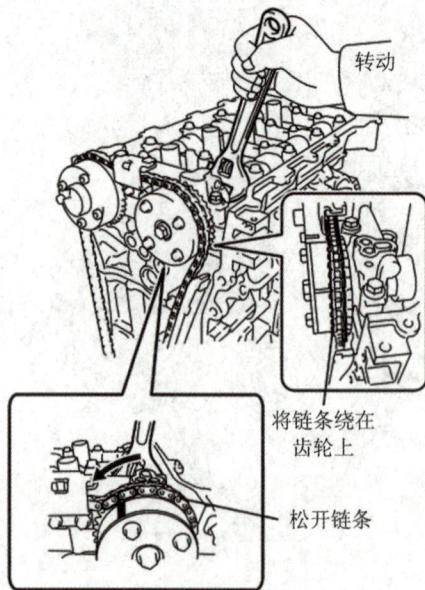

将链条绕在齿轮上

松开链条

图2-71　正时链条的拆卸(11)

2. 正时链条拆卸后的检查

(1) 检查链条分总成。

① 如图 2-72 所示，用 147 N 的力拉链条。

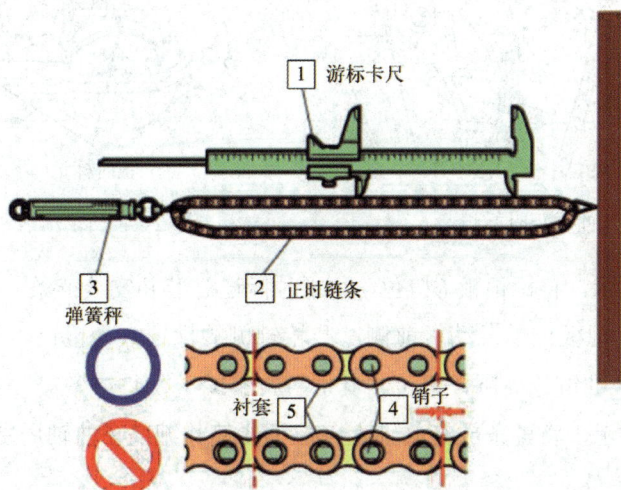

图 2-72　检查链条分总成

② 用游标卡尺测量 1 ~ 5 个链节的长度。最大链条伸长量为 115.2 mm。

注意：在任意 3 个位置进行测量，使用测量值的平均值。如果平均伸长量大于最大值，则更换链条。

(2) 检查 2 号链条分总成。

① 检查方法与检查链条分总成相同，用 147 N 的力拉链条。

② 用游标卡尺测量 15 个链节的长度。最大链条伸长量为：102.1 mm。

注意：在任意 3 个位置进行测量，使用测量值的平均值。如果平均伸长量大于最大值，则更换 2 号链条。

3. 正时链条的安装

正时链条的安装步骤如下：

(1) 安装 1 号链条振动阻尼器。用两个螺栓 (拧紧力矩为 21 N·m) 安装 1 号链条振动阻尼器。

(2) 安装链条分总成。

① 检查 1 号气缸的活塞压缩上止点 (TDC) 位置。

② 暂时紧固曲轴齿带轮螺栓。

③ 如图 2-73 所示，逆时针转动曲轴，以使正时齿轮键位于顶部。

④ 如图 2-74 所示，检查每个凸轮轴正时齿轮上的正时标记。

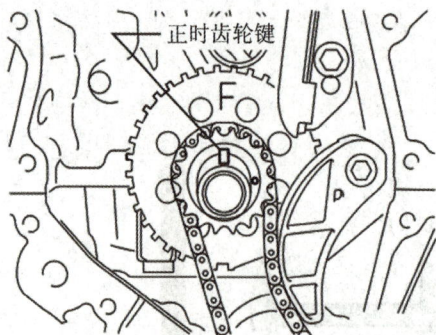

图 2-73 曲轴正时标记

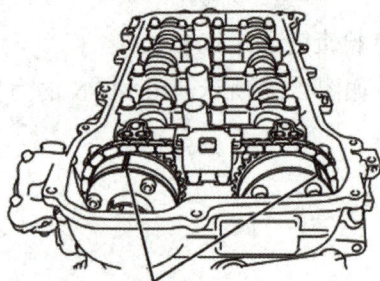

图 2-74 凸轮轴正时标记

⑤ 如图 2-75 所示，将标记板（橙色）和正时标记对准并安装链条。

注意：确保使标记板位于发动机前侧。凸轮轴侧的标记板为橙色。不要使链条缠绕在凸轮轴正时齿轮总成的链轮周围，只可将其放置在链轮上，将链条穿过 1 号振动阻尼器。

⑥ 如图 2-76 所示，将链条放在曲轴上，但不要使其缠绕在曲轴周围。

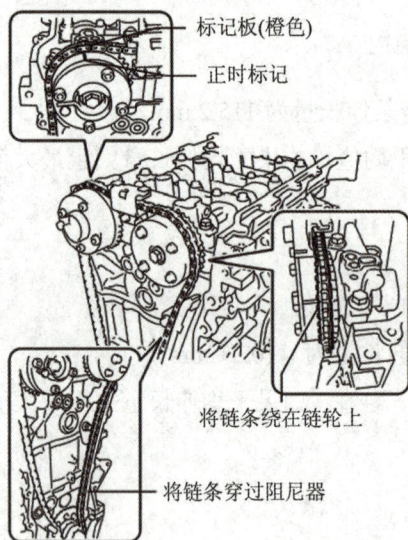

图 2-75 安装正时链条

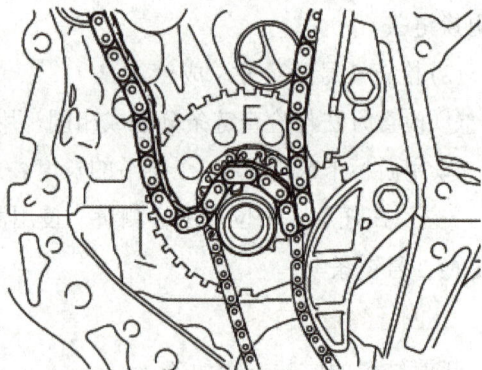

图 2-76 正时链条的安装 (1)

⑦ 如图 2-77 所示，用扳手固定住凸轮轴的六角头部分，并逆时针旋转凸轮轴正时齿轮总成，以使标记板（橙色）和正时标记对准。

注意：确保使标记板位于发动机前侧。凸轮轴侧的标记板为橙色。

⑧ 如图 2-78 所示，将标记板（橙色）和正时标记对准，并将链条安装至曲轴正时齿轮。

注意：曲轴侧的标记板为黄色。

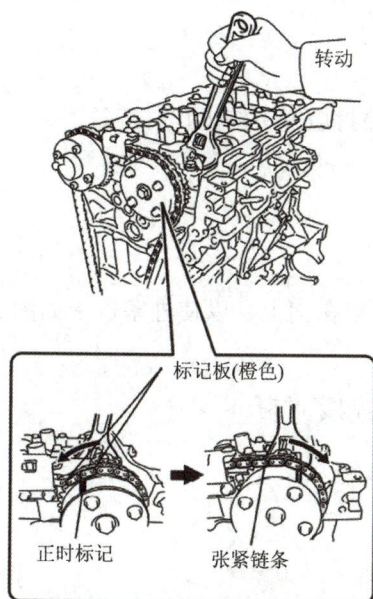

图 2-77　正时链条的安装图 (2)

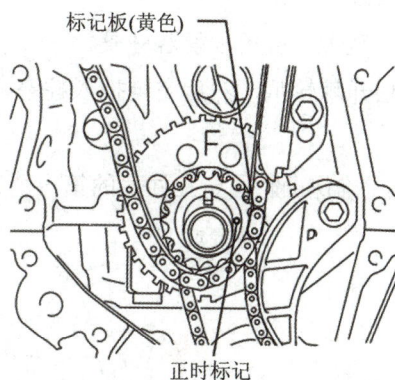

图 2-78　正时链条的安装 (3)

⑨ 如图 2-79 所示,在压缩上止点 (TDC) 位置时,重新检查每个正时标记。

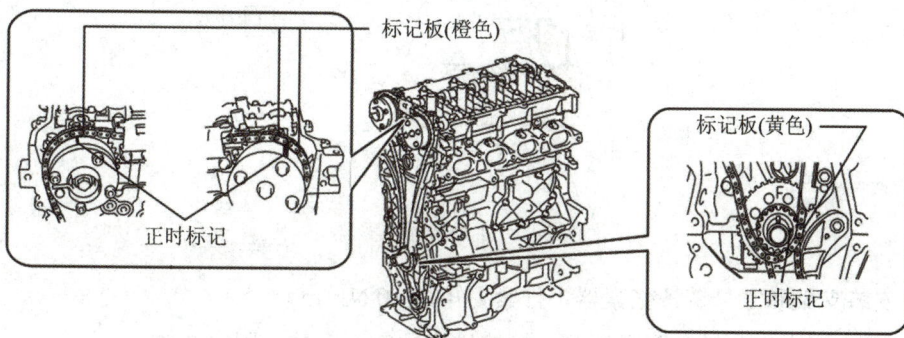

图 2-79　正时链条的安装 (4)

(3) 安装链条张紧器导板,如图 2-80 所示。

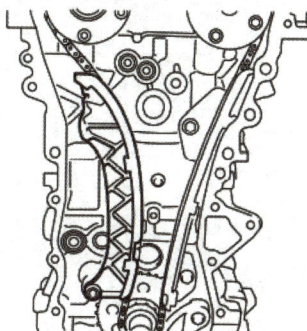

图 2-80　安装链条张紧器导板

(4) 安装正时链条盖油封。

在油封唇口上涂抹一薄层通用润滑脂。

注意：使唇口远离异物，不要斜敲油封。确保油封边缘不伸出正时链条盖。

(5) 安装正时链条盖分总成。

(6) 安装曲轴齿带轮。

(7) 安装 1 号链条张紧器总成。

① 松开棘轮爪，然后完全推入柱塞，将挂钩固定在销上，以使柱塞位于如图 2-81 所示位置。

注意：确保凸轮固定在柱塞的第一个齿上，使挂钩穿过销。

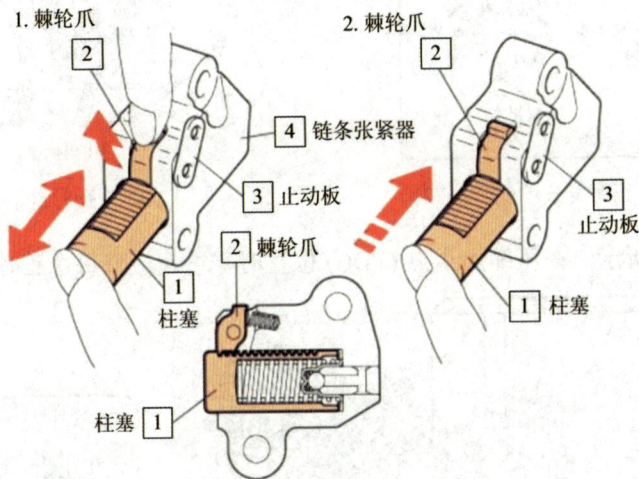

图 2-81　1 号链条张紧器

② 安装支架和 1 号链条张紧器，拧紧力矩为 10 N·m。

注意：如果在安装链条张紧器时，挂钩松开柱塞，应重新固定挂钩。

③ 逆时针转动曲轴，然后从挂钩上断开柱塞锁销。

④ 顺时针转动曲轴，然后检查并确认柱塞已伸出。

(8) 安装气缸盖罩衬垫。

(9) 安装气缸盖罩分总成。

(10) 紧固曲轴正时螺栓。

(11) 安装节温器。

(12) 安装进水口。

(13) 安装进水软管。

(14) 安装水旁通软管。

(15) 安装 1 号水旁通管。

(16) 安装 3 号水旁通软管。

(17) 安装通风软管。

(18) 检查排气歧管。

(19) 安装排气歧管。

(20) 安装歧管撑条。

(21) 安装排气歧管 1 号隔热罩。

(22) 安装机油尺分总成。

(23) 安装点火线圈总成。

(24) 安装喷油器总成。

(25) 安装 1 号输油管隔垫。

(26) 安装输油管分总成。

(27) 安装燃油管分总成。

(28) 安装进气歧管。

(29) 拆卸发动机台架。

学习单元三　燃料供给系统的构造与维修

学习目标

• 了解燃料供给系统的功用和组成；

• 掌握油泵的工作原理与更换方法；

• 掌握燃油滤清器的更换要求；

• 掌握空气滤清器的更换方法；

• 能对燃料供给系统的故障进行检测与排除。

一、汽油机燃油供给系统的功用和组成

电子控制式燃油喷射系统（一般称为电控燃油喷射系统）是根据发动机各工况的不同要求，配制一定数量和浓度的可燃混合气体并将其供入气缸，使之在压缩终了时点火、燃烧而膨胀做功，最后将燃烧后的废气排入大气中。

燃油供给系统的作用是供给发动机燃烧过程所需的燃油。燃油供给系统如图 2-82 所

示，主要由燃油泵、燃油滤清器、油压调节器和喷油器等组成。

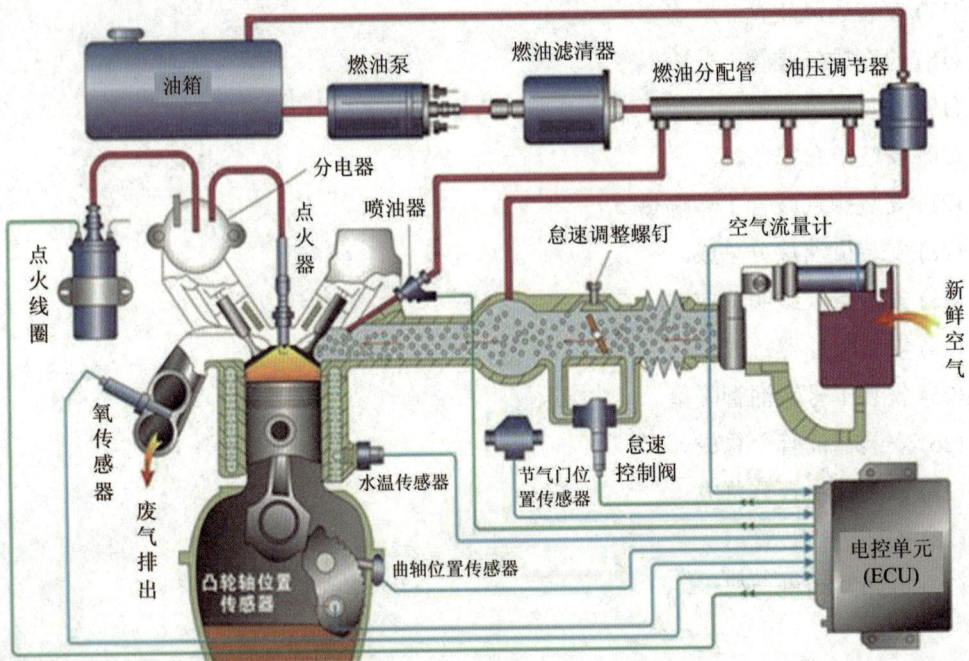

图 2-82　燃油供给系统

　　燃油从油箱中被燃油泵吸出，先由燃油滤清器将杂质滤除，再通过燃油分配管送到各个喷油器。喷油器则根据 ECU 发出的指令，将计量后的燃油喷入各进气歧管并与流入发动机内的空气进行混合，形成可燃混合气。发动机在正常工况的喷油量只取决于各喷油器通电时间长短。

　　此外，利用油压调节器可将喷油压力控制在一定的范围内，而将多余的燃油从油压调节器经回油管送回油箱。为了消除燃油泵泵油时或喷油器喷油时管路中油压的微小扰动，在有些发动机的燃油供给系统中还装有油压脉动阻尼器，用于吸收管路中油压波动时的能量，以便抑制管路中油压的脉动，提高系统的喷油精度。

二、汽油

1. 汽油的主要性能指标

　　汽油机使用的燃料是汽油，汽油是由石油提炼而得到的、密度小又易于挥发的液体燃料，汽油由多种碳氢化合物组成，其中，碳的体积百分数为 85%，氢的体积百分数为 15%。汽油的主要性能指标有蒸发性、抗爆性和热值。

1) 蒸发性

汽油中必须含有足够比例的高蒸发性的成分，以得到良好的冷启动性能，其蒸发性将影响发动机的正常工作。当温度较高时，蒸发性过高的汽油易在油路中蒸发形成气阻；当温度较低时，蒸发性过低的汽油会有一部分不能蒸发、燃烧，并滞留在气缸壁上，不仅使燃油消耗量增加，而且会稀释润滑油，导致气缸磨损加快，影响发动机寿命。所以要求车用发动机的汽油蒸发性适中。

2) 抗爆性

汽油的抗爆性是指汽油在气缸中避免产生爆震的能力（也称抗自燃的能力）。爆震是一种非正常燃烧，与发动机温度、压缩比、燃油特性等有关，在压缩行程终了时产生；它会造成发动机过热、排气冒烟、功率下降、油耗增加，并伴有明显的敲缸声，甚至损坏机件。汽油的抗爆性评价指标是辛烷值。辛烷值高，汽油抗爆性好；反之，汽油抗爆性差。

3) 热值

汽油的热值是指单位质量 (1 kg) 的汽油完全燃烧后所产生的热量。汽油的热值一般为44000 kJ/kg。

2. 汽油的选用

我国车用汽油分类主要以辛烷值为基础，测定辛烷值的方法有马达法和研究法。目前我国用研究法测得的辛烷值 (RON) 表示汽油的牌号，如 93、95 和 98 号。压缩比高的发动机选用辛烷值高的汽油；反之，选用辛烷值低的汽油。汽油牌号值越大，其抗爆性越好，但价格也越贵。

丰田普锐斯混合动力汽车、卡罗拉混合动力汽车、比亚迪秦混合动力汽车等都规定使用标准 95 号或以上无铅汽油。清洁添加剂有助于避免发动机和燃油系统形成结胶。

3. 汽油在环境保护和安全措施上的要求

1) 在环境保护上的要求

(1) 汽油是对水有污染的物质，不能让汽油流入下水道，作业时只能在防渗的地面上进行。

(2) 汽油易燃，会引起火灾和爆炸，在进行接触汽油的工作时，必须禁止明火和吸烟，汽油存放必须远离火源。

(3) 当有汽油溢出时，必须立即用吸附剂进行处理。

(4) 要用合适的容器收集污染过的燃油、燃油滤清器，并妥善保管和回收利用。

(5) 沾上汽油的抹布或物品，不得作为生活垃圾处理。

2) 在安全措施上的要求

(1) 汽油会刺激人的皮肤，能致癌，应避免使汽油接触到皮肤、眼睛或衣服。

(2) 沾上汽油的衣服或鞋子，必须立即更换。

(3) 皮肤接触到汽油后，须立即用水和肥皂清洗。

(4) 汽油溅入眼睛后，用水彻底冲洗。

(5) 吸入汽油蒸气后，多呼吸新鲜空气，出现呼吸困难时尽快去医院治疗。

(6) 不小心吞食汽油后，千万不要催吐，因为液态汽油可能会进入肺部，应立即去医院治疗。

三、燃油供给系统主要部件

1. 油箱

带附件的油箱如图 2-83 所示，油箱是用来储存燃油的，其容积大小与车型和发动机排量有关，其形状随车型不同而异，这主要是为了适应在车上的布置安装。

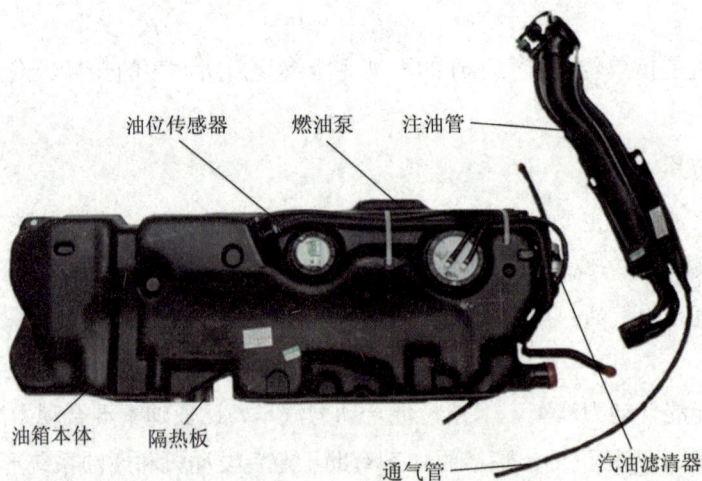

图 2-83　带附件的油箱

挥发性好的汽油在油箱内挥发，若直接将挥发的汽油蒸气排到大气中会污染环境，为此设置了油箱蒸发排放控制装置，如图 2-84 所示。该装置中，活性炭罐与油箱相连接，挥发的汽油蒸气被吸附在活性炭上。当发动机工作时，活性炭罐电磁阀通电打开，被吸附在活性炭上的汽油蒸气即可被吸入气缸并燃烧。

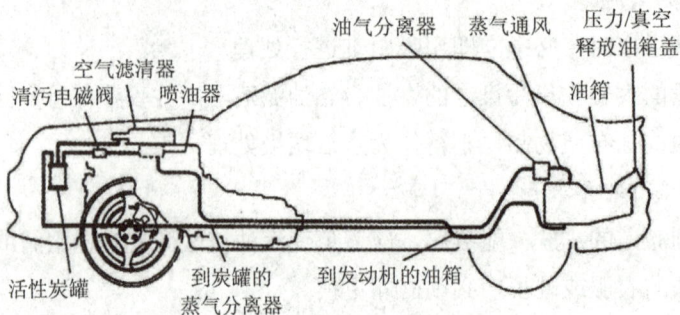

图 2-84　油箱蒸发排放控制装置

2. 电动燃油泵

电动燃油泵的作用是把燃油从油箱内吸出并通过喷油器供给发动机各气缸。

在电控燃油喷射系统中,最常用的是内置式燃油泵,即燃油泵安装在油箱内。内置式燃油泵不易发生气阻和漏油现象,对泵的自吸性能要求较低,故应用广泛。内置式燃油泵主要有叶片式和滚柱式两种。

(1) 叶片式电动燃油泵。叶片式电动燃油泵的结构和工作原理如图 2-85 所示。叶轮是一个圆平板,在平板的圆周加工有小槽,形成泵油叶片。当叶轮旋转时,圆周小槽内的燃油随同叶轮一同高速旋转。由于离心力的作用,出油口处压力增高,而在进油口处产生真空,从而使燃油在进油口处被吸入,在出油口处被排出,这样周而复始地完成燃油的输送。叶片式电动燃油泵具有运转噪声小、油压脉动小、泵油压力高、叶片磨损小、使用寿命长等优点。

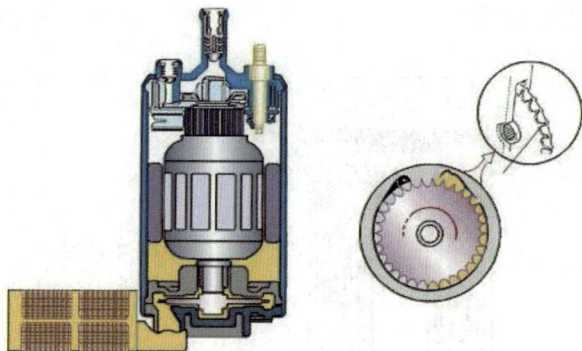

图 2-85 叶片式电动燃油泵的结构和工作原理

(2) 滚柱式电动燃油泵。滚柱式电动燃油泵的结构和工作原理如图 2-86 所示,转子偏心地安装在泵体内,滚柱装在转子的凹槽中。在永磁电动机的驱动下,当转子旋转时,滚柱在离心力的作用下紧压在泵体的内表面上,同时在惯性力的作用下,漆柱总是与转子凹槽的一个侧面贴紧,从而形成若干个封闭的工作腔。

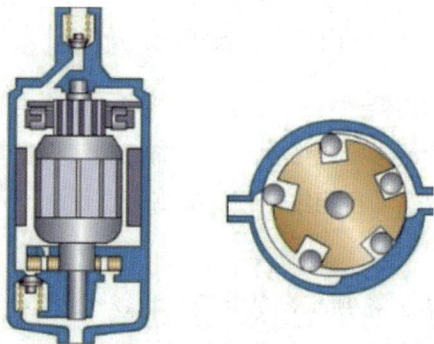

图 2-86 滚柱式电动燃油泵的结构和工作原理

在燃油泵工作过程中，进油口一侧的工作腔容积增大，成为低压吸油腔，燃油经进油口被吸入工作腔内。在出油口一侧的工作腔容积减小，成为高压压油腔，高压燃油从压油腔经出油口流出。油泵转子每转一圈，其排出的燃油就要产生与滚柱数目相同的压力脉动，故在出口处装有油压缓冲器，以减小出口处的油压脉动和运转噪声。

止回阀主要用于防止燃油倒流，并可保持管路残余压力，以便发动机下次易于启动，并可防止温度较高使油路产生的气阻现象。若油泵输出压力超过 400 kPa 时，安全阀会自动打开，高压燃油可回至油泵的进油室，并在油泵和电动机内循环，以此避免油路堵塞引起的管路油压过高而造成的管路破裂或燃油泵损坏等现象。滚柱式电动燃油泵运转时噪声大，油压脉动也大，而且泵体内表面和转子容易磨损。

3. 燃油滤清器

燃油滤清器的结构如图 2-87 所示，这种结构可清除燃油中的杂质，防止堵塞喷油器等部件，减少运动部件的磨损。

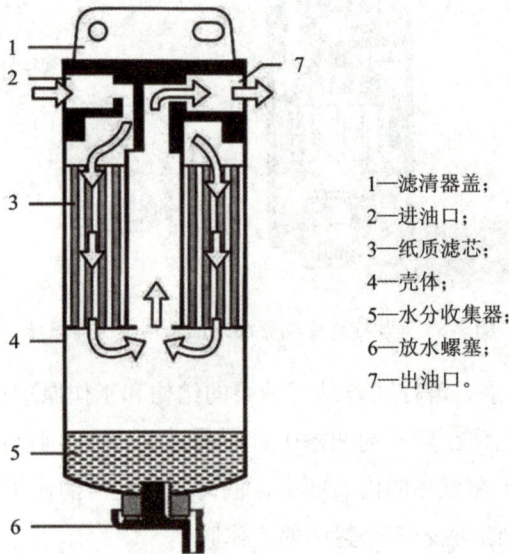

1—滤清器盖；
2—进油口；
3—纸质滤芯；
4—壳体；
5—水分收集器；
6—放水螺塞；
7—出油口。

图 2-87　燃油滤清器的结构

燃油滤清器与普通的滤清器一样，采用过滤形式，壳体内有一个纸质滤芯。滤芯的形式通常有两种，即菊花形和涡卷形。燃油滤清器的滤芯应根据车辆行驶里程和使用的燃油质量情况及时更换，以确保发动机稳定运行，提高可靠性。

4. 燃油分配管

燃油分配管的外形如图 2-88 所示，其功用是将燃油均匀、等压地输送给各缸喷油器。由于它的容积较大，故有储油蓄压和减缓油压脉动的作用。

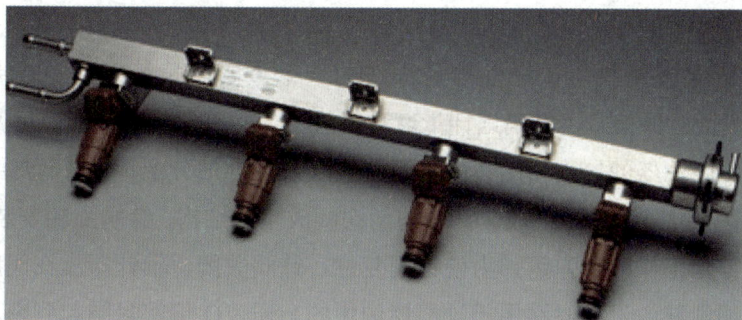

图 2-88　燃油分配管的外形

5. 油压调节器

油压调节器一般安装在燃油分配管上，其作用是根据进气歧管内绝对压力的变化来调节系统油压（燃油分配管油压），保持喷油器的喷油绝对压力恒定，使喷油器的燃油喷射量只取决于喷油器的开启时间。

油压调节器的结构如图 2-89 所示，其外部为金属壳体，内部由橡胶膜片分为弹簧室和燃油室两部分。弹簧室内有一个带预紧力的螺旋弹簧，它的预紧力作用在膜片上。膜片上安装有一个阀门来控制回油。另外，弹簧室通过真空管与进气歧管相连。

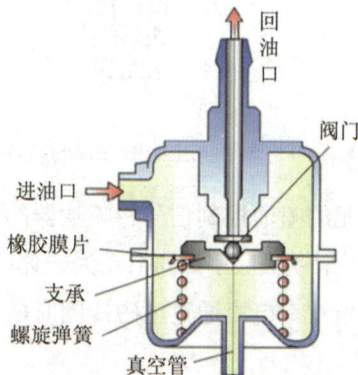

图 2-89　油压调节器的结构

当系统油压超过规定值时，燃油压力克服弹簧力，将膜片向上压，以打开阀门，与回油通道接通，燃油流回油箱，系统压力降低，系统油压又回到规定值。

如果进气歧管真空度变大，为了保持燃油分配管内部与进气歧管内部的压力差恒定，就必须降低系统油压。把进气歧管真空度引入弹簧室，减少膜片上方螺旋弹簧的作用力，进而减少打开阀门的压力，使系统油压下降到规定值。

当电动燃油泵停止工作时，在橡胶膜片和螺旋弹簧力的作用下使阀门关闭，保持油路中的残余压力。

6. 电磁喷油器

电磁喷油器是发动机电控燃油喷射系统的一个重要的执行元件，它接收电控单元(ECU)送来的喷油脉冲信号，准确地计量燃油喷射量，同时，将燃油喷射后雾化。

轴针式电磁喷油器的结构如图 2-90 所示，它安装在燃油分配管上，主要由轴针、针阀、衔铁、回位弹簧及电磁线圈等组成。针阀与衔铁制成整体结构，针阀上端安装一回位弹簧。当电磁喷油器停止工作时，弹簧弹力使针阀复位，针阀关闭，轴针压靠在阀座上起到密封作用，防止燃油泄漏。进油滤网用于过滤燃油中的杂质，O 形密封圈起到密封作用，上部密封圈防止燃油泄漏，下部密封圈防止漏气。

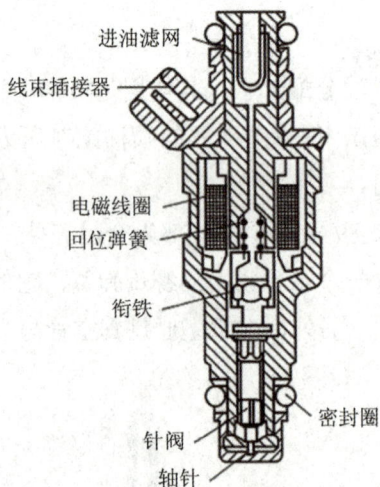

图 2-90　轴针式电磁喷油器的结构

当发动机工作时，电控单元的喷油控制信号将喷油器的电磁线圈与电源回路接通。电磁线圈有电流通过便产生磁场，衔铁被吸引，同衔铁为一体的针阀向上移动碰到调整垫时，针阀全开，燃油从喷口喷出。当没有电流通过电磁线圈时，在弹簧的作用下，针阀下移压在阀座上起密封作用。

喷油器的喷油量与针阀行程、喷口面积、喷油环境压力及燃油压力等因素有关，但这些因素一旦确定，喷油量就由针阀的开启时间，即电磁线圈的通电时间来决定。各喷油器的喷油持续时间由电控单元控制，当某缸活塞处于进气行程时，电控单元指令喷油器喷油。

四、燃油滤清器的更换

1. 维修燃油供给系统的注意事项

(1) 在维修燃油供给系统时，应盖住接头并堵住油孔，以防灰尘和其他污染物从敞开的管路或其他通道进入。

(2) 在维修燃油供给系统时，一定要保持燃油供给系统的清洁。

(3) 在释放燃油供给系统压力时，严禁在发动机处于高温时进行，否则对三元催化转换器有不利影响；在燃油管被拆开之后，可能会有少量燃油流出，为了避免拆卸时对人员造成伤害，应用布盖住要拆卸的接头。当拆卸件组装完毕之后，将该布放入指定的容器内，不要随地丢弃，以免污染环境或引发火灾。

2. 燃油滤清器的拆卸

燃油滤清器的拆卸步骤如下：

(1) 释放燃油系统压力。

① 确认发动机冷却后，将变速杆放置在空挡位置，拉起驻车制动器。

② 拆下燃油泵继电器。

③ 旋开油箱盖总成，释放油箱内的燃油蒸气，降低油箱内的压力，然后重新装上油箱盖总成。

④ 启动发动机，释放燃油压力，直到将管路内剩余燃油消耗完为止，此时燃油管路处于安全维修状态。

(2) 举升车辆，在燃油滤清器总成的下方放一个接油的容器。

(3) 拆下护板，露出汽油滤清器，如图 2-91 中线框所示。

图 2-91 汽油滤清器安装位置

(4) 如图 2-92 所示，用专用卡钳拆下油路中燃油滤清器总成两端的一次性夹箍，拔出软管，将剩余的燃油滴漏在指定的容器中。

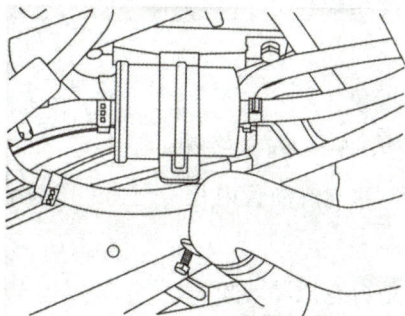

图 2-92 拆下燃油滤清器两端的夹箍

(5) 如图 2-93 所示，松开燃油滤清器支架螺栓，取下燃油滤清器总成。

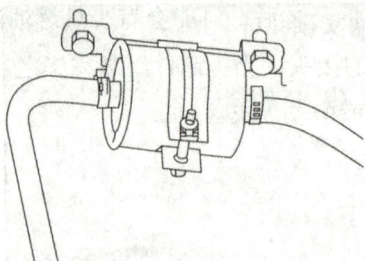

图 2-93　拆卸燃油滤清器支架螺栓

3. 燃油滤清器的安装

1) 燃油滤清器安装注意事项

(1) 在安装燃油滤清器时，滤清器上箭头标记代表燃油流经方向，应朝向汽车行驶前进方向，如图 2-94 所示。

图 2-94　燃油滤清器

(2) 在拆装燃油滤清器时，必须远离火源，以免发生火灾。

(3) 连接燃油滤清器与进、出油管的一次性专用夹箍不能随意代用，否则有可能造成油管漏油而引起火灾。

2) 安装程序

(1) 将新的燃油滤清器总成卡进支架圈内。

(2) 将套有新夹箍的软管接上燃油滤清器总成两端，用专用卡钳 CH-O011 上紧夹箍。

(3) 拧紧燃油滤清器安装支架螺栓。

(4) 降下车辆。

(5) 检查是否有燃油泄漏现象。

① 打开点火开关至 ON 挡，5 ～ 8 s 后关闭。

② 重复步骤① 3 ～ 4 次，建立燃油管内正常压力（直到用手感觉到燃油回油软管内有压力为止）。

③ 开启点火开关，检查是否有泄漏现象。

(6) 更换滤清器的同时，检查进、出油管端是否有损伤，若损伤宽度超过 5 mm，深度超过 1.5 mm，则需要更换油管。

五、喷油器的检查与更换

1. 操作前的准备

1) 器材

操作前需要准备的器材包括汽车举升机、组合工具、扭力扳手、转向盘护套、变速杆手柄套、座位套、脚垫、翼子板和前格栅磁力护裙等。

2) 准备工作

(1) 汽车进入工位前，将工位清理干净，准备好相关的器材。

(2) 将汽车停驻在举升机中央位置。

(3) 拉紧驻车制动器操纵杆，并将变速杆置于空挡位置。

(4) 套上转向盘护套、变速杆手柄套和座位套，铺设脚垫。

(5) 在车内拉动发动机舱盖手柄。

(6) 在车外打开并支撑发动机舱盖。

(7) 粘贴翼子板和前格栅磁力护裙。

2. 喷油器的外观检查

(1) 检查发动机燃油管路及喷油器和发动机燃油分配管结合处有无漏油痕迹。

(2) 检查喷油器插接件是否完好，连接是否松动。

3. 喷油器的更换

1) 喷油器的拆卸

喷油器的拆卸步骤如下：

(1) 将燃油分配管总成从进气歧管上拆下。

① 如图 2-95 所示，断开线束与各喷油器的接插头。

(a) 拆卸线卡   (b) 断开线束连接器

图 2-95   断开喷油器线束

② 从燃油分配管上取下进出油管。

注意：系统的燃油一直处在高压之下，在拆卸进、出油管之前，必须按规定程序释放燃油压力。

③ 拧开燃油分配管同进气歧管的连接螺栓。

④ 小心地将燃油分配管取下。

(2) 如图 2-96 所示，从燃油分配管的喷油器上拆下喷油器夹子。

(a) 拆卸油管卡扣　　　　　　　　**(b) 断开油管连接头**

图 2-96　拆卸油管

(3) 小心地将喷油器从燃油分配管上拆下。

2) 喷油器的安装

喷油器的安装步骤如下：

(1) 在喷油器 O 形圈周围涂润滑油，小心地将喷油器插入燃油分配管中，使卡槽刚好完全露出安装孔，且喷油器的电极接头朝上，检查密封环是否偏出或打结。

(2) 将喷油器夹子安装到燃油分配管上，并检查喷油器是否牢固不松脱。

(3) 将燃油分配管安装到进气歧管上。

① 将喷油器安装到燃油分配管上。

② 装上燃油分配管紧固螺栓，紧固燃油分配管紧固螺栓至 $(10+2)$N·m。

③ 将进出油管接到燃油分配管上。

④ 将真空软管连接到燃油压力调节器上。

⑤ 将各喷油器的接插头同线束连接起来。

六、空气供给系统与排放系统

（一）空气供给系统的功用和组成

1. 空气供给系统

空气供给系统的作用是为发动机可燃混合气的形成提供必要的清洁空气，并计量和控制燃油燃烧时所需要的空气量。空气供给系统结构如图 2-97 所示，空气经空气滤清器、空气流量传感器、进气管、节气门怠速开度控制传感器进入进气总管，再分配到各缸进气歧管。在进气歧管内 (或进气门处)，空气与喷油器喷出的燃油混合后被吸入气缸内燃烧。当发动机处于怠速工况时，发动机控制系统控制节气门完全关闭，此时空气经过怠速阀进入进气总管，最后再分配到各缸进气歧管。

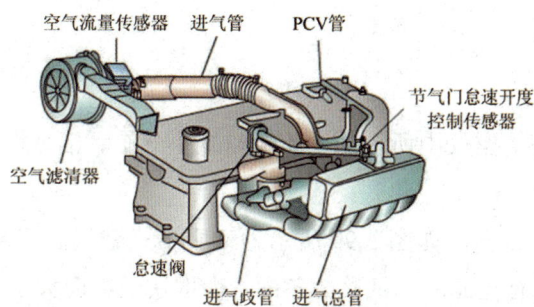

图 2-97　空气供给系统结构

2. 排气系统

　　汽车排气系统的主要作用是净化发动机工作时产生的尾气和降低发动机工作时产生的噪音。排气系统的组成如图 2-98 所示，由法兰、三元催化转换器、挠性节、吊钩、消声器和尾管等组成。排气系统前部通过法兰与排气歧管连接固定，中部和后部通过吊钩与车辆底板固定。

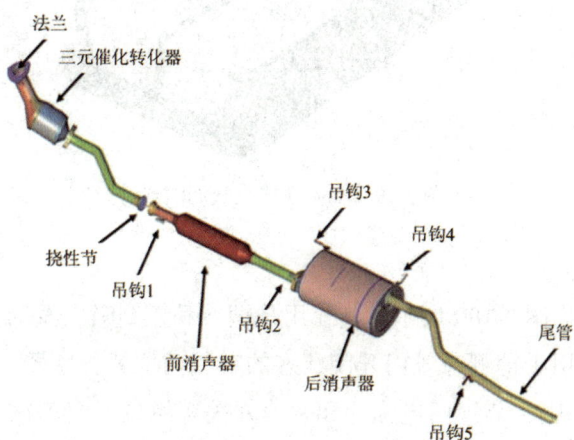

图 2-98　排气系统的组成

　　发动机工作时产生的废气经过三元催化转换器后，可将汽车尾气排出的 CO、HC 和 NOx 等有害气体通过氧化和还原作用转变为无害的二氧化碳、水和氮气。当高温的汽车尾气通过净化装置时，三元催化转换器中的净化剂会增强 CO、HC 和 NOx 三种气体的活性，促使其进行一定的氧化—还原化学反应，其中 CO 在高温下氧化成为无色、无毒的二氧化碳气体；HC 化合物在高温下氧化成水 (H_2O) 和二氧化碳；NOx 还原成氮气和氧气。3 种有害气体变成无害气体，使汽车尾气得以净化。经过净化的尾气进入消音器，其主要目的是降低发动机工作时产生的噪声，由于两个管道的长度差值等于汽车发出声波波长的一半，可以使两列声波在叠加时发生干涉而相互抵消，减弱声强，使声音减小，从而起到消音的效果，然后发动机尾气才被排到大气中。

(二) 空气供给系统主要部件

1. 空气滤清器

空气滤清器用来滤清空气中所含的尘土，以减小气缸、活塞、活塞环等零件的磨损，延长发动机的使用寿命。

空气滤清器的种类很多，如图 2-99 所示为纸质干式空气滤清器，它是通过用树脂处理的纸质滤芯对空气进行过滤的。纸质滤芯的寿命取决于纸面大小 (通常呈波折状以提高过滤面积) 及空气本身的清洁程度，一般可连续使用 10000 ~ 50000 km。纸质滤芯不能清洗，脏污时可用压缩空气吹去灰尘，严重时必须更换。纸质干式空气滤清器质量轻、结构简单、安装及维护方便、滤清效果好，因此在汽车上得到广泛应用。

图 2-99　纸质干式空气滤清器

2. 节气门体

节气门体的结构如图 2-100 所示，其作用是调节和控制吸入发动机的空气流量。节气门体主要由节气门、用于检测节气门开闭状态的节气门位置传感器、节气门定位电位计、节气门定位器 (电动机)、节气门电位片和怠速开关等组成。汽车在正常行驶时，空气流量由节气门控制，而节气门则由驾驶员通过加速踏板操纵。

图 2-100　节气门体的结构

3. 进气歧管与稳压箱

进气歧管的结构如图 2-101 所示。进气歧管的功用是将空气或可燃混合气引入气缸，并保证进气充分及各缸进气量均匀一致。进气歧管多用铝合金或铸铁制造，有些也采用复合塑料制作。有些轿车进气歧管前还设有稳压箱（也称共鸣腔、谐振腔），用以消除进气压力脉动，保证各缸混合气体分配均匀。

4. 可变进气系统

为提高进气效率，在一些汽油机电控燃油喷射系统中采用了可变进气系统。可变进气系统的结构如图 2-102 所示，其工作原理如图 2-103 所示。

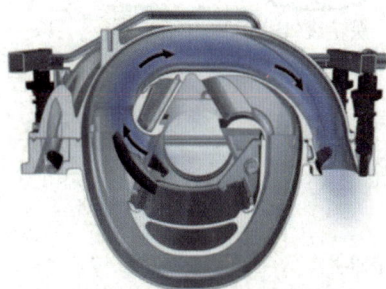

图 2-101　进气歧管的结构

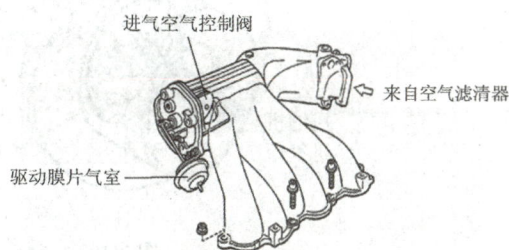

图 2-102　可变进气系统的结构

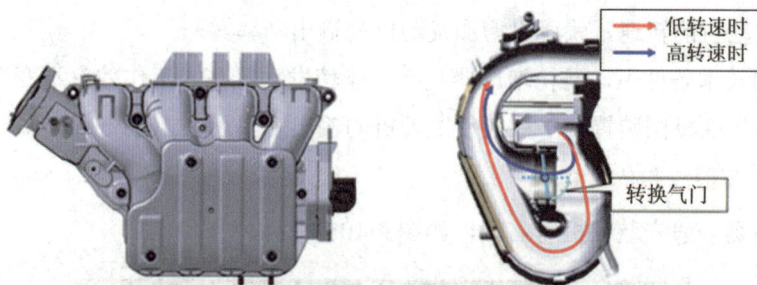

图 2-103　可变进气系统工作原理

发动机在低转速时，进气控制阀门关闭，气流需经过较长的进气歧管进入气缸，这样可利用进气的流动惯性来提高进气效率，使发动机在低转速下获得较大的转矩；在高转速时，则是通过打开控制阀门来减小进气阻力，气流经过较短的进气歧管进入气缸，从而提高进气效率，以获得较高的最大输出功率。

5. 涡轮增压系统

涡轮增压技术采用专门的压气机将进入气缸前的气体进行预先压缩，提高进入气缸的气体密度，减小气体的体积，这样，单位体积气体的质量将大大增加，可以在有限的气缸容积内喷入更多的燃油进行燃烧，从而达到提高发动机功率的目的。

发动机涡轮增压的工作原理如图 2-104 所示。涡轮增压器利用发动机排出废气的惯性冲力来推动涡轮室内的涡轮，涡轮又带动同轴的压缩机的叶轮，压缩机叶轮压送由空气滤清器管道送来的空气，使之增压进入气缸。

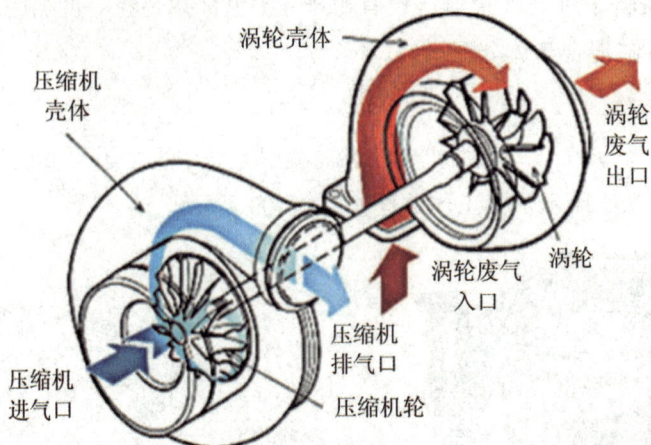

图 2-104　涡轮增压工作原理

当发动机转速增快（加速）时，废气排出速度与涡轮转速也同步增快，压缩机的叶轮就压缩更多的空气进入气缸，空气的压力和密度增大后可以燃烧更多的燃料，相应增加燃料量和调整发动机的转速，就可以增加发动机的输出功率。

在现有的技术条件下，涡轮增压器是唯一能使发动机在"工作效率不变"的情况下增加"输出功率"的机械装置。一般能使发动机的输出功率增加 10% ～ 40%。

6. 空气滤清器滤芯的检查

空气滤清器一般安装在机舱右侧，如图 2-105 所示。

图 2-105　空气滤清器一般安装位置

(1) 松开空气滤清器罩盖卡箍，如图 2-106 所示。

(2) 取出空气滤清器滤芯，如图 2-107 所示。

图 2-106　滤清器罩盖卡箍位置

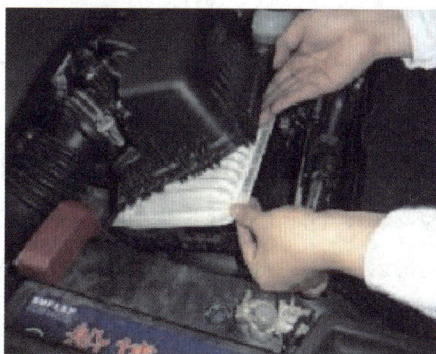

图 2-107　取出空气滤清器滤芯

(3) 用吹气枪从进气的反方向吹净滤清器滤芯，如图 2-108 所示。

(4) 安装好空气滤清器滤芯后，拧紧空气滤清器盖的紧固螺栓。

注意：确保空气滤清器壳体完全配合后再拧紧螺栓，如图 2-109 所示，。

图 2-108　清洁空气滤清器滤芯

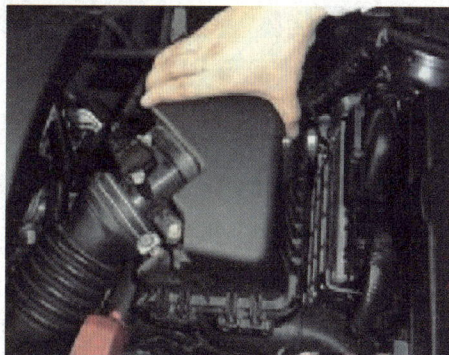

图 2-109　确保空气滤清器壳体完全配合

（三）排气系统主要部件

1. 排气歧管

从气缸盖上各缸的排气孔到各缸独立管的汇集处的管道总成叫排气歧管，如图 2-110 所示。排气歧管一般都采用成本低、耐热性好、保温性好的铸铁制成。

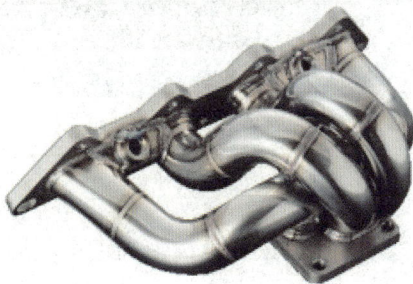

图 2-110　排气歧管

2. 排气消声器

排气消声器的作用是消除废气中的火星及火焰，降低排气噪声。

排气消声器有吸收式和反射式两种，如图 2-111 所示。吸收式消声器是通过废气在玻璃纤维、钢纤维和石棉等吸音材料上的摩擦而减少其能量。反射式消声器则是多个串联的谐调腔与长度不同的多孔反射管相互连接在一起，废气在其中经过多次反射、碰撞、膨胀、冷却而降低压力，减轻振动。

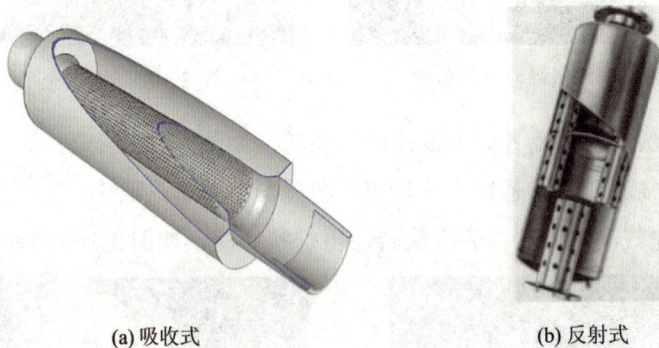

(a) 吸收式   (b) 反射式

图 2-111　排气消声器

汽车上实际使用的排气消声器，多数是综合利用不同的消声原理组合而成的，如图 2-112 所示，消声器的消声原理是利用腔与管的适当组合，从而起到两种作用来促成消声效果。组合式汽车消声器一是利用管道截面突变 (即声抗的变化) 使沿管道传播的声波向声源方向反射回去，从而使声能反射回原处；二是利用几个界面的反射，使原来第一个向前传播的声波又回到原点，并再次折回向前传播，该点与尚未被反射的第二个向前传播的声波汇合，而且两者在振幅上相等，在相位上差 180° 的奇数倍，从而互相干涉而抵消。

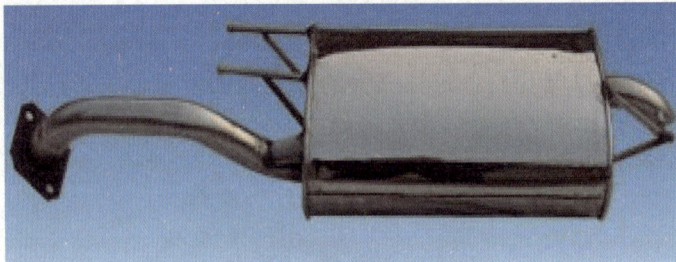

图 2-112　组合式消声器

3. 三元催化转换器

三元催化转换器结构如图 2-113 所示，其内部为一个圆柱形反应柱，反应柱由很多孔径较小的直管组成。反应柱的所有表面都用白金系列催化剂镀膜，这种催化剂可将一氧化

碳 (CO) 和碳氢化合物通过氧化反应变成对人体无害的二氧化碳 (CO_2) 和水 (H_2O)，将氮氧化合物 (NO_2) 还原成氮气 (N_2) 和氧气 (O_2)。为了使尾气达到一定的环境保护标准，大多数汽油发动机都配备了三元催化转换器。

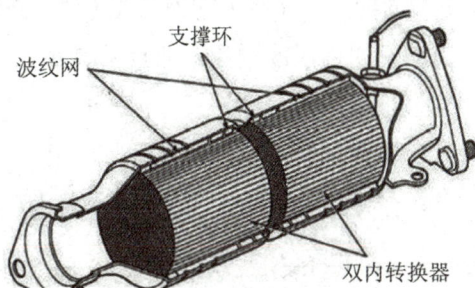

图 2-113 三元催化转换器结构

七、燃油供给系统常见故障及其分析

（一）燃油泵故障

在燃油供给系统中，燃油泵的常见故障有安全阀方面、单向阀方面的故障，也有正常使用磨损方面的故障，如表 2-5 所示。

表 2-5 燃油泵的常见故障及影响

故障部位	对电控燃油喷射系统的影响	对电控发动机的影响
安全阀漏油或弹簧失效	供油压力偏低，供油量不足	发动机工作不平稳或不工作，发动机加速不良，发动机无力
单向阀漏油	输油管路不能建立残压	发动机启动困难
进油滤网堵塞	供油不足，燃油泵发出尖叫声	发动机高速喘振、无高速、加速不良，严重时怠速不稳
电动机烧坏	无燃油供应	发动机不工作
燃油泵磨损	泵油压力不足	发动机启动困难、动力不足、加速不良

1. 燃油滤清器的检修

燃油滤清器主要是防止燃油中的杂质进入发动机，以免引起燃油系统的阻塞，从而减小机械磨损，延长发动机的使用寿命。

在定期保养汽车时，如发现发动机动力不足，加速不良等情况，则应检查燃油滤清器是否出现阻塞问题。检修注意事项如下：

(1) 拆下燃油滤清器，试用嘴吹一下靠油箱侧的进气管口，确认是否通气。

(2) 燃油滤清器的阻塞分为两种，一是用力吹不通气，二是用力吹才通气。汽车上安装的滤清器大多数是不可分解的，一旦阻塞应进行整体更换。

(3) 通常燃油滤清器的更换周期为一年半或四万公里 (建议按维修手册执行)。

(4) 燃油滤清器常出现松动和四周渗漏现象，所以驾驶员在日常检查车辆时应注意这些比较隐蔽的安全隐患。

(5) 在更换燃油滤清器时，应首先释放燃油系统压力，并注意使燃油滤清器壳体上的箭头标记与燃油流动方向一致，不能装反。

2. 油压调节器的检修

燃油系统油压过高、过低、不稳或残压保持不住都与油压调节器有关。

(1) 当系统油压过高时，首先对系统进行卸压，拆下油压调节器上的回油管，套上准许的容器，接通点火开关或启动一下发动机，观察油压调节器回油管，如回油管油少或没有回油，则油压调节器不良，应予以检修或更换。

(2) 当系统油压过低时，首先启动发动机怠速运行，夹住回油软管，如油压立即上升至 400 kPa 以上，则油压调节器不良，应予以检修或更换。

注意：不要使系统油压高于 450 kPa，否则容易损坏油压调节器。

(3) 启动发动机怠速运行，拔掉油压调节器上的真空管，油压应上升 50 kPa 左右，如不符合，则油压调节器质量不良，应予以检修或更换。

(二) 电控燃油喷射装置故障

在检修电控燃油喷射装置时，首先要检查各个主要的执行元件 (如电动燃油泵、喷油器、电子控制单元) 工作是否正常。在检修时应注意电动燃油泵的控制装置。

在有电控燃油喷射 (EFI) 系统的汽车中，只有发动机运转时，油泵才开始工作。即使点火开关接通，只要发动机没有转动，油泵就不工作。一般都是当发动机点火开关置于 " ON " 位时，油泵只运转 2 秒后便会停止工作，这是因为发动机未运转的缘故。如果点火钥匙继续旋转到启动挡位，发动机启动后油泵才继续工作。

通常对燃油系统的检查包括：

(1) 检查燃油泵安装结合面处是否有漏油现象。

(2) 检查燃油泵的上、下壳体有无机械损伤、裂纹、漏油、变形或严重磨损，如有以上现象应及时进行修补或者更换燃油泵。

(3) 用手扳动燃油泵摇臂，应有阻力，并有泵气声。用嘴对进油口吸气应有吸力感。如果无吸力感则说明燃油泵有故障。

(4) 使用万用表检查燃油泵的供电电源，应为 12 V。

(5) 喷油器是电控燃油喷射系统的主要元件，电磁喷油器常见故障与影响如表 2-6 所示。

在检测喷油器故障时应注意以下几个方面：

① 主要对喷油器线圈的电阻、喷油量、雾化效果及针阀卡滞和泄漏进行检测。

② 在检测喷油器电路时，主要检测喷油器与电子控制单元 (ECU) 间的导线和连接器是否良好。

③ 检查喷油器继电器是否出现故障，传感器接线头是否导通。

④ 电子控制单元 (ECU) 有无信号输入和输出。

表 2-6　电磁喷油器的常见故障与影响

故障部位	对电控燃油喷射系统的影响	对电控发动机的影响
电磁喷油器胶结、电磁喷油器堵塞	电磁喷油器不喷油或喷油量少，喷油雾化不良	发动机动力下降，加速迟缓，怠速不稳定，容易熄火，发动机不能工作或不稳定
电磁线圈或内部线路连接处断路	电磁喷油器不喷油	发动机工作不稳定或不工作
电磁喷油器密封不严	电磁喷油器漏油	油耗上升，排气管放炮，发动机启动困难，冒黑烟
电磁喷油器阀口积污	喷油量减少	发动机工作不稳定，进气管回火，动力性差，加速差

(6) 电子控制单元 (ECU) 是控制系统的核心，是汽车发出指令和接收信息的中枢。在检测电子控制单元时应首先检测以下几项。

① 检测 ECU 的电源线、搭铁线是否良好，导线连接器是否正常。拔下电缆连接器，查看其内部是否锈蚀、触针是否弯曲，并检查 ECU 上的所有搭铁线是否有腐蚀。

② 如果上述检测一切正常，可用替代法确定 ECU 是否有故障。检测 ECU 的闭环控制情况。在传感器良好的情况下，启动发动机并使其怠速。

③ 在检测与 ECU 相连的导线连接器时，可用手轻微摇动连接器，察看是否有松动，若有松动，应拔下连接器，检查接触片是否被腐蚀，若有腐蚀现象，需用铜刷或电器接触清洁剂将其除去。

供油系统中的电磁喷油器是最为关键的高精度电控元件，电动燃油泵也是精密电控元件，必须在清洁的环境中工作。因此，在日常维护中除经常保持油路系统的清洁外，还须经常检查各连接油管是否破裂、渗漏，燃油滤清器是否堵塞、损坏，必要时及时换用新件。在清洗车辆时要注意防潮，以免电控元件腐蚀、短路；如被水浸湿，要及时吹干。

学习单元四 点火系统的构造与维修

学习目标
- 了解点火系统的类型;
- 掌握点火系统的结构与原理;
- 掌握点火系统的特点;
- 掌握点火系统的故障检测方法。

一、点火系统的类型

发动机点火系统可分为触点点火系统和微机控制点火系统两类,其中触点点火系统又分为磁电机点火系统和分电器点火系统。微机控制点火系统按点火方式可分为独立点火方式、同时点火方式和二极管配电点火方式;按点火控制方式又分为有分电器和无分电器两种。

1. 独立点火方式

独立点火方式是指点火线圈的数量和气缸数相等,如图 2-114 所示,一只点火线圈只负责一个气缸的点火。

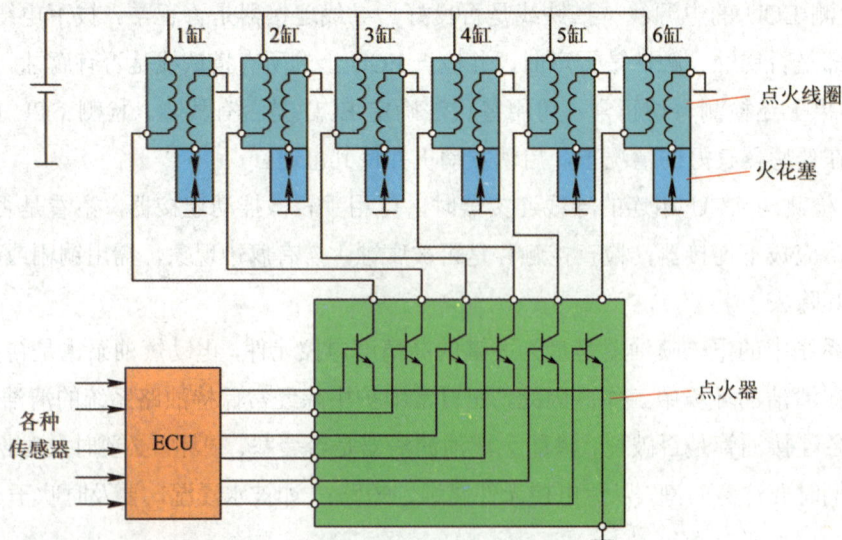

图 2-114 独立点火方式

2. 同时点火方式

如图 2-115 所示，同时点火方式是指两个气缸合用一个点火线圈，即一个点火线圈有两个高压输出端，分别与火花塞相连，负责对两个气缸同时点火。同时点火方式要求同时点火的两个气缸的一个处于压缩行程的上止点时，另一个则处于排气行程的上止点，因此，同时点火方式只能适用于气缸数目为偶数的发动机。这种点火方式的优点是结构和控制电路较简单，缺点是能量损失略大。

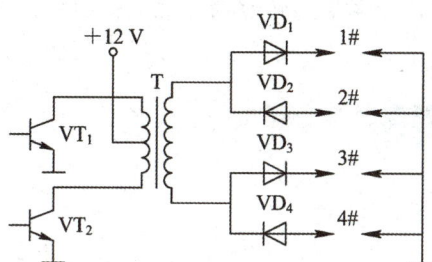

图 2-115　同时点火方式

3. 二极管配电点火方式

二极管配电点火方式是利用二极管的单向导通特性，对点火线圈产生的高压电进行分配的同时进行点火的方式，二极管点火线圈的外形如图 2-116 所示。

图 2-116　二极管点火线圈

4. 分电器点火系统

分电器点火系统的工作过程是由曲轴带动分电器轴转动，再带动分电器轴上的凸轮转动，使点火线圈次级触点接通与闭合而产生高压电。这个点火高压电通过分电器轴上的分火头，根据发动机工作要求按顺序传递到各个气缸的火花塞上，火花塞发出电火花点燃燃烧室内的可燃混合气体。分电器壳体可以手动转动来调节基本的点火提前角（即怠速运转时的点火提前角），此外，真空提前装置可根据进气管内真空度的变化提供不同的点火提前角。

5. 微机控制点火系统

微机控制点火系统是通过一系列传感器 (如发动机转速传感器、进气管真空度传感器 (发动机负荷传感器)、节气门位置传感器、曲轴位置传感器等) 来判断发动机的工作状态，由微机计算得出发动机所需的点火提前角，并按此要求进行点火。然后根据爆震传感器信号对上述点火要求进行修正，使发动机工作在最佳点火时刻。微机控制点火系统也有闭环控制与开环控制之分。带有爆震传感器并能根据发动机是否发生爆震及时修正点火提前角的控制的称为闭环控制系统；不带爆震传感器，点火提前角控制仅根据微机内部设定的程序控制的称为开环控制系统。

二、点火系统的基本组成

（一）触点点火系统基本组成

1. 分电器点火系统组成

分电器点火系统的组成如图 2-117 所示，主要由蓄电池、点火开关、点火线圈、配电器、断电器和火花塞等组成。

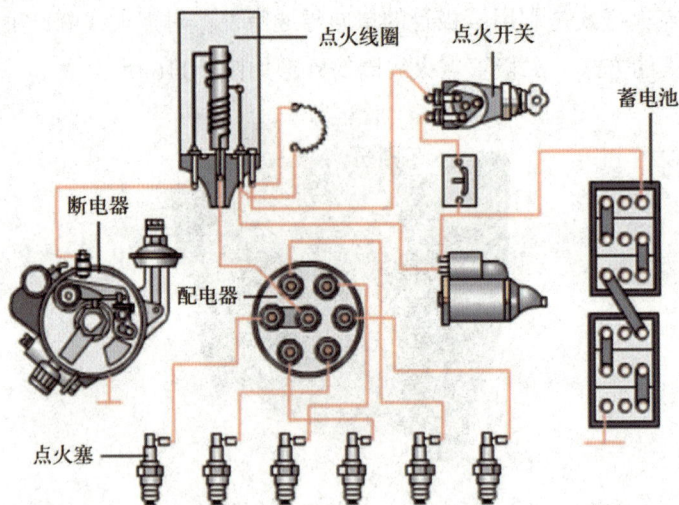

图 2-117　分电器点火系统

2. 磁电机点火系统组成

磁电机点火系统以磁电机为电源，电能是由磁电机自身提供的。磁电机点火系统由磁电机、点火开关、断电器或传感器、点火线圈和火花塞等组成，如图 2-118 所示。磁电机主要由转子和定子两部分组成，转子即飞轮，一般是由永久磁铁 4 固定在飞轮壳 6 上组成。定子又称为底板总成，包括底板 S、点火电源线圈 5、断电器 12、电容器 9 等组成。磁电机点火系统多用于在高速满负荷下工作（发电用和赛车）的汽油机、某些不带蓄电池的摩托车汽油机和大功率发电机等小型汽油机。

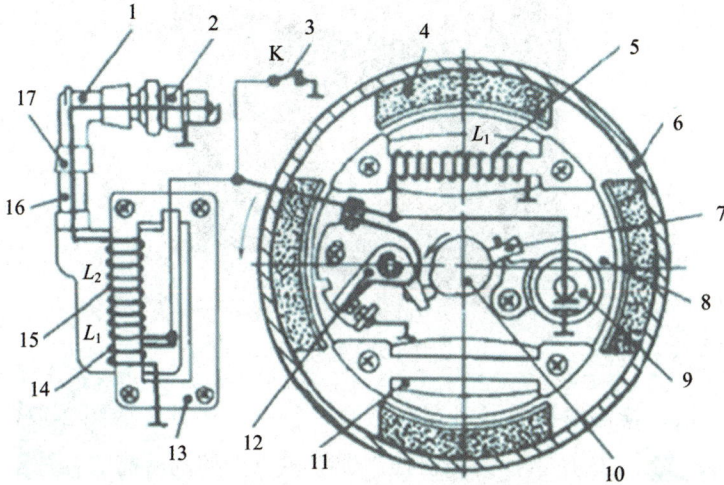

1—火花塞帽；2—火花塞；3—点火开关；4—永久磁铁；5—点火电源线圈；6—飞轮壳；7—毡刷；
8—磁电动机；9—电容器；10—凸轮；11—信号线；12—断电器；13—点火线圈铁芯；
14—点火线圈初级绕组；15—点火线圈次级绕组；16—高压线；17—护套。

图 2-118　磁电机点火系统的结构

（二）微机控制点火系统基本组成

1. 有分电器微机控制点火系统组成

如图 2-119 所示，有分电器微机控制点火系统由各种传感器（如水温传感器、空气流量传感器、爆震传感器等）、电子控制器、点火控制模块、供电电源、点火线圈、分电器、火花塞等组成。

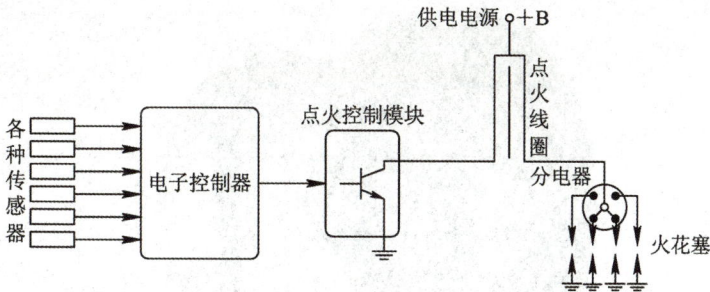

图 2-119　有分电器微机控制点火系统组成

（1）供电电源：又称储备电源或蓄电池，如图 2-120 所示。一般输出电压为 12 V，在点火系统中为点火提供所需的电能。

图 2-120　蓄电池

(2) 传感器: 用于检测发动机各种运行参数, 包括很多种, 如图 2-121、图 2-122、图 2-123、图 2-124、图 2-125 所示, 为微机控制器提供点火控制所需的各种信号。

图 2-121　凸轮轴位置传感器

图 2-122　空气流量传感器

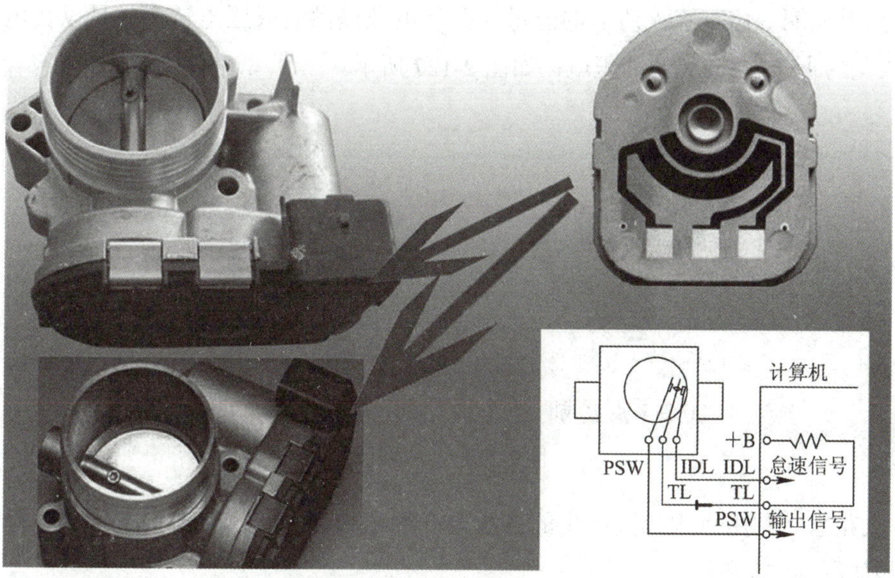

图 2-123　节气门位置传感器

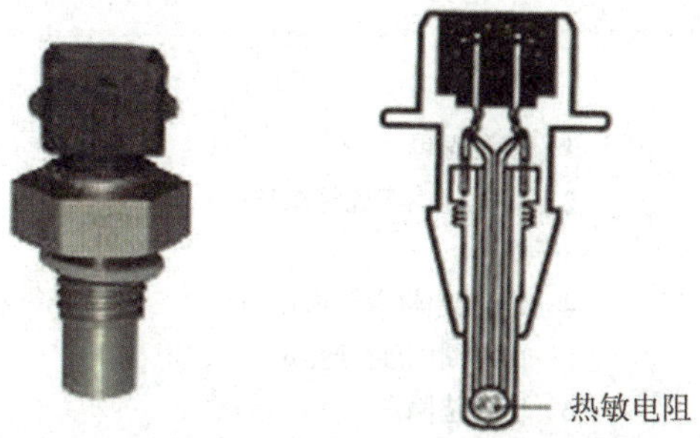

图 2-124　冷却液温度传感器

图 2-125　爆震传感器

(3) 微机控制器：是点火系统的中枢，如图 2-126 所示。

图 2-126　微机控制器

（4）点火线圈：储存点火所需的能量，并将电源提供的低压电转变为足以在电极间产生击穿火花的 15 ～ 20 kV 的高压电，如图 2-127 所示。

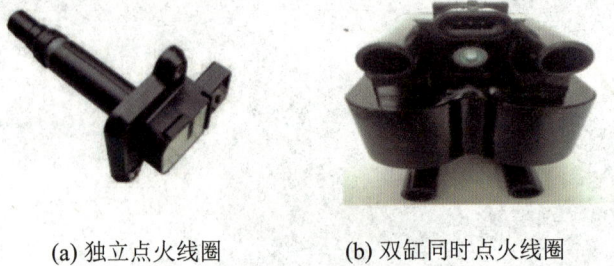

(a) 独立点火线圈　　　　(b) 双缸同时点火线圈

图 2-127　点火线圈

（5）火花塞：利用点火线圈产生的高压电产生电火花，点燃气缸内的混合气体，火花塞的结构如图 2-128 所示。

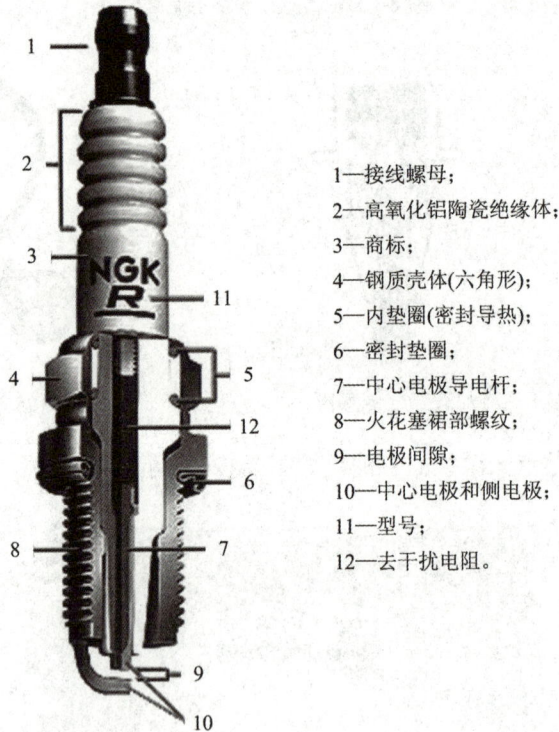

1—接线螺母；
2—高氧化铝陶瓷绝缘体；
3—商标；
4—钢质壳体(六角形)；
5—内垫圈(密封导热)；
6—密封垫圈；
7—中心电极导电杆；
8—火花塞裙部螺纹；
9—电极间隙；
10—中心电极和侧电极；
11—型号；
12—去干扰电阻。

图 2-128　火花塞的结构

（6）点火控制模块：如图 2-129 所示，点火控制模块通电后，开关在 ON/OFF 状态下无通电反应；开启开关状态为 ON，系统开始自检，点火 0.6 s 后开启电磁阀，当检测到有火焰信号时，停止点火；不着火点火时间为 10 s，任意时间内熄火均可重点火；重点火期间检测到有火焰信号则进入正常工作状态；10 s 内无火焰信号则关闭。通过开关的闭 / 合实现对点火控制模块的开启 / 关闭控制。

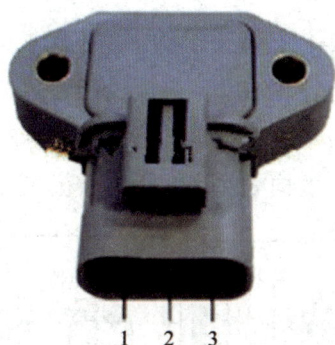

1—信号线；2—电源正极线；3—电源负极线。

图 2-129　点火控制模块

　　微机控制的点火系统是在蓄电池点火系统的基础上，电子技术的高速发展以及超微计算机在汽车工业上应用的必然结果。采用有分电器微机控制点火系统，可使发动机实际点火提前角接近理想点火提前角，在各种运转条件下，点火提前角可获得复杂而精确的控制。在怠速时，最佳点火提前角使发动机运转更平稳、排放污染最低、油耗最小；在部分负荷时，可降低油耗和提高行驶特性；在大负荷时，能满足发动机最大转矩输出和避免工作中产生爆震的要求。

2. 无分电器微机控制点火系统组成

　　如图 2-130 所示，无分电器微机控制点火系统由传感器 (如负荷传感器、温度传感器、转速传感器、位置传感器、爆震传感器等)、微机控制器 (包括信号处理、转换器、中央处理器 CPU、储存器 RAM、储存器 ROM 等) 和点火执行器 (包括点火控制器、点火线圈、火花塞等) 组成。

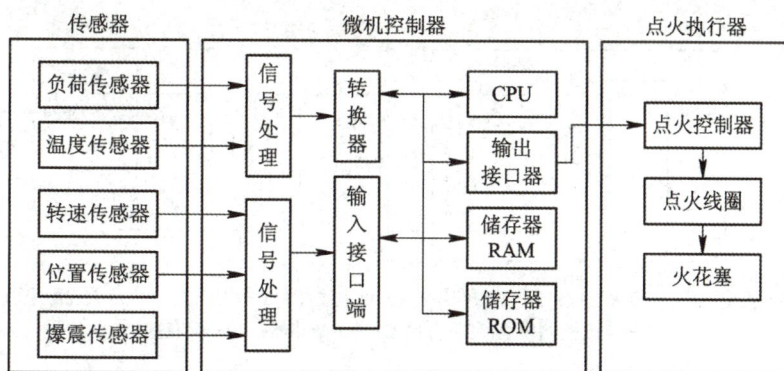

图 2-130　无分电器微机控制点火系统的组成

三、点火系统的工作原理

1. 触点点火系统工作原理

触点点火系统的组成如图 2-131 所示，蓄电池电能进入点火线圈初级绕组与次级绕组产生电动势，而凸轮轴带动分电器轴转动，分电器凹陷间歇闭合断电器，向火花塞提供高压电进行点火。当凸轮轴继续转动使分电器凹陷间歇分离断电器时，点火线圈的电量储存在电容中，点火系统中的电源不能构成回路，此时火花塞处于无电能状态。

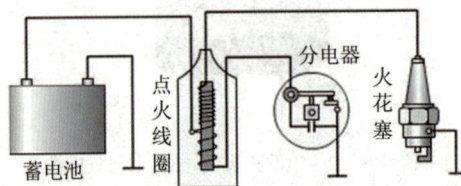

图 2-131　触点点火系统的组成

触点点火系统的工作原理是当点火开关通电时，蓄电池向点火线圈初级电路提供12 V 的电压，由点火线圈升压到 27 ～ 30 kV 并输送到分电器，再由配气机构利用凸轮轴控制配电器，向压缩行程结束的气缸对应火花塞供电点火。发动机工作期间，分电器凸轮轴每转一周（曲轴转两周），各气缸按点火顺序依次点火一次。如要停止发动机工作，只要断开点火开关，切断点火线圈初级电路即可。

触点点火系统的控制电路如图 2-132 所示，当分电器触点闭合时，初级绕组电路通电，电流从蓄电池的正极经点火开关、点火线圈的初级绕组、分电器触点经接地线流回蓄电池的负极。当分电器触点断开，初级绕组通电时，其周围产生磁场，由于铁芯的作用而使磁场加强。当分电器凸轮顶开触点时，初级电路被切断，初级电路电压迅速下降到零，铁芯中的磁通随之迅速衰减以至消失，因而在匝数多、导线细的次级绕组中感应出很高的电压，使火花塞两极之间的间隙被击穿，产生火花点燃气缸内的可燃混合气体。

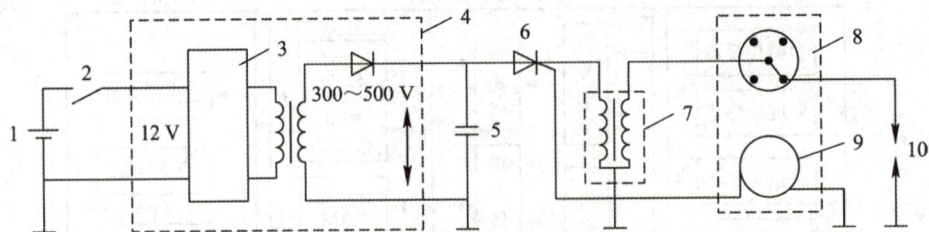

1—蓄电池；2—点火开关；3—初级绕组；4—点火线圈；5—电容器；6—点火线圈电阻；
7—点火控制模块；8—分电器；9—断路器；10—火花塞。

图 2-132　触点点火系统控制电路

2.磁电机点火系统工作原理

磁电机点火系统的工作原理是当磁电机飞轮转动时，磁场围绕点火线圈旋转，线圈切割磁力线，其工作原理电路如图 2-133 所示。

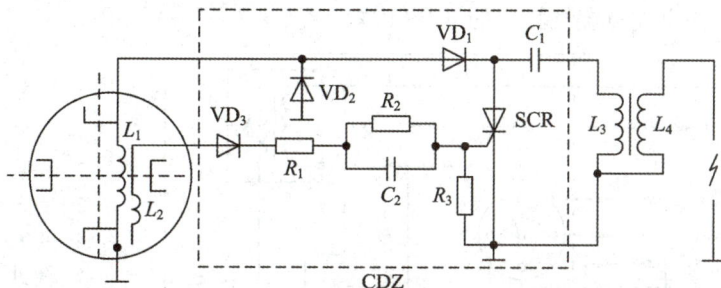

图 2-133　磁电机点火系统工作原理电路

当磁电机转子磁钢旋转时，磁电机内的充电线圈 L_1 感应出的交流电压，经二极管 VD_1 半波整流后，变成脉冲直流电向储能电容 C_1 充电，其充电回路是：L_1 上端→二极管 VD_1 →电容 C_1 →初级点火线圈 L_3 →地（搭铁）→ L_1 下端。在此过程中，把点火能量储存在储能电容 C_1 中，当达到点火时间（即点火正时），触发线圈 L_2 感应出的交流电压，经二极管 VD_3 半波整流，电阻 R_1 限流，R_2 和 C_2 整形后，触发晶闸管 SCR 导通，其触发回路是：L_2 上端→二极管 VD_3 →电阻 R_1 → R_2、C_2 →晶闸管 SCR 的控制极→阴极→地（搭铁）→ L_2 下端。晶闸管 SCR 的控制极得到触发信号后，由截止变为导通。其放电回路是：C_1 → SCR 阳极→ SCR 阴极→ 初级点火线圈 L_3 → C_1。储能电容 C_1 内储存的电能通过初级点火线圈放电，在次级点火线圈 L_4 上感应出万伏以上的高压，击穿火花塞，使其跳火，点燃气缸内的可燃混合气体。

3.有分电器微机控制点火系统

如图 2-134 所示，当接通点火开关，发动机工作时，微机控制器根据接收到的各传感器信号，按存储器中存储的有关程序和数据，确定出最佳点火提前角和通电时间，并以此向点火控制器发出指令。点火控制器根据指令，控制点火线圈初级电路的导通和截止。当电路导通时，有电流从点火线圈中的初级电路通过，点火线圈将点火能量以磁场的形式储存起来。当初级电路被切断时，次级线圈中产生很高的感应电动势（15 ～ 20 kV），经分电器或直接送至工作气缸的火花塞。

4.无分电器微机控制点火系统

如图 2-135 所示，无分电器微机控制点火系统的工作原理是当发动机运行时，微机控制器不断地采集发动机的各种传感器（转速、负荷、冷却水温度、进气温度等）信号并根据微机控制器中存储器存储的有关程序与有关数据，确定出该工况下最佳点火提前角和初级电路的最佳导通角，并以此向点火执行器发出指令。点火执行器根据微机控制器的点火指令，控制点火线圈初级回路的导通和截止。当电路导通时，有电流从点火线圈中的初级线圈通过，点火线圈此时将点火能量以磁场的形式储存起来。当初级线圈中电流被切断时，在其次级线圈中将产生很高的感应电动势 (15～20 kV)，送至工作气缸的火花塞，点火能量被瞬间释放，并迅速点燃气缸内的混合气体。

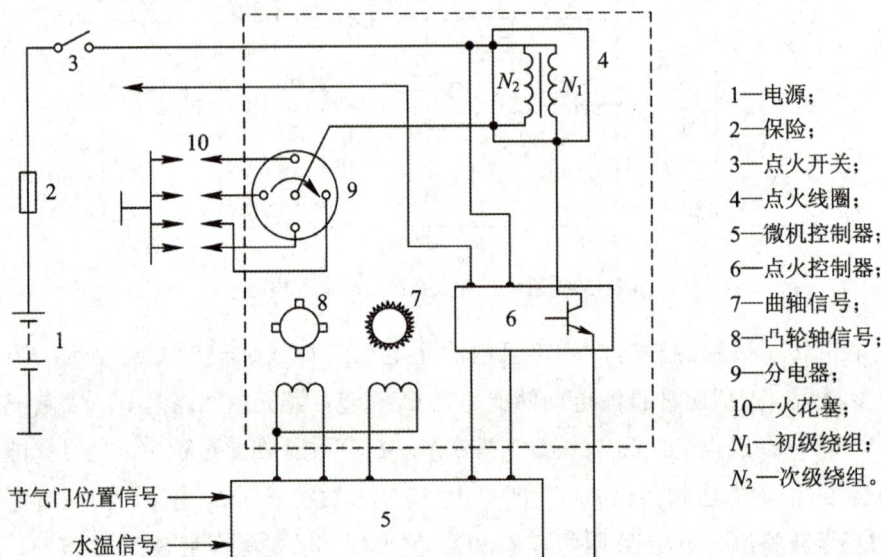

图 2-134 有分电器微机控制点火系统电路

1—电源；
2—保险；
3—点火开关；
4—点火线圈；
5—微机控制器；
6—点火控制器；
7—曲轴信号；
8—凸轮轴信号；
9—分电器；
10—火花塞；
N_1—初级绕组；
N_2—次级绕组。

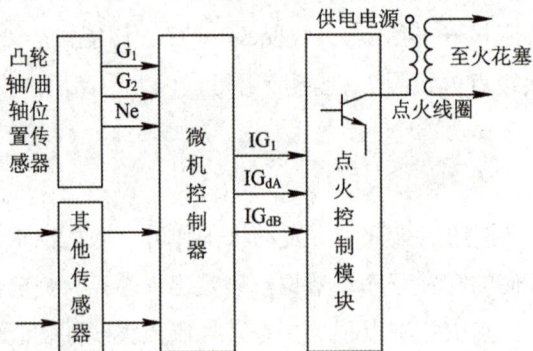

图 2-135 无分电器微机控制点火系统工作原理

在无分电器微机控制点火系统中，用凸轮轴位置传感器产生 G 信号和曲轴位置传感器产生的 Ne 信号作为主控制信号，以 G 信号为基准，按 1°曲轴转角分频，用既定的曲轴角度产生点火控制信号 (IGT 信号)。

(1) G 信号：指活塞运行到上止点位置的判别信号，它是根据凸轮轴位置传感器产生的信号经过整形和转换而获得的脉冲信号。

当发动机工作时，微机控制器根据 G 信号可准确地计算出曲轴每转 1°所用的时间，并根据其他传感器输入信号,按其内存的控制模型确定点火提前角和点火线圈的通电时间。

(2) Ne 信号:指发动机的曲轴转角信号,它是根据曲轴位置传感器产生的信号经过整形和转换而获得的脉冲信号。在无分电器微机控制点火系统中,Ne 信号主要是用来计量点火提前角和通电时间的。

(3) IGT 信号:是 ECU 向点火控制器中功率晶体管发出的通断控制信号,如图 2-136 所示。

(4) IGF 信号:是完成点火后,点火控制器向微机控制器输送的点火确认信号,如图 2-137 所示。

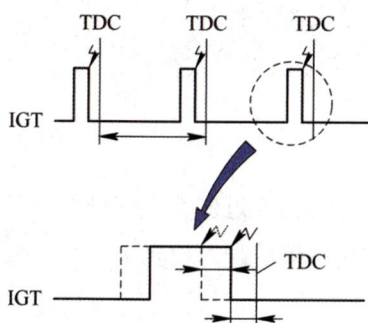

图 2-136　IGT 信号

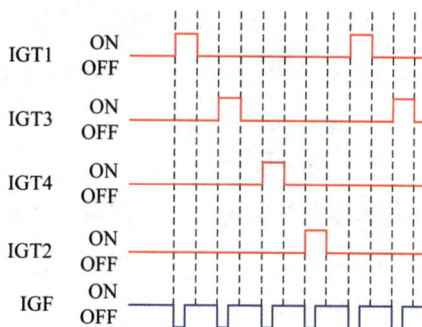

图 2-137　IGF 信号

四、点火系统的特点

1) 蓄电池点火系统特点

(1) 高速易断火,不适合高速发动机;

(2) 断电器触点易烧蚀,工作可靠性差;

(3) 点火能量低,点火可靠性差;

(4) 结构简单,成本低。

2) 磁电机点火系统特点

与蓄电池点火系统相比,磁电机点火系统具有如下特点:

(1) 不需要专门的蓄电池供电。蓄电池点火系统需要蓄电池为点火系统提供电源,而磁电机点火系统的电源由磁电机自身提供。

(2) 在汽油机高速运转时,磁电机点火系统产生的点火电压高,工作可靠,但在汽油机低速运转时点火电压较低,对汽油机的启动不利。

(3) 体积小,结构简单,使用寿命长,保养维护方便。

(4) 磁电机点火系统的可调节性较差。蓄电池点火系统的可调节性是比较完善的,可根据汽油机的任何工作情况进行点火时刻的调节;而磁电机点火系统只能用一些有限的方法进行小范围调整。

3) 微机控制点火系统特点

微机控制点火系统使用模拟计算机根据各传感器信号对点火提前角进行控制，其特点有以下方面：

(1) 在各种工况及环境条件下，均可自动获得最佳的点火提前角。

(2) 在整个工作工程中，均可对点火线圈初级回路通电时间和电流进行控制。

(3) 采用爆燃控制功能后，可使点火提前角控制在爆燃的临界状态。

(4) 用电子控制装置取代分电器，利用电子分火控制技术将点火线圈产生的高压电直接送给火花塞进行点火，点火线圈的数量比有分电器微机控制的点火系统多。

(5) 对点火线圈要求较高，发动机气缸数必须是数字 4 的整倍数。

五、点火系统故障检测

点火传感器发生故障时，会使点火信号发生器输出的信号过弱或无信号而不能触发电子点火器工作，造成整个点火系统不起作用。磁电式传感器的静态检查主要是气隙的检查和传感器线圈的检查。

1) 气隙的检查

气隙的检查方法是将信号转子的凸齿与传感器线圈的铁芯对齐，用塞尺检查两者之间的气隙；一般为 0.2 ~ 0.4 mm，若不合适，应进行调整。无触点分电器的气隙是不可调的，当出现问题时只能更换。

2) 传感线圈的检查

传感线圈的检查方法是用万用表的电阻挡测量分电器信号输出端（感应线圈）的电阻，其阻值一般为 250 ~ 1500 Ω，但也有 130 ~ 190 Ω 的。若电阻无穷大，则说明线圈断路；若感应线圈电阻过大、过小，都需要更换点火传感器总成。感应线圈输出的交流电压可用高灵敏万用表的交流电压挡进行测量，其值应为 1.0 ~ 1.5 V。

3) 电子点火器（点火电子模块）的故障检查

电子点火器故障会使点火线圈初级电流减小或断流不彻底，造成火花弱，不能点火，导致热车时失速，发动机不能启动，高速或低速时熄火。其故障检查方法如下：

(1) 高压试火法。如果已确定点火传感器良好，可以直接用高压试火的方法来检查。将分电器中央高压线拔出，使高压线端距离发动机缸体 5 mm 左右，看打火情况；或将高压线连接在火花塞上，并使火花塞搭铁，然后启动发动机，看其是否跳火。如果火花强，说明电子点火器良好；否则，说明电子点火器有故障。

对于磁电式传感器，可打开分电器盖，用螺钉旋具将导磁转子与铁芯间作瞬间短路，看高压线端是否跳火。如不跳火则说明电子点火器有故障。

对于光电式或霍耳效应式点火传感器，可在拆下分电器后，用手转动分电器轴，看有无跳火来判断点火器是否良好。

(2) 模拟点火信号检查。可利用一只 1.5 V 的干电池进行检查，连接干电池与点火器、分电器及分电器壳体。将正极的探针触及点火器信号输入接点，然后提高触点。这时点火线圈应产生高压跳火。如果点火开关和有关电路都已接通，但仍无高压跳火，则表明点火器有故障，应予以更换。

4) 点火线圈的故障检查

点火线圈的故障检查方法有直观检查和用万用表检查两种。

(1) 直观检查：主要检查点火线圈的绝缘盖有无脏污、破裂，接线柱是否松动、锈蚀。若有脏污、锈蚀，需清洁后再作检查；若绝缘盖有破损，则应更换点火线圈。

(2) 用万用表检查：一般测量其初级绕组和次级绕组的电阻。其值应符合标准值，否则说明点火线圈有故障，应更换点火线圈。绝缘性能的检测方法是采用万用表，使用电阻挡测量点火线圈的绕组接线柱（任何一个）与外壳之间的阻值，其阻值应不小于 50 MΩ。

六、汽车发动机常见故障

1. 点火系统不工作

(1) 故障现象：打开点火开关，启动发动机，当发动机无反应时，采用高压试火，高压线无火花。

(2) 故障分析与诊断：低压电路故障和高压电路故障。

2. 点火时间过早

(1) 故障现象：怠速运转不平稳，易熄火；加速时，发动机有严重的爆燃声。

(2) 故障分析：该故障主要是点火正时调整失准或点火角度装配失准所致。

(3) 排除方法：连好点火测试仪，调整点火提前角到规定值。

3. 点火过迟

(1) 故障现象：消音器声响沉重，急加速时有回火现象，发动机冷却液温度较高，汽车行驶无力。

(2) 故障分析与诊断：点火角度不正确。

(3) 排除方法：连好点火测试仪，调整点火提前角到规定值。

4. 火花塞故障

(1) 故障现象：

火花塞故障主要表现为火花塞积炭、油污和过热等现象，各现象具体描述如下：

① 火花塞积炭：绝缘体端部、电极及火花塞壳常覆盖着一层相当厚的黑灰色粉状柔

软的积垢。

② 火花塞油污：绝缘体端部、电极及火花塞壳覆盖一层机油。

③ 火花塞过热：中心电极熔化，绝缘体顶部疏松、松软，绝缘体端大部分呈灰白色硬皮。

(2) 故障诊断与排除：采用断缸方法检测哪缸不工作或工作不良，即可拆卸该缸火花塞进行检查。根据火花塞状况，分析故障原因，对症排除故障。

① 如果火花塞油污，可烘干火花塞继续使用。

② 如果电极熔化，应更换更冷型火花塞。

③ 如果火花塞积垢，可更换更热型火花塞。

④ 如果火花塞间隙过大，应更换火花塞。

5. 发动机怠速过低

(1) 调出故障码，分析故障原因；

(2) 检查进气系统有无漏气情况；

(3) 检查曲轴箱通风管的 PCV 阀的工作情况 (怠速时，PCV 阀应该关闭)；

(4) 检查节气门上的怠速调整螺钉是否调整正确，若调整螺钉调整不正确，会导致怠速时混合气体过稀，导致发动机怠速不稳；

(5) 检查点火正时情况；

(6) 检查喷油器喷射情况；

(7) 检查 EFI 系统电路及元件工作情况；

(8) 检查机械系统的状况。

6. 发动机怠速过高

(1) 检查节气门是否发卡而不能关闭；

(2) 检查冷启动喷油器是否在继续喷油；

(3) 检查节气门位置传感器输出电压是否不正确；

(4) 检查燃油喷射压力是否过高；

(5) 检查调压器真空传感器软管是否脱落或断裂；

(6) 检查怠速控制系统和 VSV 阀工作是否正常；

(7) 检查喷油器喷油情况及是否滴漏；

(8) 调出故障码，判断故障原因；

(9) 检查 EFI 系统电路及元件工作情况；

(10) 检查点火正时是否不正确；

7. 发动机转速不稳

(1) 调出故障码，分析故障原因；

(2) 检查进气系统有无漏气情况；

(3) 检查燃油泵供油情况，燃油管路的压力是否正常；

(4) 检查油压调节器是否工作不正常；

(5) 检查喷油器喷射情况，是否个别喷油器不工作或喷油量不准确；

(6) 检查点火系统，如点火正时情况、高压火花情况、火花塞积炭情况等；

(7) 检查空气滤清器滤芯是否堵塞；

(8) 检查汽油滤清器滤芯是否堵塞；

(9) 检查 EFI 系统电路及元件工作情况；

(10) 检查机械部分，如气缸压力、气门间隙等。

8. 发动机回火

发动机回火现象大多由于混合气体过稀或点火时间过晚所致，故障分析过程如下：

(1) 调出故障码，分析故障原因；

(2) 检查进气管有无漏气情况；

(3) 检查节气门位置传感器输出信号是否正确；

(4) 检查点火正时情况；

(5) 检查燃油压力是否过低；

(6) 检查喷油器喷油时间是否过短；

(7) 检查喷油器是否发卡堵塞；

(8) 检查 EFI 系统电路及元件工作情况，主要是各有关传感器的工作情况，如氧传感器、水温传感器、进气温度传感器、进气管压力传感器等。

9. 排气管放炮

排气管放炮现象主要是由于混合气体过浓、个别缸不工作和燃烧时间不正确等燃烧不完全因素造成的，故障分析过程如下：

(1) 调出故障码，分析故障原因；

(2) 检查点火正时情况，判断是否点火时间过晚；

(3) 检查冷启动喷油器是否喷油或者发生滴漏，并进一步找出原因；

(4) 低温启动喷油器定时开关失效；

(5) 个别缸火花塞不点火或火花过弱；

(6) 检查喷油器，是否存在喷油过量或者个别缸喷油过多的现象，是否有滴漏；

(7) 检查燃油压力是否过高，油压调节器是否失效导致回油管路不能打开回油，油压调节器真空传感器软管是否脱落或者断裂；

(8) 检查空气流量计传感器和节气门位置传感器输出信号是否正确；

(9) 检查 EFI 电路及有关传感器的工作情况。

10. 发动机加速不良

(1) 检查进气管是否漏气；

(2) 检查点火时间是否过晚；

(3) 调出故障码，分析故障原因；

(4) 检查燃油喷射系统，如燃油压力、喷油器工作情况等；

(5) 检查点火系统，尤其是爆震传感器和点火器的工作是否正常；

(6) 检查节气门位置传感器是否正常；

(7) 检查 EFI 电路及与燃油喷射有关的元件的工作情况；

(8) 检查气缸压力、气门间隙、火花塞工作情况及配气相位等项目。

学习单元五　冷却系统的构造与维修

学习目标：

• 了解冷却系统的结构组成；

• 掌握冷却系统的检查与更换；

• 掌握冷却系统的拆装要求；

• 掌握冷却系统一般故障的检测与排除方法。

一、冷却系统的功用和组成

发动机冷却系统的功用就是使工作中的发动机得到适度的冷却，从而保持发动机在最适宜的温度范围内工作。另外，冷却系统还为暖风系统提供热源。

混合动力汽车发动机都采用封闭式强制循环水冷却系统，即用水泵强制地使冷却液在冷却系统中进行循环流动，使发动机中高温零件的热量先传递给冷却液，然后散发到大气中。

水冷却系统一般由水泵、散热器、节温器、溢水壶等组成，如图 2-138 所示。

当发动机工作时，水泵将冷却液泵入发动机气缸体水套，然后流入气缸盖水套，吸收气缸体和气缸盖的热量，此后冷却液分两路循环，如图 2-139 所示，一路为大循环，即冷却液流经散热器冷却后，进入节温器再流向水泵进水口；另一路为小循环，即冷却液直接进入水泵进水口，不经散热器冷却。当冷却液的温度低于 85℃时，进行小循环；当冷却液温度高于 85℃时，部分冷却液进行大循环；当冷却液温度达到 (102 ± 3)℃时，流经散热器的冷却液全都参加大循环，而小循环是常开的，这样可使冷却系统的温度提高到一个较高的水平，改善发动机的热效率，同时可以确保冷却系统中始终有冷却液在循环，保证发动机在最佳温度下工作。为了提高燃油雾化程度，冷却液的热量可对进入进气歧管内的混合气体进行预热，车上的暖风装置利用冷却液带出的热量来达到取暖目的。当需要取暖时，打开暖气控制阀，从气缸体水套流出的部分冷却液可流入暖风热交换器供暖，随后流回水泵。

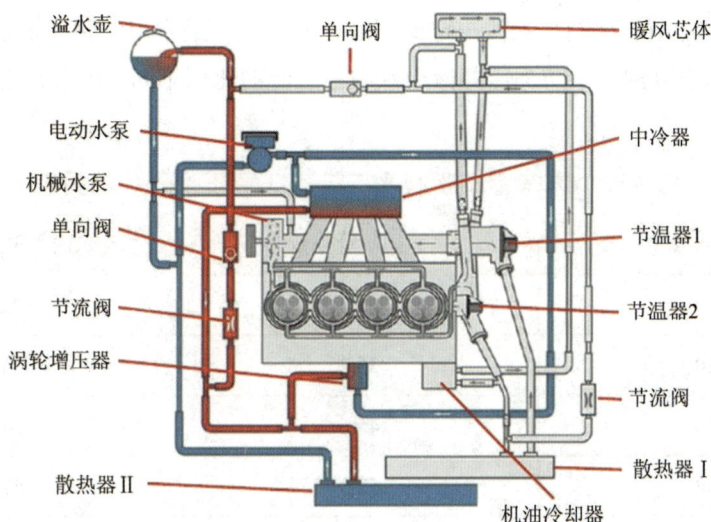

图 2-138　G5 发动机水冷却系统

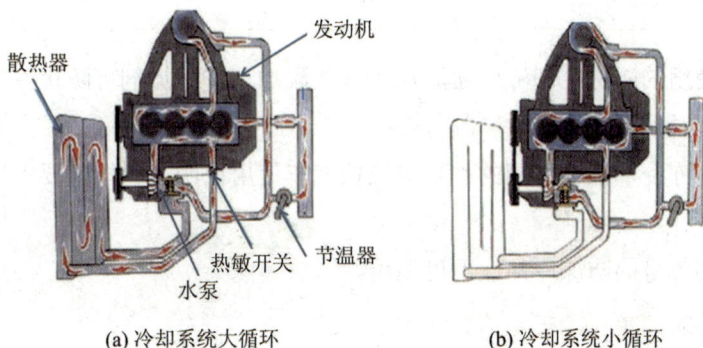

(a) 冷却系统大循环　　　　　　　(b) 冷却系统小循环

图 2-139　冷却系统循环示意图

二、冷却液

冷却液是发动机冷却系统中最重要的工作介质，汽车常用的冷却液有水冷却液及加有防冻剂的防冻冷却液两种。

1. 水冷却液

水冷却液是指直接用水作为冷却液，它具有简单、方便的优点。但是，水沸点低、易蒸发，需经常添加。冷却水最好选用软水，即含盐分少的水，如雨水、雪水、自来水等。否则，易在水套内形成水垢，从而降低气缸盖和气缸体的传热性能，使发动机过热。水在严寒冬季易结冰，车辆过夜必须放水，否则会因为结冰时体积膨胀，造成胀裂气缸体、气缸盖的严重事故。

2. 防冻冷却液

防冻冷却液是由防冻剂与水按一定比例混合而成的，最常用的防冻剂是乙二醇，乙二醇可降低冰点和提高沸点。防冻冷却液中水与乙二醇的比例不同，其冰点也不同，如表 2-7 所示。

表 2-7   防冻冷却液的冰点与乙二醇质量分数的关系

冷却液冰点/℃	乙二醇的质量分数/(%)	水的质量分数/(%)
-10	26.4	73.6
-20	36.2	63.8
-30	45.6	54.4
-40	52.3	47.7
-50	58.0	42.0
-60	63.1	36.9

有些车型使用的防冻冷却液中还添加了其他添加剂，添加剂可防止冷却液腐蚀、沉积（水垢）、形成泡沫和过热。

乙二醇型防冻冷却液有不同的牌号，应按汽车使用说明书的规定要求选用和定期更换防冻冷却液。

注意：不同牌号的防冻冷却液不可混用。

3. 冷却液在环境保护和安全措施上的要求

1) 在环境保护上的要求

(1) 冷却液是一种对水有污染的液体，属于对水有轻微污染的物质，因此不允许将冷却液排入地表水域和下水道，作业时只能在防渗的地面上进行。

(2) 废弃的冷却液要单独盛装，并妥善保管和回收利用。

(3) 沾上冷却液的抹布或物品不得作为生活垃圾处理。

2) 在安全措施上的要求

(1) 冷却液对人皮肤有损害，作业时应戴上个人防护装备。

(2) 沾上冷却液的衣服或鞋子，必须立即脱下并更换。

(3) 皮肤接触到冷却液，立即用水和肥皂清洗并彻底冲洗。

(4) 眼睛接触到冷却液，应翻开眼皮并用流水冲洗眼睛几分钟，然后尽快去医院治疗。

(5) 若吸入冷却液，应立即漱口并喝下大量清水，然后尽快去医院治疗。

三、冷却系统主要部件的构造

1. 水泵

水泵的作用是对冷却液加压，强制冷却液在冷却系统中循环流动。

混合动力汽车冷却水泵一般采用机械水泵和电动水泵相结合的双循环冷却，水泵一般安装在发动机机体外，机械水泵的组成如图 2-140(a) 所示，由水泵壳体、叶轮、叶轮轴和法兰等组成。电动水泵如图 2-140(b) 所示，由前盖、固定底座、叶轮转子、隔离层、陶瓷轴、定子及驱动板和主体等组成。

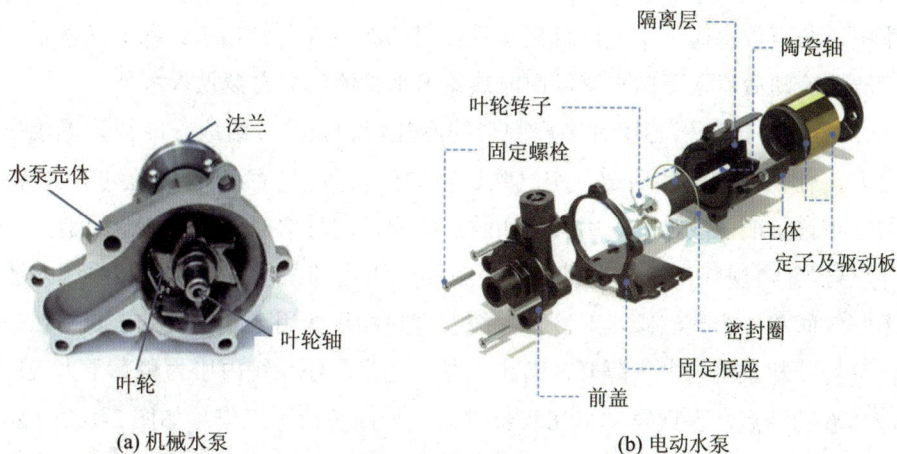

(a) 机械水泵 (b) 电动水泵

图 2-140 混合动力汽车冷却水泵结构

当叶轮旋转时，水泵中的冷却液被叶轮带动一起旋转，并在离心力作用下向叶轮边缘甩出，经与叶轮成切线方向甩出水管，加压输送到发动机的水套内，与此同时，在叶轮中心处造成一定的负压，从而将水从进水管吸入，如此连续地作用，使冷却液在冷却水道中不断地循环。

2. 散热器

散热器的功用是使水套中出来的热水得到迅速冷却，以保持发动机的正常水温。散热器的主要组成为上储水室、下储水室、散热器芯（包括冷却管和散热带）和散热器盖等，如图 2-141 所示。

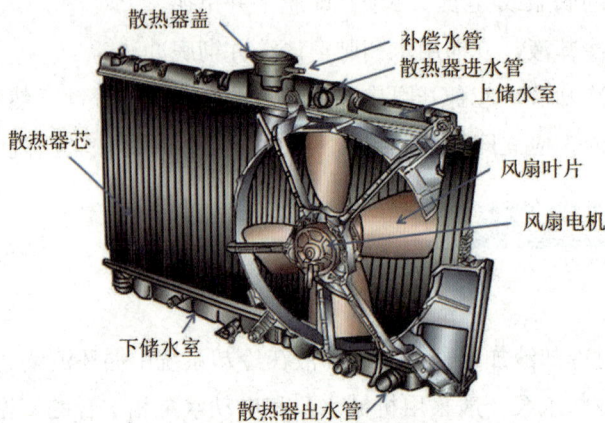

散热器盖
补偿水管
散热器进水管
上储水室
散热器芯
风扇叶片
风扇电机
下储水室
散热器出水管

图 2-141   散热器组成

(1) 上储水室和下储水室。上储水室顶部有加水口，平时用散热器盖盖住，并装有进水软管，与发动机上出水管相连。下储水室有出水管，用软管与水泵进水口相连。一般在下储水室中还装有放水阀。由发动机出水管流出的温度较高的热水进入上储水室，经散热器冷却管散热冷却后流入下储水室，由散热器出水管流出后再被吸入水泵。

(2) 散热器芯。散热器芯由许多扁圆形的冷却管和散热片组成。冷却管焊接在上、下储水室之间，作为冷却液的通道。空气吹过管的外表面，从而使管内流动的水得到冷却。冷却管周围布置了很多散热片，用来增加散热面积，同时增加整个散热器的刚度和强度。

(3) 散热器盖。现代汽车发动机多采用封闭式水冷却系统，这种冷却系统的散热器盖装有一个空气阀和一个蒸汽阀，对冷却系统有密封加压作用。发动机处于正常热态时，阀门关闭，可将冷却系统与大气隔开，防止水蒸气逸出，使系统内压力稍高于大气压力，从而增高冷却液的沸点，保证发动机在较长时间及较高负荷下工作。如图 2-142 所示，当散热器中压力升高到一定值时，蒸汽阀便开启，使水蒸气从通气孔排出，以防热膨胀压坏散热器芯管；当水温降低，冷却系统中蒸汽凝结为水，散热器内形成一定真空时，空气阀开启，空气从通气孔进入冷却系统，避免压力差将散热器芯管压瘪。

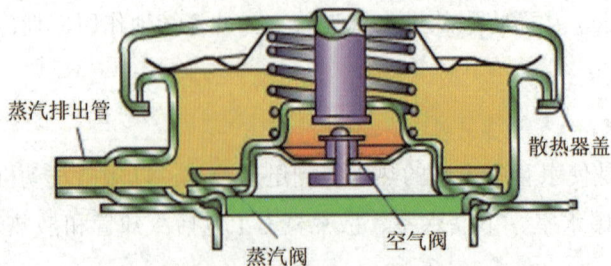

当大气压＞水箱气压，空气阀开启

蒸汽排出管
散热器盖
蒸汽阀
空气阀

图 2-142   具有空气阀—蒸汽阀的散热器盖

3. 膨胀水箱

加注防锈、防冻液的汽车发动机常采用膨胀水箱，如图 2-143 所示。发动机工作的高温导致冷却液温度升高并膨胀，使散热器内压力上升。当压力达到规定值以上时，一部分冷却液流回膨胀水箱以保持散热器内压力。停车时，冷却液温度降低，散热器内压力下降，膨胀水箱内的冷却液受大气压的作用流回散热器。膨胀水箱多用半透明材料（如塑料）制成，透过箱体可直接观察到冷却液的液面高度，无需打开散热器盖，冷却液的液面高度应在 max 与 min 之间（见图 2-144）。

图 2-143　膨胀水箱　　　　　图 2-144　冷却液的液面高度位置

4. 节温器

节温器安装在冷却液循环的通路中（一般安装在气缸盖的出水口），根据发动机负荷的大小和水温的高低改变水的循环流动路线，以达到调节冷却系统冷却强度的目的。

汽车发动机广泛采用蜡式节温器，如图 2-145 所示。节温器推杆的一端固定于支架的中心处，另一端插入胶管的中心孔中。胶管与节温器外壳之间形成的腔体内装有精制石蜡。常温时，石蜡呈固态，阀门压在阀座上，这时阀门关闭了通往散热器的水路，来自发动机缸盖出水口的冷却液经水泵又流回气缸体水套中进行小循环。当发动机水温升高时，石蜡逐渐变成液态，体积随之增大，迫使橡胶管收缩，从而对推杆上端产生向上的推力。由于推杆上端固定，故推杆对橡胶管、感应体产生向下的反推力，最终阀门开启。当发动机水温达到规定温度以上时，阀门全开，来自气缸盖出水口的冷却液流向散热器，进行大循环。

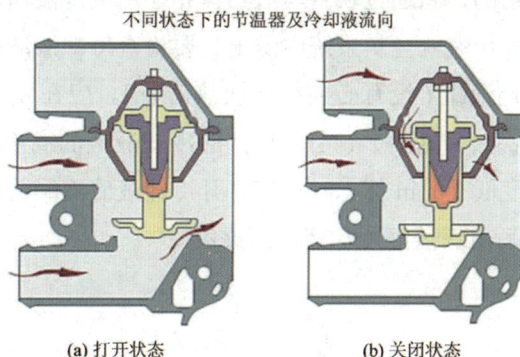

不同状态下的节温器及冷却液流向

(a) 打开状态　　　　　(b) 关闭状态

图 2-145　蜡式节温器

5. 冷却风扇

冷却风扇的功用是提高流经散热器的空气流速和流量，以增强散热器的散热能力并冷却发动机附件。冷却风扇多装在发动机与散热器之间，与水泵同轴驱动。这样，当风扇转动时，对空气产生轴向吸力，空气流从前到后通过散热器芯，从而使散热器芯中的冷却液加速冷却。风扇的扇风量与风扇的直径、转速、叶片形状、叶片安装角度以及叶片数目有关。

在混合动力汽车发动机上大多采用电动冷却风扇，如图2-146所示。电动冷却风扇系统一般由电动冷却风扇温度传感器（水温开关）、风扇、电动机等组成。根据冷却液温度变化，风扇断续工作，从而提高了整车的经济性能。另外，电动冷却风扇省去了风扇V带轮连接，风扇叶片尺寸和散热器等布置自由度大，具有能耗低、噪声小等优点。

图2-146　电动冷却风扇

四、冷却液的检查与更换

1. 冷却液液面高度的检查

每周至少检查一次发动机冷却液液面高度，以便车辆保持在最佳行驶状态。

冷却液储液罐是透明的，它通过软管与散热器相连。冷却液储液罐收集温度升高时溢出的冷却液，否则这些冷却液就会从系统中溢出。要检查冷却液液面高度时，应打开发动机舱盖，并观察冷却液储液罐（没有必要打开散热器盖）。应在发动机冷却时，检查冷却液储液罐中冷却液液面高度（见图2-144），正常的冷却液液面高度应在max与min之间，如果发现冷却液液面高度低于min标志时，应打开冷却液储液罐盖，加注同型号的冷却液到max与min之间，然后重新盖好冷却液储液罐盖。

2. 冷却液的更换

1) 注意事项

在汽车出厂时，发动机加注的冷却液由48%的蒸馏水和52%的防冻剂组成，冰点

为 −40℃；具有防生锈、防腐蚀、高沸点等特性；使用中应选用 SGMW 指定的品种。冷却液的冰点应比该地区最低环境温度至少低 5℃，但冷却液中防冻剂的浓度不能大于 60%，否则影响冷却液的散热能力。冷却液每 2 年或汽车行驶 40000 km(先到为准) 应当全部更换一次。

发动机的冷却系统容积一般为 3.5 L 左右。加注程序中列出的容量包括用于在进行静态重灌后，排出留在冷却液系统中的空气的额外数量。

将冷却液回收并储存在冷却液收集容器中，定期将旧冷却液交送回收，绝不可将冷却液倒入下水道。防冻剂是有毒的化学制品，将其排入下水系统或地下水会破坏生态环境。

不要使用冷却系统密封剂 (或类似的密封剂)，除非另有规定。使用冷却系统密封剂 (或类似密封剂) 会限制冷却液在冷却系统或发动机部件中的流动。冷却液流动受阻会造成发动机过热，损坏冷却系统或发动机零部件。

2) 冷却液的排放步骤

(1) 将车停泊在水平地面上。

(2) 在发动机冷却后，按以下步骤拆卸散热器盖。

① 逆时针方向缓慢转动散热器盖至止动器。旋转散热器盖时切勿按压。

② 等待排空残余压力 (有嘶嘶声)。

③ 当嘶嘶声停止后，继续逆时针旋转散热器盖，将其打开。

(3) 将冷却液收集容器放在车辆下方，收集所有排放的冷却液。

(4) 运转发动机直到散热器上部软管发热，这表明节温器阀已打开，冷却液开始流过散热器。

(5) 关闭发动机并打开散热器放水塞，排出冷却液，并注意收集好。

(6) 排完后拧紧放水塞。

(7) 给系统注满水并运转发动机直到散热器上部软管发热。

(8) 重复第 (5)、(6)、(7) 步数次，直到排完原有的冷却液。

(9) 排空系统中的冷却液，为了充分排出，需将散热器的上部水管下端也拆开，排完冷却液后再重新装好水管和放气塞。

(10) 取下冷却液储液罐，打开冷却液储液罐盖 (用手从盖子的凸缘往上掰开)，排出里面的冷却液。

五、水泵的检查与更换

1. 水泵的拆卸

水泵的拆卸步骤如下：

(1) 举升车辆，并拆下发动机油底壳的保护板。

(2) 拆下换挡支架总成。

(3) 拆下压缩机 V 带及压缩机总成。

(4) 拆下发电机 V 带及发电机总成。

(5) 如图 2-147 所示，松开压缩机支架安装螺栓 1、4 及压缩机与水泵总成连接螺栓 5 和 6，拆下压缩机支架。

(6) 如图 2-148 所示，松开水泵安装螺栓 7 和 8，拆下水泵总成和水泵垫。

注意：拆卸水泵前应先排出系统内的冷却液，并注意收集好。

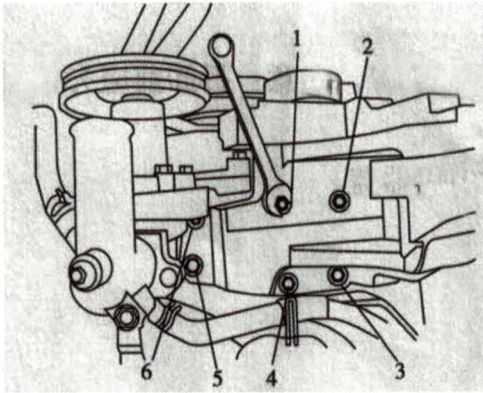

图 2-147　水泵的拆卸 (1)　　　　　图 2-148　水泵的拆卸 (2)

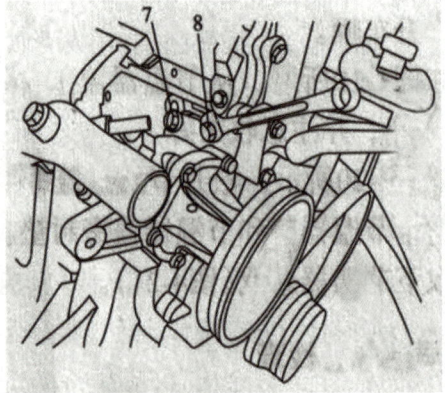

2. 水泵的检查

用手转动水泵，检查其运转是否灵活，如有噪声、卡滞、密封面损伤、水泵叶片损坏等缺陷，以致不能使用时，应更换水泵。

3. 水泵的清洁

安装水泵总成前，应先用刮刀清除水泵与曲轴箱总成结合面上的污物。不可用汽油清洗，以免破坏密封圈。

4. 水泵的安装

水泵的安装步骤如下：

(1) 取一片新的水泵垫，安装到水泵总成和曲轴箱之间。

(2) 装上水泵总成及压缩机支架，紧固水泵总成的紧固螺栓和螺母至 28 ～ 32 N•m。

(3) 安装发电机总成及发电机 V 带。

(4) 装上压缩机 V 带及压缩机总成。

(5) 装上换挡支架总成。

(6) 装上发动机油底壳的保护板，放低车辆。

六、节温器的检查与更换

1. 节温器的拆卸

节温器的拆卸步骤如下：

(1) 如图 2-149 所示，从节温器盖上拆下发动机出水管。

注意：拆卸前应先排出冷却系统内的冷却液，并注意收集好。

(2) 如图 2-150 所示，松开节温器盖螺栓，拆下节温器盖。

(3) 取下节温器盖和节温器盖密封垫。

(4) 取下节温器总成 (见图 2-151)。

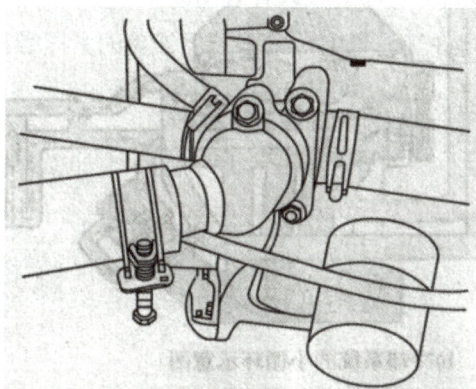

图 2-149　节温器的拆卸 (1)

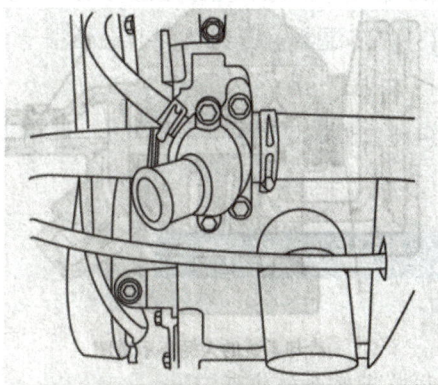

图 2-150　节温器的拆卸 (2)

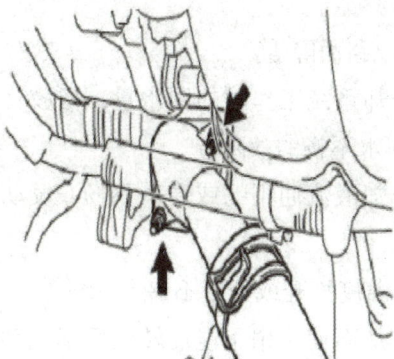

图 2-151　节温器的拆卸 (3)

图 2-152　检查节温器的性能

2. 节温器的检查

节温器的检查步骤如下：

(1) 检查节温器的排气口是否有脏污堵塞，如有，应清除干净。

(2) 检查节温器各部位是否有裂纹和变形，如有，应更换新零件。

(3) 检查节温器的性能。如图 2-152 所示，将节温器浸入水中并逐渐加热，仔细查看节温器开始打开时和全开时的水温，如果水温超出规定范围，应更换新零件。节温器开始打开温度为 (82 ± 3)℃；节温器全部打开温度为 (95 ± 3)℃。

3. 节温器的清洁

在安装节温器盖前，应先用刮刀清除节温器气盖和进气歧管结合面上的污物。

4. 节温器的安装

节温器的安装步骤如下：

(1) 将节温器总成放到进气歧管的对应位置上。

(2) 取一片新的节温器盖密封垫，安放在节温器盖与进气歧管之间。

(3) 将节温器盖密封垫和节温器盖一起装到进气歧管上，紧固节温器盖的紧固螺栓至 8 ～ 12 N•m。

(4) 将出水管接到节温器盖上，并用夹箍夹紧。

(5) 放低车辆。

七、冷却系统常见故障

1. 发动机温度过热现象的诊断与排除

1) 故障原因与分析

(1) 散热器导风槽损坏或堵塞，使流经散热器的通风量受到影响；散热器通风不良，如泥浆或絮状物进入散热片等。

(2) 散热器风扇继电器损坏或风扇电机损坏或电路故障等。

(3) 散热器回水管被吸瘪变形，严重影响了冷却系统工作时的回水量；橡胶管使用过久或安装了质量不良的水管，最容易造成散热器回水不畅的故障。

(4) 散热器芯管阻塞或散热片倒伏过多，使冷却液流通不畅或通风不畅；发动机水套内以及散热器内水垢过多。

(5) 节温器损坏，使大循环阀门不能按规定的温度打开或开度不够。

(6) 电子控制风扇的温度控制开关工作不良，从而使风扇不能旋转或风扇电动机启动过晚。

(7) 风冷式冷却系统中的轴流鼓风机转速过低或者风道不畅及空气分流不良，导致发动机冷却效果下降。

(8) 如果发动机装有排气制动装置，则因控制装置工作不良导致排气不畅，也会使发动机温度过高。

除此之外，汽油机的点火时间过迟和柴油机的喷油时刻过缓也会影响冷却系统的温度，并且将伴随其他故障现象，应视具体情况进行诊断与排除。

2) 故障诊断与排除方法

先检查百叶窗是否关闭和开度不足。若开度足够，再检查风扇皮带的松紧度。用大拇指以一定的力压皮带，其挠度应在 10 ~ 15 mm 范围内。若压下的距离过大，则说明风扇皮带太松，应松开发电机活动支架进行调整。

若皮带不松却仍然打滑，说明皮带及皮带轮磨损或沾有油污，应予以更换。若风扇转动正常，但发动机仍过热，则应检查风扇工作时的扇风量及风扇离合器是否工作正常。其检查方法是在发动机运转时，将一张薄纸敷在散热器前，若能被牢牢地吸住，则说明风量足够；否则应检查风扇离合器是否正常及风扇叶片方向是否正确，或者风扇叶片有无变形、折断或角度是否正确。如果叶片已经变形，可用专用工具夹住叶片头部适当折弯矫正，以减少叶片涡流，必要时需更换新风扇。

若风扇运转正常，则需检查水泵的工作效能。

若上述各部分均工作正常，再检查散热器和发动机各部位的温度是否均匀。如果散热器冷热不均，则说明其中冷却液管有堵塞或散热片倾倒过多。如果是发动机前端的温度低于后端，则表明分水管已经损坏或堵塞，应予以更换。

若非上述原因，则可能是水套积垢过多，应予以清洗。

2. 发动机水温过低现象的诊断与排除

现象：水温上升缓慢（冬季）并且发动机温度在未达到正常工作温度之前便不再继续增长。

1) 故障原因与分析

(1) 百叶窗不能关闭或汽车的保温防护措施过差，使发动机温度难以得到提高。

(2) 节温器损坏，使小循环阀门不能按要求打开，大循环阀门也一直处于不能打开状态，破坏了发动机原有的设计要求。

(3) 电动冷却风扇的温度控制开关工作不良，从而使风扇在未达到正常温度时过早旋转。

(4) 风扇离合器不能正常工作，风扇高速旋转使冷却风量过大。

2) 故障诊断与排除方法

(1) 检查保温防护措施是否可靠。

(2) 检查风扇转速是否过高。

(3) 检查节温器工作是否正常。

3.冷却液消耗量异常

1) 故障原因

(1) 冷却系统有外渗漏。

(2) 冷却系统出现内渗漏。

(3) 散热器盖有故障。

(4) 冷却系统水垢过多或堵塞，系统循环不良。

2) 故障诊断与排除

(1) 检查冷却系统各个部件及连接部分有无渗漏。

(2) 检查散热器是否密封。

(3) 检查系统有无内渗漏。

(4) 清除水垢。

学习单元六　润滑系统的构造与维修

学习目标：

• 了解润滑系统的结构组成与工作原理。

• 能拆装润滑系统部件。

• 能正确选择使用润滑油。

• 能检测与排除润滑系统的一般故障。

一、润滑系统概述

当发动机工作时，各运动部件都必须用发动机润滑油（也称为机油）来润滑。润滑系统的功用就是将机油输送到发动机各个需要润滑的部位，以达到提高发动机工作可靠性和耐久性的目的。

1.润滑系统组成

混合动力汽车发动机润滑系统的组成如图 2-153 所示，主要由机油泵、机油滤清器、机油集滤器和机油压力开关等组成。

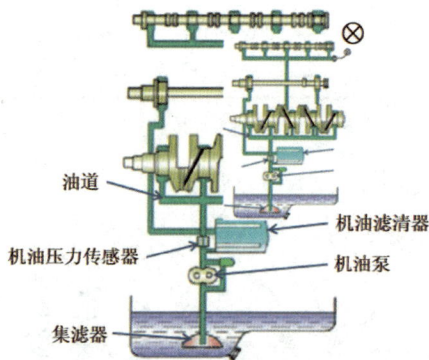

油道

机油滤清器

机油压力传感器

机油泵

集滤器

图 2-153　混合动力汽车发动机润滑系统的组成

2. 润滑系统工作原理

机油泵由发动机驱动，将油底壳内的机油经集滤器、机油冷却器、机油滤清器输送到各润滑部位，润滑结束后的机油流回到油底壳中。经过气缸体、气缸盖上的油道，输送到曲轴轴颈、连杆轴颈、凸轮轴轴颈的机油，使轴浮在轴承上旋转。旋转的曲轴曲柄飞溅起来的机油，在气缸壁等金属表面形成油膜，使摩擦减小。机油滤清器上设有旁通阀，开启压力为 0.18MPa。当机油滤清器堵塞时，润滑油通过压力开关短路进入主油道，防止因缺润滑油而烧坏发动机运动副。

二、发动机润滑油

1. 混合动力汽车发动机润滑油的功用

混合动力汽车发动机润滑油，俗称机油，一般有 1 升桶装和 4 升桶装，如图 2-154 所示，其功能有降阻、冷却、清洗、缓冲、密封和防锈作用。

(a) 1 升装　　　　　　　　　　(b) 4 升装

图 2-154　混合动力汽车发动机润滑油

2. 混合动力汽车发动机润滑油的分类

机油的分类如图 2-155 所示，国际上广泛采用 SAE 黏度分类法或 API 质量等级分类法。

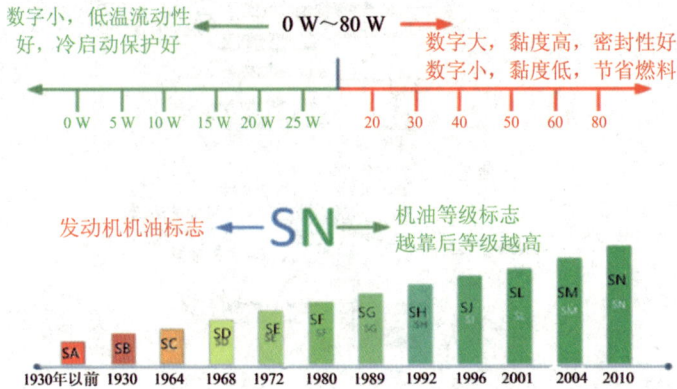

图 2-155　发动机机油的分类

SAE 按照不同的黏度等级，将机油分为冬季用机油和非冬季用机油两类。冬季用机油有 6 种牌号，分别为 SAE0W、SAE5W、SAE10W、SAE15W、SAE20W 和 SAE25W；非冬季用机油有 6 种牌号，分别为 SAE20、SAE30、SAE40、SAE50、SAE60 和 SAE80。

API 根据机油的性能划分等级，分别为 SA、SB、SC、SD、SE、SF、SG、SH、SJ、SL、SM 和 SN 共 12 个等级，等级越靠后，使用性能越好。

3. 机油的更换周期

在使用过程中，由于高温氧化及燃烧物混入等原因影响，机油将劣化变质，润滑性能下降。因此，机油应适时更换，机油滤清器也同时更换。

机油更换周期因车型和行驶环境而不同（见表 2-8）。如果汽车经常频繁起步、短距离行驶或在多尘地区使用，机油的更换周期应相应缩短。

表 2-8　常见混合动力汽车发动机的机油更换周期

混合动力汽车	机油更换周期	
	行驶里程/km	月数
长安逸动 1.5 L	5000	6个月至少更换一次机油
卡罗拉1.6 L	10000	6个月至少更换一次机油
丰田普锐斯1.5 L	7500	6个月至少更换一次机油
比亚迪秦1.5 L	5000	6个月至少更换一次机油

注意：更换周期中的行驶里程和月数，以先达到者为准，进行机油的更换。

4. 机油在环境保护和安全措施上的要求

1) 在环境保护上的要求

(1) 机油会对水造成污染，不允许排入地表水域和下水道，作业时只能在防渗的地面上进行。

(2) 机油是易燃品，存放和作业必须远离火源。

(3) 废弃的机油要单独盛装，并妥善保管和回收处理。

(4) 沾上机油的抹布或物品，不得作为生活垃圾处理。

2) 使用机油的安全措施

(1) 机油对人体皮肤有损害，作业时应穿戴防护。

(2) 沾上机油的衣服或鞋子，需及时处理。

(3) 皮肤上接触到机油后，立即使用和肥皂清洗，勿用汽油或其他溶剂作为清洁剂。

(4) 若眼睛接触到机油，必须尽快去医院处理。

三、润滑系统主要部件

1. 机油泵

机油泵的作用是为机油的循环润滑提供流动压力，一般安装在气缸体的下部，通过发动机曲轴驱动，将机油输送到发动机各运动部件接触面。机油泵常见的结构形式有外啮合齿轮式机油泵、内啮合齿轮式机油泵和转子式机油泵 3 种。

1) 外啮合齿轮式机油泵

外啮合齿轮式机油泵由主动齿轮、从动齿轮、吸油腔、压油腔和进、出油道组成，如图 2-156(a) 所示。

外啮合齿轮式机油泵的工作原理如图 2-156(b) 所示，主动齿轮被曲轴驱动顺时针转动，从动齿轮则被主动齿轮驱动逆时针转动。当两个互相啮合的齿轮高速旋转时，在进油口处，由于两个轮齿逐渐脱离啮合而使进油腔容积增大，产生吸力，机油经本底壳进入机油腔内。机油被轮齿带到出油腔，轮齿逐渐进入啮合而使出油腔的容积减小，使机油压力升高，机油经出油口被压入发动机内的润滑油道中。

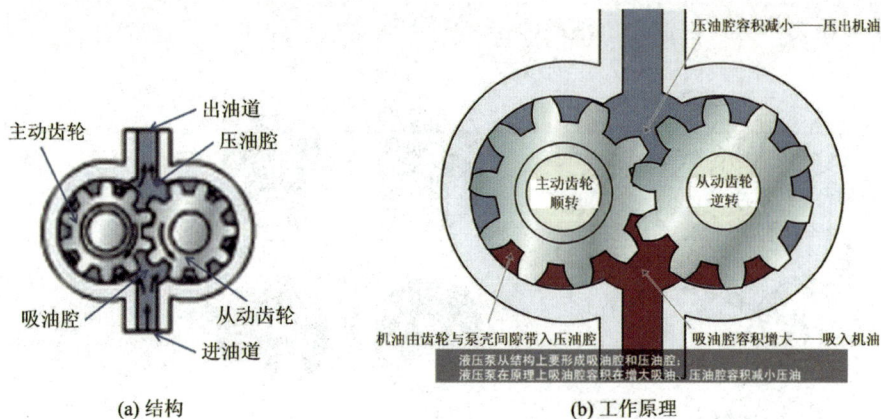

(a) 结构　　　　(b) 工作原理

图 2-156　外啮合齿轮式机油泵

2) 内啮合齿轮式机油泵

内啮合齿轮式机油泵也称内接齿轮泵式机油泵，其工作原理与外啮合齿轮式机油泵或齿轮式机油泵相同。内啮合齿轮式机油泵的结构如图 2-157 所示，它由内齿圈、小齿轮、月牙形块、泵体和进、出油腔等组成。内齿圈是从动齿轮，装在泵体内，泵体固定在机体前端。小齿轮是主动齿轮，套在曲轴前端，由曲轴直接驱动，无需中间传动机构，所以零件数量少，制造成本低，占用空间小，使用范围广。但如果曲轴前端轴颈太粗，机油泵外形尺寸随之增大，发动机驱动机油泵的功率损失也相应有所增加。

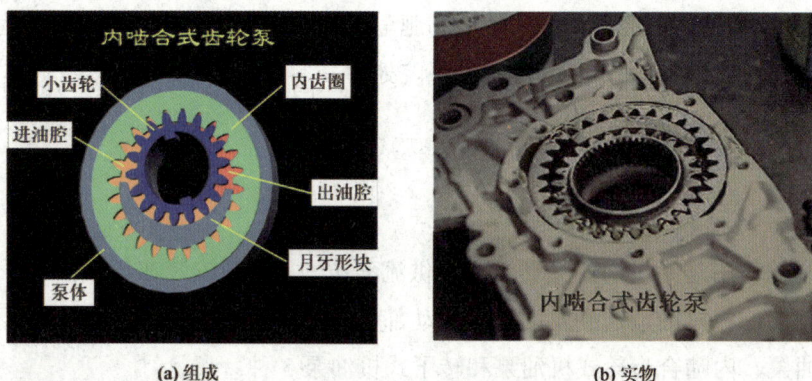

(a) 组成　　　　　　　　　　　　(b) 实物

图 2-157　内啮合齿轮式机油泵

3) 转子式机油泵

转子式机油泵的组成如图 2-158(a) 所示，由前盖、内转子、外转子、溢流阀和后盖等组成。转子式机油泵的特点是内转子是主动，外转子是从动，内转子比外转子少一个齿，内外转子偏心安装。

转子式机油泵的工作原理如图 2-158(b) 所示，由于内转子与外转子偏心安装，所以在转动过程中相互的间隙经历了由小到大再到小的循环过程，即进油时，内外转子脱离啮合，机油腔容积增大，产生吸力，机油经油底壳吸入机油腔；出油时，内外转子啮合，出油腔容积减小，压力增大，机油经出油腔流出。

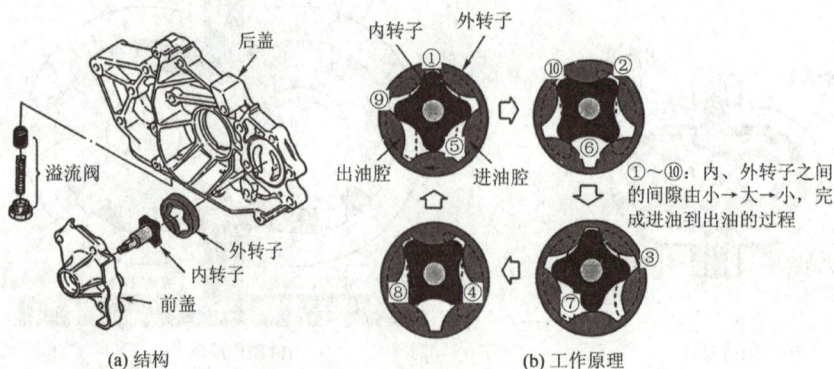

(a) 结构　　　　　　　　　　　　(b) 工作原理

图 2-158　转子式机油泵

溢流阀 (也称为安全阀或限压阀) 安装在机油泵壳体上，通过调节弹簧控制润滑系统的最高油压，当油压达到规定值时，溢流阀自动开启，使多余的机油流回油底壳。

2. 机油集滤器

机油集滤器装在机油泵之前的吸油口端，多采用滤网式，可防止粒度大的杂质进入机油泵。汽车发动机使用的集滤器有浮式集滤器和固定式集滤器两种。

1) 浮式集滤器

浮式集滤器结构如图 2-159 所示，工作时，集滤器漂浮于机油油面上，以保证机油泵总是吸入最上层较清洁的机油，但油面上的泡沫易被吸入，造成机油压力降低，润滑可靠性差。

当机油泵正常工作时，机油从罩的边缘被吸入，经过滤网滤除较大的杂质后进入机油泵，如图 2-159(a) 所示。如果滤网堵塞，滤网上部产生真空，就会克服滤网弹性将滤网吸起，滤网中心处的环口离开罩，润滑油便不经过滤网而从环口直接被吸入机油泵，保证润滑不中断，如图 2-159(b) 所示。

2) 固定式集滤器

固定式集滤器结构如图 2-160 所示，它装在油面下面，吸入的机油清洁度比浮式集滤器稍差，但可防止泡沫吸入，润滑可靠，结构简单，使用广泛。

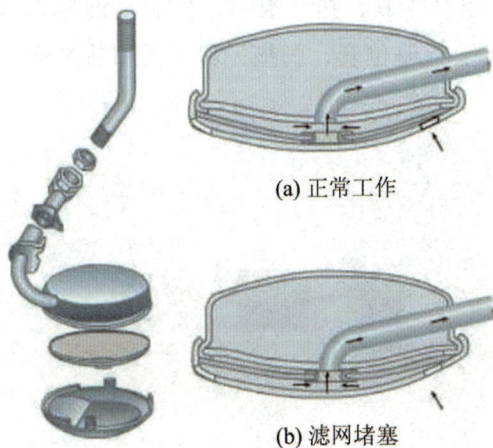

(a) 正常工作

(b) 滤网堵塞

图 2-159　浮式集滤器结构

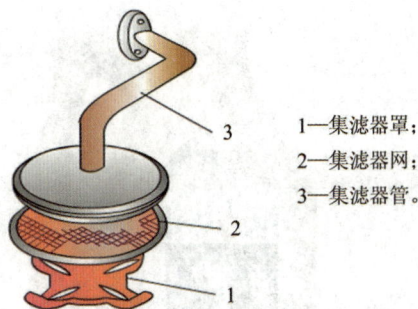

1—集滤器罩；
2—集滤器网；
3—集滤器管。

图 2-160　固定式集滤器结构

3. 机油滤清器

机油滤清器外形如图 2-161 所示，其作用是滤除掉机油中的金属粉末、机油氧化物和燃烧物。为了防止滤清器堵塞失效，必须定期进行更换，一般在更换机油的同时也要更换机油滤清器。当滤清器没有及时更换或其他原因造成滤芯堵塞时，油压升高使旁通阀开启，机油将不通过滤芯直接进入气缸体油道。

图 2-161 机油滤清器外形

四、机油及机油滤清器的检查与更换

1. 操作前的准备

1) 所需器材

(1) 所需发动机机油牌号 (见图 2-162)。

(2) 漏斗 (见图 2-163)。

(3) 其他工具及器材包括汽车、举升机、组合工具、扭力扳手、机油收集容器、机油滤清器专用扳手、转向盘护套、变速杆手柄套、座位套、脚垫、翼子板和前格栅磁力护裙等。

图 2-162 发动机机油

图 2-163 漏斗

2) 准备工作

(1) 汽车进入工位前，将工位清理干净，准备好相关的器材。

(2) 将汽车停驻在举升机中央位置。

(3) 拉紧驻车制动器操纵杆，并将变速杆置于空挡位置。

(4) 套上转向盘护套、变速杆手柄套和座位套，铺设脚垫。

(5) 在车内拉动发动机舱盖手柄。

(6) 在车外打开并支撑发动机舱盖。

(7) 粘贴翼子板和前格栅磁力护裙。

2. 机油液面高度的检查

(1) 搬开座椅锁定开关，搬开驾驶员座椅和乘客座椅，露出发动机总成。

(2) 运转发动机，使发动机达到工作温度 (82 ~ 93℃) 后，关闭发动机，等机油流回油底壳。

(3) 发动机停止运转 5 min 后，拔出机油尺，如图 2-164 所示。

图 2-164　拔出机油尺

(4) 使用非绒布料将机油尺上的机油擦干净，如图 2-165 所示，然后将机油尺插回原位。

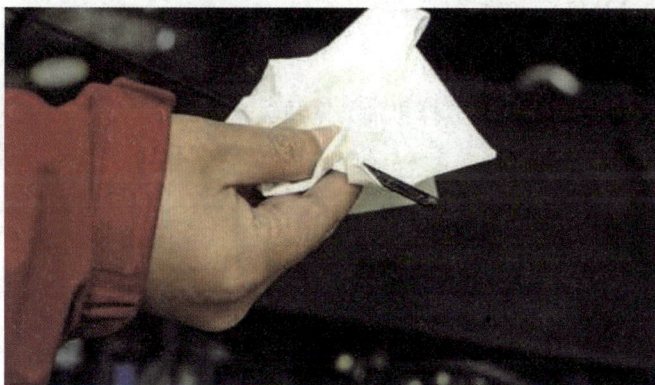

图 2-165　将机油尺上的机油擦干净

(5) 再次拔出机油尺，观察机油在机油尺上的位置，如图 2-166 所示，同时检查机油的污染情况。

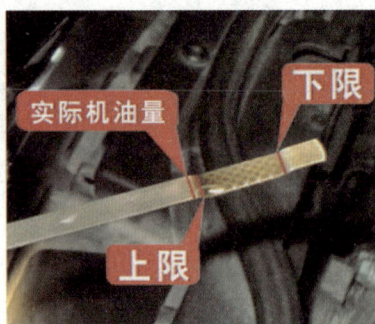

图 2-166　观察机油在机油尺上的位置

(6) 机油液面应位于机油尺上的 MAX 刻度线与 MIN 刻度线标记内，如图 2-167 所示。

注意：机油液面不可超过机油 MAX 刻度线标记，如超过该标记，可能增加机油消耗率、机油燃烧产生大量积碳导致火花塞损坏，并影响发动机的功率；如低于 MIN 刻度线，可能导致发动机润滑不良，应进一步对发动机进行检查，判断机油液面过低的原因。

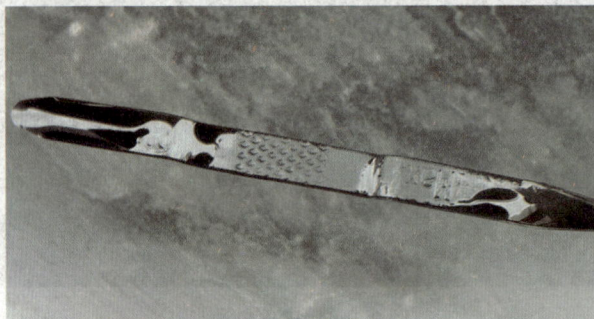

图 2-167　检查机油液面高度

3. 机油与机油滤清器的更换

(1) 适当举升起车辆 (见图 2-168)。

(2) 拧下油底壳放油螺塞，并放掉机油 (见图 2-169)。

图 2-168　举升起车辆

图 2-169　放掉机油

(3) 用专用扳手拆下机油滤清器 (见图 2-170)。

图 2-170　拆下机油滤清器

(4) 安装机油滤清器前，应在其密封圈上涂一层新机油 (见图 2-171)。

图 2-171　在机油滤清器密封圈上涂一层新机油

(5) 用扭力扳手拧紧机油滤清器，机油滤芯拧紧力矩为 20 N·m。

(6) 用扭力扳手拧紧机油放油螺塞，拧紧力矩为 35 ～ 45 N·m。

(7) 降下车辆，用手拧开机油加注口盖 (见图 2-172)。

图 2-172　拧开机油加注口盖

(8) 根据各车型或当地的温度，按要求添加推荐级别的机油，用漏斗加注机油。

(9) 加注完毕后，拧紧机油加注口盖。

(10) 换机油后，应再次确认机油油位，检查是否有泄漏现象。

练 习 测 试

一、填空题

1. 活塞环包括＿＿＿＿＿＿、＿＿＿＿＿＿两种。

2. 活塞连杆组由＿＿＿＿＿＿、＿＿＿＿＿＿、＿＿＿＿＿＿、＿＿＿＿＿＿组成。

3. 飞轮边缘一侧有指示气缸活塞位于上止点的标志，用以作为调整和检查＿＿＿＿＿＿和＿＿＿＿＿＿的依据。

4. 气门间隙过大，气门开启时刻变＿＿＿＿＿＿，关闭时刻变＿＿＿＿＿＿；气门间隙过小，易使气门＿＿＿＿＿＿，造成＿＿＿＿＿＿。

5. 充气效率越高，进入气缸内的新鲜气体的量就＿＿＿＿＿＿，发动机所发出的功率就＿＿＿＿＿＿。

6. 冷却水的流向与流量主要由＿＿＿＿＿＿来控制。

7. 发动机润滑油具有＿＿＿＿＿＿、＿＿＿＿＿＿、＿＿＿＿＿＿、＿＿＿＿＿＿、＿＿＿＿＿＿和防锈六大功能。

8. 电控汽油喷射系统由＿＿＿＿＿＿、＿＿＿＿＿＿和＿＿＿＿＿＿3 大部分组成。

9. 水泵由＿＿＿＿＿＿、＿＿＿＿＿＿、＿＿＿＿＿＿、＿＿＿＿＿＿、＿＿＿＿＿＿组成。

10. 固定式集滤器由＿＿＿＿＿＿、＿＿＿＿＿＿、＿＿＿＿＿＿3 部分组成。

二、单选题

1. 发动机活塞销异响是一种（　　）声。

A. 无节奏 　　　　　　　　　　　B. 浑浊的有节奏

C. 钝哑无节奏 　　　　　　　　　D. 有节奏的"嗒嗒"

2. 气门的升程取决于（　　）。

A．凸轮的轮廓 　　　　　　　　　B．凸轮轴的转速

C．配气相位 　　　　　　　　　　D. 气门数

3. 使冷却水在散热器和水套之间进行循环的水泵旋转部件叫做（　　）。

A. 叶轮 　　　　　　　　　　　　B. 风扇

C. 壳体 　　　　　　　　　　　　D. 水封

4. 发动机燃油喷射系统能实现（　　）高精度控制。

A. 空气比 　　　　　　　　　　　B. 点火高压

C. 负荷 　　　　　　　　　　　　D. 转速

5. 四缸发动机怠速运转不稳，拔下第二缸高压线后，运转状况无变化，故障在（　　）。

A. 第一缸 　　　　　　　　　　　B. 相邻缸

C. 中央高压线 　　　　　　　　　D. 第四缸

6. 在发动机上拆除原有节温器，则发动机工作时冷却水（　　）。

A. 只进行大循环 　　　　　　　　B. 只进行小循环

C. 大循环小循环同时存在 　　　　D. 循环通道被堵

7. 曲柄连杆机构把燃烧气体作用在（　　）上的力转变为曲轴的转矩，并通过曲轴对外输出机械能。

A. 活塞顶 　　　　　　　　　　　B. 活塞销

C. 活塞环 　　　　　　　　　　　D. 连杆

8. 机油细滤器能滤掉很细小的杂质和胶质，经过机油细滤器的润滑油是直接流向（　　）的。

A. 发动机的润滑表面 　　　　　　B. 主油道

C. 机油泵 　　　　　　　　　　　D. 油底壳

9. 四冲程六缸发动机做功间隔角为（　　）。

A. 90° 　　　　　　　　　　　　B. 120°

C. 180° 　　　　　　　　　　　　D. 360°

10.（　　）的功用是保证气门作往复运动时，使气门与气门座正确密合。

A. 气门弹簧 　　　　　　　　　　B. 气门导管

C. 推杆 　　　　　　　　　　　　D. 挺柱

三、判断题

1. 当缸套装入气缸体时，干式缸套齐平，湿式缸套高于气缸体。 （ ）

2. 按 1—5—3—6—2—4 顺序工作的发动机，当一缸压缩到上止点时，五缸处于进气行程。 （ ）

3. 发动机的气缸壁采用压力润滑的方式。 （ ）

4. 当发动机工作温度过高时，应立即打开散热器盖，加入冷水。 （ ）

5. 当膨胀水箱中的冷却液面过低时，可直接补充任何牌号的冷却液。 （ ）

6. 在更换发动机机油时应同时更换或清洗机油滤清器。 （ ）

7. 为了防止油箱向大气排放燃油蒸汽而产生的污染，在发动机控制系统中普遍采用由发动机电子控制单元控制的活性炭罐蒸发污染控制装置。 （ ）

8. 混合动力汽车发动机启动不了的故障一定与电路、油路、机械 3 部分有关联。（ ）

9. 发动机润滑油压力越大，润滑越好。 （ ）

10. 燃油进缸就一定会燃烧。 （ ）

项目三　混合动力汽车驱动电机

　　本项目的主要内容包括直流电机、三相异步驱动电机、永磁同步驱动电机、开关磁阻驱动电机、轮毂驱动电机的认知和检测，共 5 个学习单元，通过学习掌握不同驱动电机的结构组成、工作原理及相关部件的检测方法。

　　在行驶过程中，混合动力汽车经常频繁地启动 / 停车，加速 / 减速等，这就要求混合动力汽车的驱动电机比一般工业用的电机性能更高，基本要求如下：

　　(1) 运行特性要满足混合动力汽车的要求，在恒转矩区，要求低速运行时具有大转矩，以满足爬坡和启动的要求；在恒功率区要满足低扭矩高转速的要求，以便高速行驶。

　　(2) 要具有瞬时功率大、带负载启动性能好、过载能力强、加速性能好、使用寿命长的特性。

　　(3) 在运行过程中要具有很高的效率。

　　(4) 应具有减速时可实现再生制动，将能量回收并给电池充电的功能。

　　(5) 应具有可靠性好，恶劣环境下能长期工作的特性。

　　(6) 体积小、质量轻。

　　(7) 在结构上要简单坚固，便于使用与维护。

　　(8) 运行噪音小、散热好。

学习单元一　直流电机

学习目标：

- 了解直流电机的分类；
- 了解直流电机的结构组成；
- 掌握直流电机的工作原理；
- 了解直流电机的特性。

一、直流电机概述

直流电机是指能将直流电能转换成机械能(直流电动机)的驱动电机或将机械能转换成直流电能(直流发电机)的旋转电机,能实现直流电能和机械能的互相转换。当汽车行驶时,它作为电动机运行,是直流电动机,将电能转换为机械能;当汽车制动或减速时,它作为发电机运行,是直流发电机,将机械能转换为电能。直流电机以其良好的调速性能在矢量控制出现以前基本占据了电机控制领域的整座江山。虽然随着交流电机控制技术的发展,直流电机的弊端逐渐显现,在很多领域都逐渐被交流电机所取代,但如今直流电机在混合动力汽车中仍然占据着不可忽视的地位,且广泛用在对调速要求较高的生产机械上,如轧钢机、电力牵引、挖掘机械、纺织机械,龙门刨床等,所以对直流电机的了解和研究仍然意义重大。

二、直流电机的分类

直流电机可分为绕组励磁式直流电机和永磁式直流电机。在混合动力汽车中,小功率汽车一般采用永磁式直流电机,大功率汽车一般采用绕组励磁式直流电机。

按磁场方式不同,直流电机可分为他励电机、并励电机、串励电机和复励电机4种。

(1) 他励电机:定子绕组电流是由独立的电源供给,电流仅取决于定子绕组电源的电压和定子绕组回路的电阻,与转子绕组端电压无关。

(2) 并励电机:定子绕组与转子绕组并联,其定子绕组电流不仅与定子绕组回路的电阻有关,还受转子绕组端电压影响,故定子绕组的匝数较多并且用较细的导线绕成。

(3) 串励电机:定子绕组和转子绕组串联。

(4) 复励电机:磁极上有两个定子绕组,一个与转子绕组并联,另一个与转子绕组串联。

三、直流电机的基本结构

1. 直流电机组成

直流电机主要由定子绕组、转子绕组、换向器和转子铁芯等组成,如图3-1所示。转子绕组通过换向器流过直流电流与定子绕组磁场发生作用,产生转矩。按照定子励磁的方式,直流电机可分为串励直流电机、并励直流电机和复励直流电机。当直流电机负载运行时,转子绕组中产生的磁场与定子磁极的磁场相互作用而使得气隙

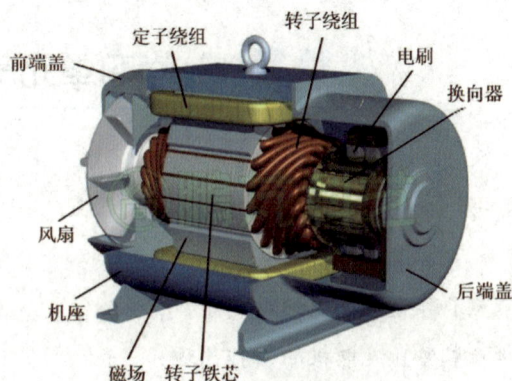

图3-1 直流电机结构

主磁通产生一个偏角，称为定子绕组反应，为了不影响气隙的磁效应，通常加补偿绕组使磁通畸变得以修正。

2. 转子部分

转子部分是直流电机的旋转部件，由转子铁芯、转子绕组、转向器等部件组成，如图 3-2 所示。

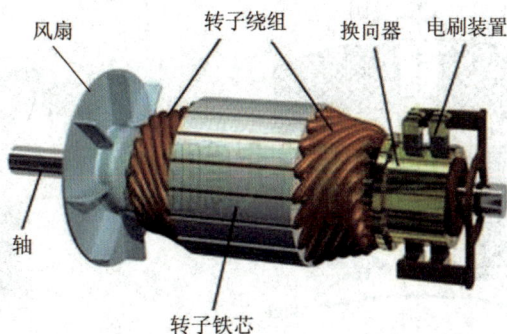

图 3-2　直流电机转子结构

(1) 转子铁芯：是电机磁通通路的一部分。

(2) 转子绕组：是电机的主要电路部分，其作用是产生感应电动势和电磁转矩，从而实现电能与机械能的相互转换。

(3) 换向器：如图 3-3 所示，其作用是产生换向磁场，减小电刷与换向器接触面上产生的火花，改善电机的换向性能。

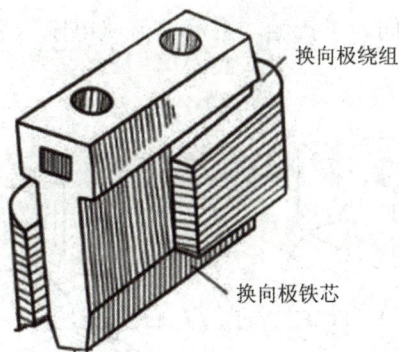

图 3-3　直流电机换向器结构

3. 定子绕组部分

定子绕组是直流电机静止不动的部分，包括机座、主磁极、电刷装置和前端盖等。

(1) 机座：是电机磁路的一部分，用来安装主磁极、换向器、前端盖和后端盖等部件。

(2) 主磁极：如图 3-4 所示，主要起支承定子绕组，产生主磁通的作用，当向定子绕组中通入直流电流时，定子绕组中会产生励磁电动势，磁极 N、S 应交替布置，均匀分布。

(3) 电刷装置：如图 3-5 所示，其作用是通过电刷与交换器表面之间的接触，使转动部分的转子绕组与外电路接通，将电流、电压引出或引入转子绕组。

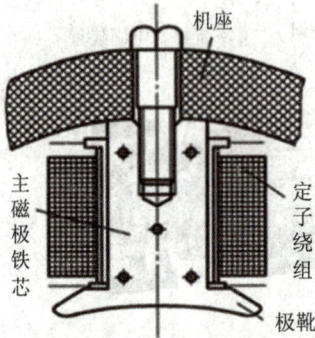

图 3-4　主磁极　　　　　　　　　图 3-5　电刷装置结构

四、直流电机工作原理

如图 3-6 所示为直流电动机工作原理。如图 3-6(a) 所示，给两个电刷加上直流电源，则有直流电流从电刷 A 流入，经过线圈 abcd，从电刷 B 流出，根据电磁力定律，载流导体 ab 和 cd 受到电磁力的作用，其方向可由左手定则判定，两段导体受到的力形成了一个转矩，使得转子绕组逆时针转动。如果转子绕组转到如图 3-6(b) 所示的位置，则电刷 A 和换向片 2 接触，电刷 B 和换向片 1 接触，直流电流从电刷 A 流入，在线圈中的流动方向变为 dcba，从电刷 B 流出。

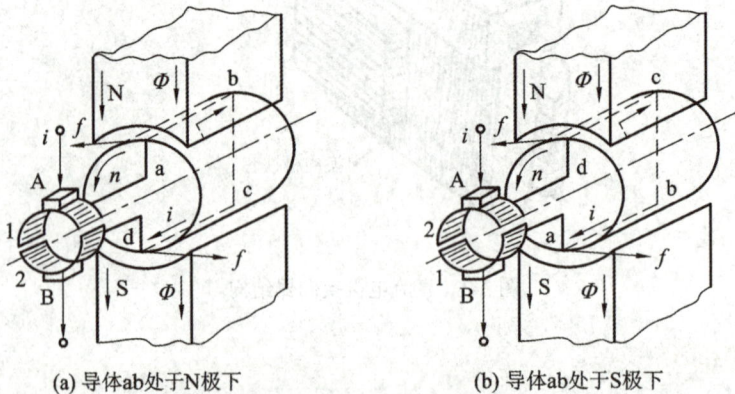

(a) 导体ab处于N极下　　　　　　(b) 导体ab处于S极下

图 3-6　直流电动机工作原理

此时，载流导体 ab 和 cd 受到电磁力的作用方向同样可由左手定则判定，它们产生的转矩仍然使得转子绕组逆时针转动。这就是直流电动机的工作原理。外加的电源是直流的，但由于电刷和换向片的作用，在线圈中流过的电流是交流的，其产生的转矩方向却是不变的。

直流发电机的工作原理则是直流电动机的逆过程，如图 3-7 所示，原动机提供转矩，利用法拉第电磁感应可产生直流电流，即直流发电机可把输入的机械功率转换成直流电功率，图 3-7 比较清晰地说明了直流电机的两种工作状态中的能量转换。

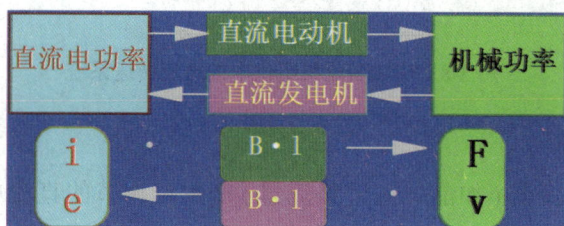

图 3-7 直流电机的两种工作状态

五、直流电机的特点

直流电机有如下特点：

(1) 调试性能好：直流电机可以在重负荷的条件下实现均匀、平滑的无级调速，并且调速的范围较宽。

(2) 启动转矩大：在重负载或要求均匀调速的机械方面都可以采用直流电机。

(3) 控制简单：直流电机一般采用斩波器控制，它具有高效率、控制灵活、重量轻、体积小、响应快的优点。

(4) 有易损件：由于存在电刷、换向器等易损件，使用直流电机必须进行定期维护或更换。

六、直流电机的调速方法

目前直流调速系统采用的主要方法是调节转子供电电压，而调节转子供电电压或改变励磁磁通都需要有专门的可控直流电源。常用的可控直流电源有以下 3 种。

1. 旋转变流机组

如图 3-8 所示为旋转变流机组供电的直流调速系统原理图。直流发电机 G 由原电动机 M(交流异步电动机或同步电动机) 拖动，Φ_G 和 Φ_M 分别是发电机和电动机励磁回路的磁通。系统由原动机拖动直流发电机，改变发电机励磁回路的磁通 Φ_G 即可改变发电机的输出电压 U_G，也就改变了直流电动机的电枢电压 U_d，从而实现调压调速的目的。

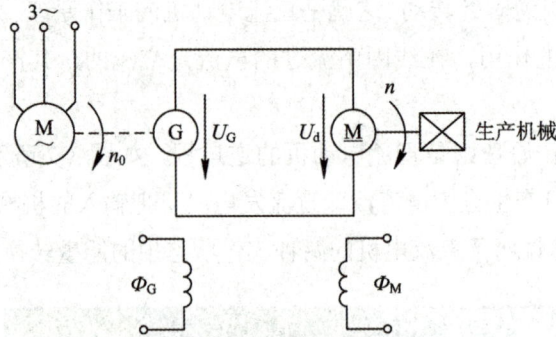

图 3-8　旋转变流机组供电的直流调速系统

2. 静止可控整流器

用静止的可控整流器（如晶体闸管整流器）产生可调节的直流电压的工作原理如图 3-9 所示，与旋转变流机组装置相比，晶体闸管整流器在经济上和可靠性上都有较大的提高，转子绕组在不同的转速下感应出不同转差频率的电压，经一组不可控的三相桥式整流器变成直流电压，此电压再经一组全控桥式整流器实现有源逆变，把电能（转差功率）馈送回电网中去，改变逆变角的大小，即可改变馈送回电网电能的多少，从而达到改变电动机转速的目的。

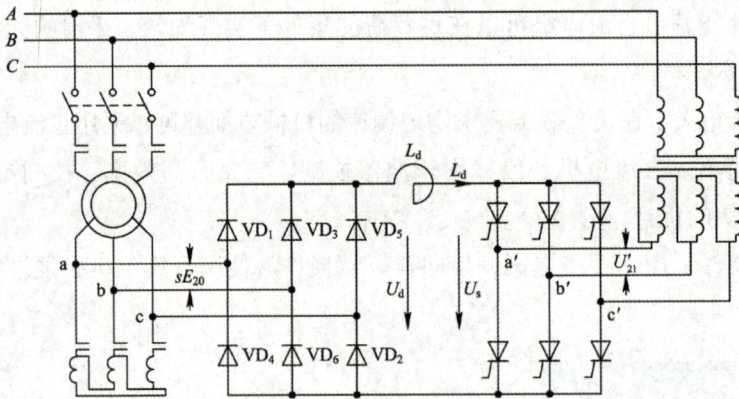

图 3-9　静止可控整流器

在理想条件下，转子回路经三相不可控桥式整流器整流后输出的直流电压平均值为

$$U_d = 1.35sE_{20}$$

式中：s——转差率；

E_{20}——转子绕组不动，即转差率 $s = 1$ 时，转子绕组开路线电势。

三相全控桥式有源逆变器输出的直流电压平均值为

$$U_\beta = 1.35U'_{21}\cos\beta$$

式中：U'_{21}——逆变变压器副边绕组线电压有效值。

逆变电压可看作是加于三相异步电动机转子回路的附加电势，只要改变逆变角 β，就可改变回路中的附加电势，实现对绕线式三相异步电动机的转速控制。

串级调速系统直流回路存在如下的电压平衡关系：

$$U_d = U_\beta$$

即

$$1.35 s E_{20} = 1.35\, U'_{21} \cos\beta$$

因为转差率为

$$s = \frac{n_1 - n}{n_1}$$

所以电动机转速为

$$n = \left(1 - s\right) n_1 = n_1 \frac{1 - U'_{21}\cos\beta}{E_{20}}$$

由此可见，改变逆变角 β，就可以调节电动机转速。当 β 下降时，$\cos\beta$ 增加，n 下降；反之，β 增加，$\cos\beta$ 下降，n 上升；当 $\beta_{max} = 90°$ 时，$\cos\beta = 0$，$U_\beta = 0$，相当于整流器的直流侧短接，即转子绕组短接，电动机在自然特性上运转。

其调节过程是：如果电动机原来稳定运行于某一转速 n，当减小逆变角 β 时，则 U_β 加大，直流回路电流 I_d 减小，转子电流 I_2 随之减小，电动机转矩 M 减小，形成 $M < M_f$，电动机减速；而一旦 n 下降，转差率 s 增大，转子感应电势 E_2 便增大，导致电流 I_2、I_d 回升；当重新达到 $M = M_{fz}$ 时，电动机转速不再下降，即在低于原来转速的新转速下稳定运行；反之，如增大逆变角 β，则电动机转速上升。

3. 直流斩波器（脉宽调制转换器）

用恒定直流电源或可控硅整流电源供电，利用直流斩波器（脉宽调制）的方法产生可调的直流平均电压，直流斩波器又称直流调压器，它利用开关器来实现通断控制，将直流电源电压断续地加到负荷上，通过通断时间的变化来改变负荷上的直流电压平均值，将固定电压的直流电源转化为平均值可调的直流电源，也称 DC/DC 转换器，如图 3-10 所示为其外形图。

图 3-10 直流斩波器（脉宽调制转换器）外形

学习单元二　三相异步驱动电机

学习目标：

- 了解三相异步驱动电机的分类；
- 了解三相异步驱动电机的结构组成；
- 掌握三相异步驱动电机的工作原理；
- 了解三相异步驱动电机的特性。

一、三相异步驱动电机分类

三相异步驱动电机又称感应电机，是由气隙旋转磁场与转子绕组感应电流相互作用产生电磁转矩，从而实现将电能转换为机械能的驱动电化，三相异步驱动电机是各类电机中运用最广、需求量最大的一种。三相异步驱动电机的种类很多，常按转子结构和定子绕组相数分类。按转子结构的不同可分为鼠笼式异步电机和绕组式异步电机；按定子绕组相数的不同可分为单相异步电机、两相异步电机和三相异步电机。

在混合动力汽车中三相异步电机应用比较广泛，其结构简单、制造成本低、结构坚固，而且维修方便，本节主要讲解三相异步驱动电机。

二、三相异步驱动电机结构

虽然三相异步驱动电机种类很多，但结构基本相同，其结构如图 3-11 所示，由定子铁芯、定子绕组、接线盒、机座、风扇、轴承、转子绕组和轴等组成。

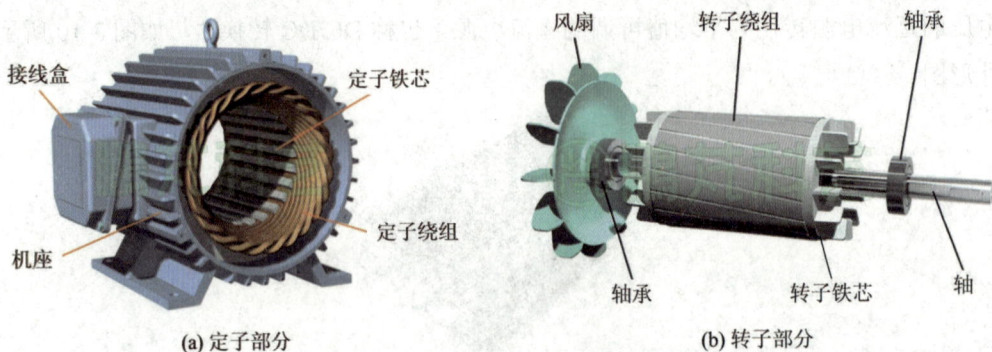

(a) 定子部分　　　(b) 转子部分

图 3-11　三相异步驱动电机的结构

1. 定子部分

定子部分包括机座、定子铁芯、定子绕组等,如图 3-11(a) 所示,主要用来产生旋转磁场。

(1) 机座:主要作用是固定定子铁芯与定子绕组。

(2) 定子铁芯:安装在机座里,是三相异步驱动电机主磁通的一部分,如图 3-12 所示。它具有良好的导磁性能,并且表面涂有绝缘漆,能够减少交变磁通通过铁芯时引起的涡流耗损,定子铁芯的内圆上冲有均匀分布的槽口,槽内嵌放定子绕组。

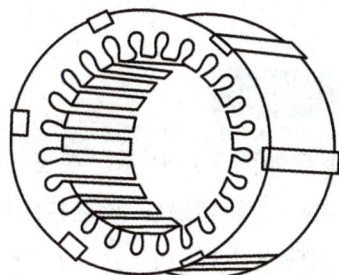

图 3-12　三相异步驱动电机的定子铁芯

(3) 定子绕组:三相异步驱动电机有 3 个定子绕组嵌在铁芯槽里,当通入三相对称电流时,就会产生旋转的磁场,是三相异步驱动电机的电路部分。

三相异步驱动电机的 3 个绕组是相互独立的,每个绕组为一相,在相位上相差 120°,其结构完全对称,一般有 6 个出线端,即 U_1、U_2、V_1、V_2、W_1、W_2,出线端均接在引线盒内,绕组的排序如图 3-13 所示,可以接成星形(Y)或者三角形(D)。

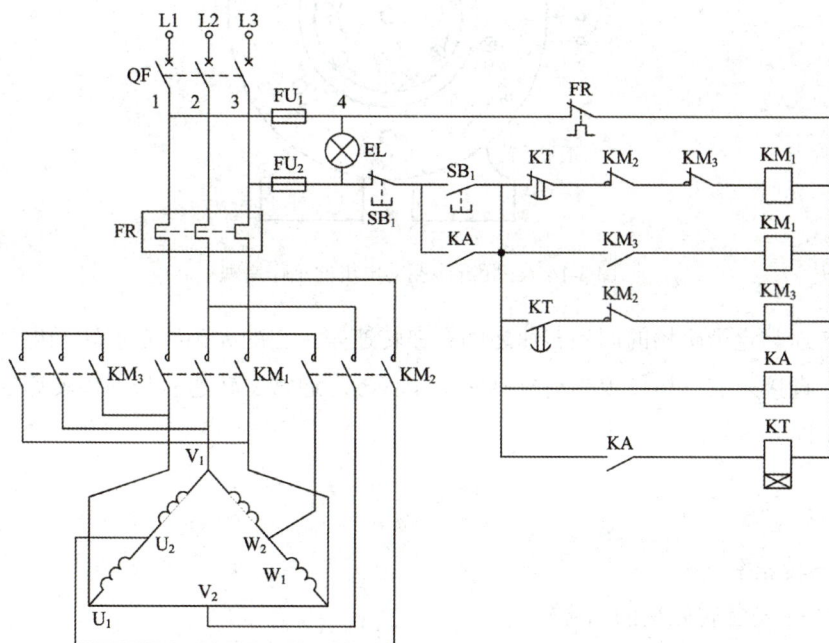

图 3-13　三相异步驱动电机定子绕组电路

2. 转子部分

转子部分主要由转子铁芯和转子绕组构成，是三相异步驱动电机的旋转部件。

(1) 转子铁芯：一般由 0.35 ~ 0.5 mm 厚的硅钢片叠压而成，是驱动电机主磁通磁路的一部分。

(2) 转子绕组：转子绕组可以切割定子旋转磁场产生感应电动势及电流，并形成电磁转矩而使驱动电机旋转。根据绕组的形式不同，转子绕组可分为笼型转子和绕线型转子两种。

三、三相异步驱动电机的工作原理

三相异步驱动电机的工作原理如图 3-14 所示。在三相异步驱动电机的三相定子绕组 (W、V、U) 中通入三相电流后，产生一个旋转磁场，该旋转磁场切割转子绕组的三相转子 (w、u、v)，从而在转子绕组中产生感应电动势，电动势的方向由右手定则来确定。由于转子绕组是闭合通路，转子中便有电流产生，电流方向与电动势方向相同，而载流的转子导体在定子旋转磁场作用下将产生电磁力，电磁力的方向可用左手定则确定。由电磁力进而产生电磁转矩，驱动电机旋转，并且电机旋转方向与旋转磁场方向相同。

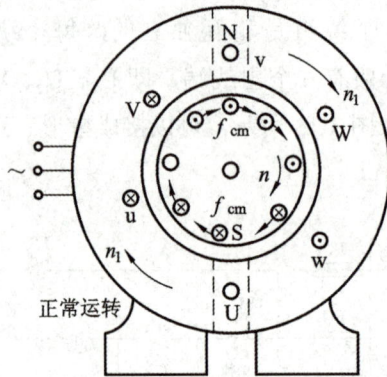

图 3-14 三相异步驱动电机的工作原理

转子转速与定子磁场的同步转速之间存在转速差，它的大小决定着转子电动势及其频率的大小，直接影响三相异步驱动电机的工作状态。通常将转速差与同步转速的比值用转差率表示，即

$$s = \frac{n_1 - n}{n_1}$$

式中：s ——转差率；

n_1 ——定子旋转磁场的同步转速；

n ——转子转速。

在三相异步驱动电机运行时，转差率 s 的取值范围为 $0 < s < 1$。在额定负载条件下运行时，一般额定转差率 s 为 $0.01 \sim 0.06$。

四、三相异步驱动电机的控制方法

三相异步驱动电机是一个多变量（多输入、多输出）系统，其中变量电压（电流）、频率、磁通、转速之间又相互影响，所以它又是强耦合的多变量系统。如何对这样一个非线性、多变量、强耦合的复杂系统进行有效控制，成为三相异步驱动电机的研究重点。目前对三相异步驱动电机的调速控制方式主要有矢量控制、直接转矩控制、转速控制、变频恒压控制、自适应控制、效率优化控制等，本节详细介绍处于主流地位的前两种控制方式。

1. 矢量控制

矢量控制也称为磁场定向控制，该控制方式可实现对三相异步驱动电机磁通和转矩的解耦控制，使三相异步驱动电机传动系统的动态特性有显著的改善。在提高三相异步驱动电机的动态性能方面，相对于变频调速控制，磁场定向控制因系统具有非线性、多变量、强耦合的变参数特性，所以很难直接通过外加信号准确控制电磁转矩。矢量控制的基本原理是通过测量和控制三相异步驱动电机定子电流矢量，根据磁场定向原理分别对三相异步驱动电机的励磁电流和转矩电流进行控制，从而达到控制三相异步驱动电机转矩的目的。

矢量控制的具体原理是将三相异步驱动电机的定子电流矢量分解为产生磁场的电流分量（励磁电流）和产生转矩的电流分量（转矩电流），分别加以控制，并同时控制两分量间的幅值和相位，即控制定子的电流矢量，所以这种控制方式称为矢量控制方式。矢量控制可分为基于转差率控制的矢量控制方式、无速度传感器的矢量控制方式和有速度传感器的矢量控制方式等。它是一种控制三相异步驱动电机的有效方法。随着矢量控制技术的发展，出现了许多矢量控制方法，这些方法基本上可分为两类，即直接磁场定向控制和间接磁场定向控制。

(1) 直接磁场定向控制需要直接测量转子磁场，增加了执行的复杂性和低速时测量的不可靠性。因此，直接磁场定向控制很少用于混合动力汽车的驱动电机。

(2) 与直接磁场定向控制不同，间接磁场定向控制通过计算确定转子磁场，而不是直接测量，这种方式相对于直接磁场定向控制更易于实现。因此，间接磁场定向控制在混合动力汽车上得到广泛应用。

2. 直接转矩控制

直接转矩控制三相异步驱动电机系统是由三相异步驱动电机的数学模型计算出转矩

T_f、系统转矩给定值 T_g 以及转矩调节器容差 ε_m，经转矩调节器 ATR 处理后得到转矩开关信号 T_q，如图 3-15 所示，同时，三相异步驱动电机的数学模型计算出磁链幅值 Ψ_f，该值与系统磁链给定值 Ψ_g 一起输入到磁链调节器 AΨR，经过调节后输出磁链开关信号 Ψ_q。当 U_s 和 i_s 这两个信号经过三相异步驱动电机数学模型 AMM 处理后得到 Ψ_α、Ψ_β 和转矩实际值 T_f，而 Ψ_α、Ψ_β 通过三相坐标变换 UCT 后得到磁链的 3 个分量信号 $\Psi_{\beta a}$、$\Psi_{\beta b}$、$\Psi_{\beta c}$，然后输入磁链自控制单元 DMC 得到磁链开关信号 $S\Psi_a$、$S\Psi_b$、$S\Psi_c$。三相异步驱动电机开关信号选择单元 ASS 的输入信号包括磁链开关信号的 3 个分量 $\Psi_{\beta a}$、$\Psi_{\beta b}$、$\Psi_{\beta c}$、磁链开关信号 Ψ_q、转矩开关信号 T_q 和零状态选择单元 AZS 的输出信号。ASS 的输出为电压空间矢量开关信号 SU_a、SU_b、SU_c，作用于逆变器开关，由此产生三相电压，控制三相电动机转矩。

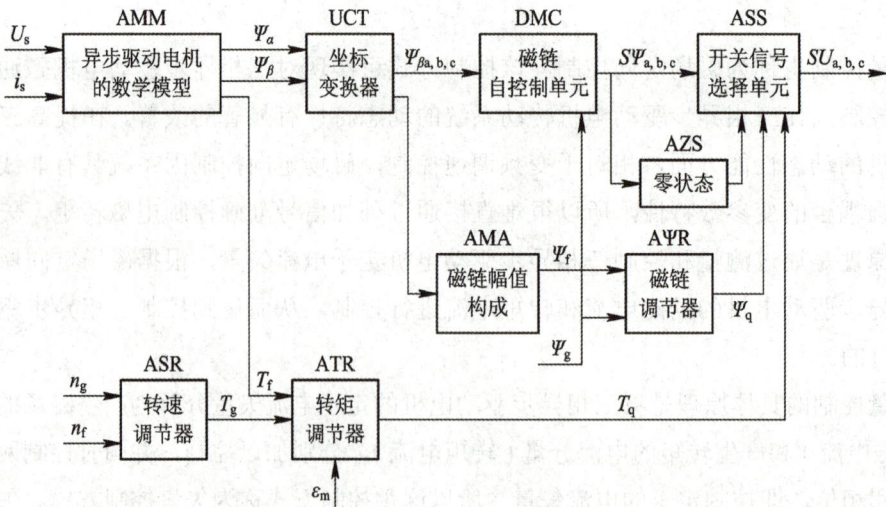

图 3-15　直接转矩控制三相异步驱动电机系统框图

由于直接转矩控制省掉了矢量变换方式的坐标变换与计算，为解耦而简化三相异步驱动电机数学模型且没有通常的脉宽调制 (PWM) 信号发生器，所以它的控制结构简单，控制信号处理的物理概念明确，系统的转矩响应迅速且无超调，是一种具有高动、静态性能的交流调速控制方式。

直接转矩控制磁通估算所用的是定子磁链，只要已知定子电阻就可以把它观测出来，因此直接转矩控制大大解决了矢量控制技术中控制性能易受参数变化影响的问题。直接转矩控制方法对逆变器开关频率提高的限制较大，定子电阻的变化对电动机低速性能也有较大影响，如在低速区定子电阻的变化引起的定子电流和磁链的畸变以及转矩脉动、死区效应和开关频率等问题。从理论上看，直接转矩控制有矢量控制所不及的转子参数稳定性和结构上的简单性。然而在技术实现上，直接转矩控制往往很难体现出优越性，调速范围不及矢量控制宽，根源主要在于其低速转矩特性差、稳态转矩脉动的存在及带负载能力的下降，这些问题制约了直接转矩控制进入实用化的进程。

五、三相异步驱动电机的性能特点

混合动力汽车用三相异步驱动电机具有以下特点：

(1) 小型轻量化。

(2) 易实现转速超过 1000 r/min 的高速旋转。

(3) 高速低转矩时运转效率高。

(4) 可靠性高 (坚固)。

(5) 低速时有高转矩，以及有宽广的速度控制要求。

(6) 控制装置简单化。

(7) 制造成本低。

由此可见，三相异步驱动电机可靠性高，即使在逆变器损坏而引起短路时也不会产生反向电动势，所以没有出现紧急制动的可能性，并且功率范围比较大，从零点几瓦到几千瓦都可以满足要求，它可以采取空气冷却或液体冷却方式，冷却自由度高，对环境的适应性好，并且能够实现制动时的能源回收。

学习单元三　永磁同步驱动电机

学习目标

- 了解永磁同步驱动电机的结构组成；
- 掌握永磁同步驱动电机的工作原理；
- 了解永磁同步驱动电机的特性；
- 了解永磁同步驱动电机的控制方法。

在各类驱动电机中，永磁同步驱动电机具有高效、高控制精度、高转矩密度、良好的转矩平稳性及低振动噪声等特点，通过合理设计磁路结构能获得较高的弱磁性能，在混合动力汽车驱动方面具有很好的应用价值。该驱动电机得到了国内外混合动力汽车界的高度重视，是最具竞争力的混合动力汽车驱动电机之一。

现有的永磁驱动电机可分为永磁直流驱动电机、永磁同步驱动电机、永磁无刷直流驱动电机和永磁混合式驱动电机 4 类。其中，后 3 类没有传统直流驱动电机的电刷和换向器，故统称为永磁无刷驱动电机。其中，永磁同步驱动电机在混合动力汽车中应用广泛。

一、永磁同步驱动电机的结构

三相永磁同步驱动电机具有三相分布的定子绕组和永磁转子，在磁路结构和绕组分布上保证反电动势波形为正弦波，为了进行磁场定向控制，输入到定子的电压和电流也为正弦波。根据永磁体在转子上位置的不同，永磁同步驱动电机可分为内置式永磁同步驱动电机和外置式永磁同步驱动电机。

1. 内置式永磁同步驱动电机

内置式永磁同步驱动电机按永磁体磁化方向的不同可分为径向式、切向式、U 形混合式、V 形混合式 4 种，如图 3-16 所示。由于内置式永磁同步驱动电机转子内部嵌入了磁体，导致了转子机械结构上的凸极特性。

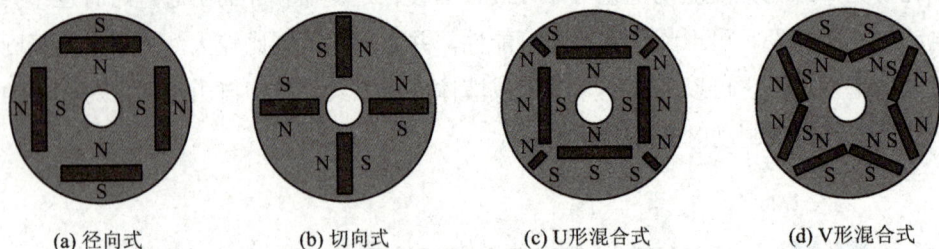

(a) 径向式　　　(b) 切向式　　　(c) U形混合式　　　(d) V形混合式

图 3-16　内置式永磁同步驱动电机类型

2. 外置式永磁同步驱动电机

外置式永磁同步驱动电机根据永磁体是否嵌入转子铁芯中可分为面贴式和插入式两种，如图 3-17 所示。

(1) 面贴式永磁同步驱动电机的转子永磁体一般为瓦片形，通过合成粘胶粘于转子铁芯表面。在功率稍大的面贴式永磁同步驱动电机中，永磁体与气隙磁链的分布结构设计成近似正弦的分布，将其分布结构改成正弦分布后能够带来很多的优势，例如，能减小磁场的谐波以及它所带来的负面效应，能够很好地改善电动机的运行性能。

(2) 插入式永磁同步驱动电机的永磁体嵌入转子铁芯中，两永磁体之间的铁芯成为铁磁介质突出的部分。在面贴式永磁同步驱动电机中，由于永磁体的相对磁导率接近真空磁导率（$\mu = 1.0$），等效气隙基本均匀，所以交、直轴的电感基本相符，是一种隐极式同步驱动电机。插入式永磁同步驱动电机在交轴方向上的气隙比直轴方向上的小，交轴的电感比直轴的大，是一种凸极式永磁同步驱动电机。相对而言，由于永磁体的存在使得面贴式永磁同步驱动电机定子和转子之间的有效气隙较大，因而定子的电感较小。

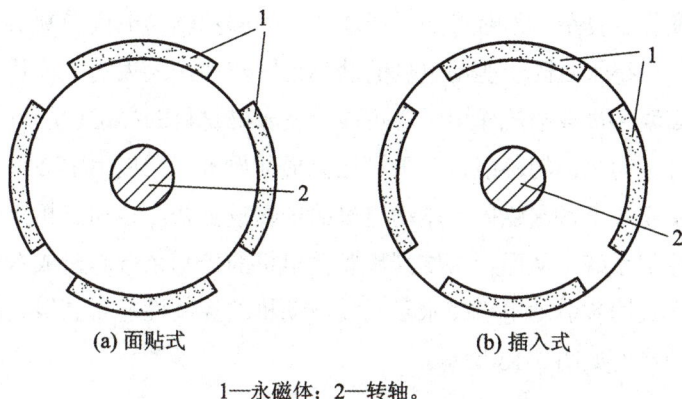

(a) 面贴式　　　　　　　　(b) 插入式

1—永磁体；2—转轴。

图 3-17　外置式永磁同步驱动电机类型

二、永磁同步驱动电机的性能特点

永磁同步驱动电机的功率因数大、效率高、功率密度大，是一种比较理想的驱动电机。但由于电磁结构中转子励磁不能随意改变，导致弱磁困难，其调速特性不如直流电机。目前，永磁同步驱动电机理论不如直流电机和异步驱动电机完善，还有许多问题需要进一步研究，主要有以下两方面：

(1) 驱动电机效率：永磁同步驱动电机的低速效率较低，如何通过设计降低低速电能损耗、优化电机低速大扭矩的结构是目前研究的主要方向之一。

(2) 驱动电机的弱磁能力：永磁同步驱动电机由于转子是永磁体励磁，随着转速的升高，驱动电机电压会逐渐达到逆变器所能输出的电压极限，这时要想继续升高转速只有靠调节定子电流的大小和相位，增加直轴去磁电流来等效弱磁，以提高转速。驱动电机的弱磁能力大小主要与直轴电抗和反电动势大小有关，但永磁体串联在直轴磁路中，所以直轴磁路一般磁阻较大，弱磁能力较小，当驱动电机反电动势较大时，也会降低电机的最高转速。由于永磁同步驱动电机的转子上无绕组、无铜耗、磁通量小，在低负荷时铁损很小，因此，永磁同步驱动电机具有较高的"功率质量比"，比其他类型的驱动电机有更高的频率、更大的输出转矩。转子励磁时间短，电机的动态特性好，其极限转速和制动性能等都优于其他类型的驱动电机。永磁同步驱动电机的定子绕组是主要的发热源，其冷却系统相对比较简单。

由于永磁同步驱动电机的磁场产生恒定的磁通量，随着电流量的增加，驱动电机的转矩与电流成正比增加，同时，电压也随之增加。在混合动力汽车上，一般要求驱动电机的输出功率保持恒定，即驱动电机输出功率不随转速增加而变化，这就要求在驱动电机转速增加时电压保持恒定。对一般驱动电机，可以用调节励磁电流来控制，但永磁同步驱动电机磁场的磁通量调节比较困难，因此需要采用磁场控制技术来实现。这使得永磁同步驱动电机的控制系统变得更复杂，而且增加了成本。永磁同步驱动电机受到永磁材料和加工工艺的影响和限制，使得永磁同步驱动电机的功率范围较小，最大功率仅几十千瓦。永磁材料在受到振动、高温和过载电流作用时，可能会使永磁材料的导磁性能下降或发生退磁现象，这会降低永磁驱动电机的性能，严重时还会损坏电机，在使用中必须严格控制其不发生过载。在恒功率模式下，永磁同步驱动电机的操纵较复杂，它和三相异步驱动电机同样需要一套复杂的控制系统，从而使永磁同步驱动电机的控制系统制造成本也很高。新研制和开发的永磁混合式同步驱动电机使永磁同步电动机的控制性能得到很大的改进。永磁同步驱动电机的驱动特性如图 3-18 所示。

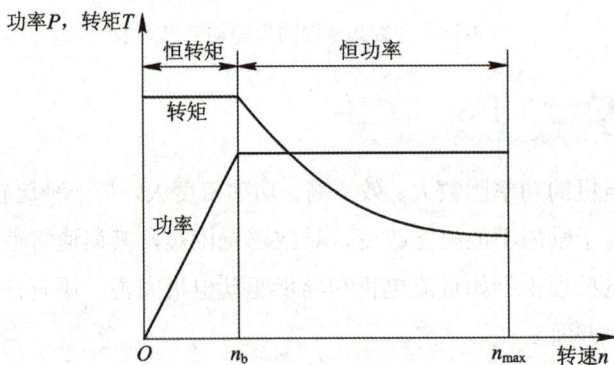

图 3-18　永磁同步驱动电机的驱动特性

由此可见，永磁同步驱动电机的驱动特性对功率具有更强的承受能力，能作出比较快的反应。当永磁同步驱动电机的负载转矩发生变化时，要求电机的功率也跟着变化，即驱动电机的转速发生相应的变化，但是系统转动部分的惯性阻碍电机响应的快速性。永磁同步驱动电机采用永磁体产生气隙磁场，不是换向器电机那样用励磁线圈产生气隙磁场，也不是感应电机那样用定子电流的励磁分量产生气隙磁场，因此结构简单、损耗小、效率高。与同转速同容量的其他电机相比，体积和重量都有较大的减少，永磁同步驱动电机取消了减速机，减少了故障率，提高了系统的可靠性，同时也降低了运行维护费用。

三、永磁同步驱动电机的控制

永磁同步驱动电机控制系统可以采用矢量控制（磁定向控制）、直接转矩控制和恒压频比开环控制等控制方式。

1. 矢量控制

矢量控制的控制原理是以转子磁链旋转空间矢量为参考坐标，将定子电流分解为相互正交的两个分量，一个与磁链同方向，代表定子电流的励磁分量；另一个与磁链方向正交，代表定子电流的转矩分量，并分别对其进行控制，获得与直流电机一样良好的动态特性。

矢量控制的控制结构简单，控制过程容易实现，已被广泛应用到调速系统中。永磁同步驱动电机矢量控制策略与三相异步驱动电机矢量控制策略是有所不同的。由于永磁同步驱动电机转速和电源频率严格同步，其转子转速等于旋转磁场转速，转差恒等于零，没有转差功率，控制效果受转差参数影响小。因此，在永磁同步驱动电机上更容易实现矢量控制。由于永磁同步驱动电机输出电磁转矩对应多个不同的交、直轴电流组合，不同组合对应着不同的系统效率、功率参数以及转矩输出能力，因此永磁同步驱动电机有不同的电流控制策略。

2. 直接转矩控制

直接转矩控制不需要传统量控制中复杂的旋转坐标变换和转子磁链定向，而是由转矩取代电流成为受控对象，电压矢量则是控制系统里唯一的输入，直接控制转矩和磁链的增加或减小，但是转矩和磁链并不解耦，在对电动机模型进行简化处理时，没有 PWM 信号发生器，控制结构简单，受电动机参数变化影响小，能够获得极佳的动态性能。

3. 恒压频比开环控制

恒压频比开环控制的控制变量为电机的外部变量，即电压和频率。控制系统将参考电压和频率输入，实现控制策略的调整，最后由逆变器产生一个交变的正弦电压施加在电机的定子绕组上，使之运行在指定的电压和参考频率下。按照这种控制策略进行控制，使供电电压的基波幅值随着速度指令成比例地线性增长，从而保持定子磁通的近似恒定。恒压频比开环控制策略简单、易于实现，转速通过电源频率进行控制，不存在三相异步驱动电机的转差和转差补偿问题。但同时，由于系统中不引入速度、位置等反馈信号，因此无法实时捕捉电机状态，致使无法精确控制电磁转矩。在突然加大负载或者速度指令时，容易发生失步现象，也没有快速的动态响应特性。因此，恒压频比开环控制是控制电机磁通而没有控制电机的转矩，因此控制性能差，通常只用于对调速性能要求一般的通用变频器上。

学习单元四　开关磁阻驱动电机

学习目标

- 了解开关磁阻驱动电机的结构组成；
- 掌握开关磁阻驱动电机的工作原理；
- 了解开关磁阻驱动电机的特性；
- 了解开关磁阻驱动电机的控制方法。

一、开关磁阻驱动电机控制系统的组成

开关磁阻驱动电机的控制系统是高性能机电一体化系统，主要由开关磁阻驱动电机、功率变换器、传感器 (位置检测、电流检测) 和控制器 4 部分组成，如图 3-19 所示。

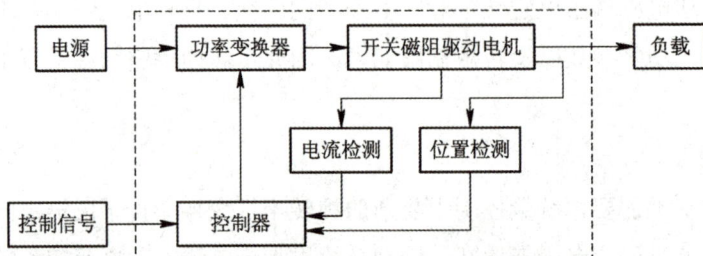

图 3-19　开关磁阻驱动电机控制系统的组成

(1) 开关磁阻 (Switched Reluctance，SR) 驱动电机：是系统主要组成部分，用以实现电能向机械能的转换。

(2) 功率变换器：是连接电源和驱动电机的开关器件，用以提升开关磁阻驱动电机所需的电能，功率变换器的结构形式一般与供电电压、电动机相数有关。

(3) 传感器 (电流检测，位置检测)：主要用来反馈位置及电流信号，并传输给控制器。

(4) 控制器：是系统的中枢，起到决策和指挥作用，主要针对传感器提供的转子位置、速度、电流反馈信息以及外部输入的命令，实时加以分析和处理，进而采取相应的控制决策，控制功率变换器中主开关器件的工作状态，实现对开关磁阻驱动电机的驱动运行状态的控制。

二、开关磁阻驱动电机的结构与工作原理

开关磁阻驱动电机由双凸轮极的定子和转子组成，其定子和转子的凸轮极均由普通的硅钢片叠压而成，转子上既无绕组也无永磁体，一般装有位置检测器，定子上绕有集中绕组，径向相对的两个绕组串联构成一相绕组，根据相数和定子、转子极数的配比，开关磁阻驱动电机可以设计成不同的结构，如图 3-20 所示。

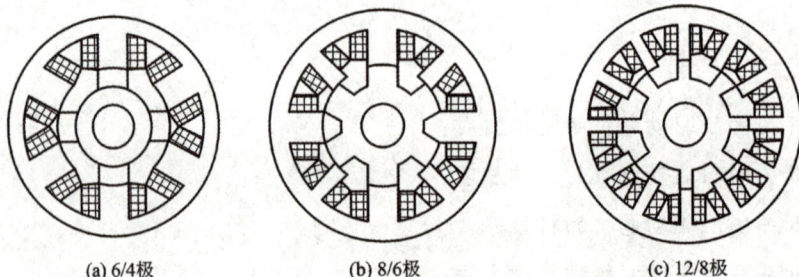

(a) 6/4极　　　　　(b) 8/6极　　　　　(c) 12/8极

图 3-20　开关磁阻驱动电机的结构

如图 3-21 所示为 8/6 极开关磁阻驱动电机，图中仅画出其中一相 (A 组) 的连接情况，由于定子、转子均为凸轮极结构，故每相绕组的电感随转子的位置改变而改变，如图 3-22 所示。

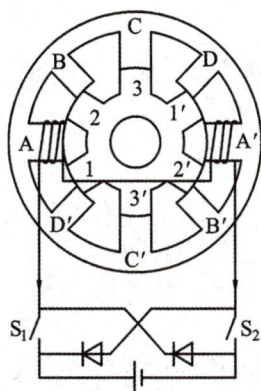

图 3-21　8/6 极开关磁阻驱动电机
　　　　　A 组的连接情况

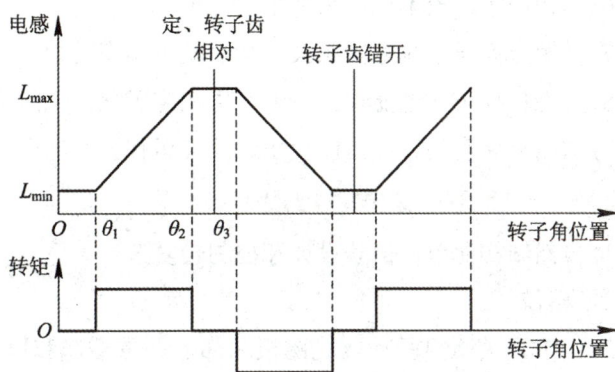

图 3-22　相电感、转矩与转子位置的关系曲线

当定子、转子齿正对齐时，电感达到最大值；当二者完全错开时，电感达到最小值。开关磁阻驱动电机的运行遵循磁阻最小原理，当给 B 相绕组施加电流时，由于磁通总是选择磁阻最小的路径闭合，为减小磁路的磁阻，转子将顺时针转动，直到转子齿 2 与定子齿 B 的轴线重合，此时磁阻最小 (电感最大)；当切断绕组 B 的电流，给绕组 A 施加电流时，磁阻转矩使得转子齿 1 与定子齿 A 相对。由于转矩方向一般指向最近的一对定子、转子相对的位置，根据转子位置传感器反馈的位置信号，电枢 (转子) 绕组按 B—A—D—C 的顺序与定子绕组导通，转子便会沿顺时针方向连续旋转。

开关磁阻驱动电机有多种不同的相数结构，如单相、二相、四相及多相等，低于三相的开关磁阻驱动电机一般没有自启动能力，相数多有利于减少转矩脉动，但会导致结构复杂，成本高。目前混合动力汽车上应用较多的是三相 8/6 极结构和三相 6/4 极结构。

三、开关磁阻驱动电机的性能特点

1. 开关磁阻驱动电机的优点

(1) 调速范围宽、控制灵活、易于实现各种特殊要求的转矩—速度特征。开关磁阻驱动电机启动转矩大、低速性能好，无三相异步驱动电机在启动时所出现的冲击电流现象。在恒转矩区，由于转速较低，驱动电机反电动势较小，可采用电流斩波限幅与电流斩波控制方式，也可采用调节相绕组外加电压有效值的电压 PWM 控制方式；在恒功率区，可通过调节主开关的开通角和关断角获得恒功率特征，即角度位置控制方式。

(2) 制造与维修方便。

(3) 运转效率高。

(4) 可四象限运行，具有较高的再生制动能力。

(5) 可控参数多，调速性能好。

(6) 结构简单，成本低，制造工艺简单。

(7) 转矩方向与电流方向无关，从而减少功率转换器的开关器件数，降低了成本。

(8) 电能耗损小，电能耗损主要产生在定子上，电机易于冷却。

(9) 适应频繁启动、停止以及正、反转运行。

2. 开关磁阻驱动电机的不足之处

(1) 虽然结构简单，但其设计和控制较复杂。

(2) 噪音较大。

(3) 由于开关磁阻驱动电机磁极端部的严重磁饱和以及磁与沟槽的边缘效应，使得其设计与控制要求非常精细。

四、开关磁阻驱动电机的控制方法

开关磁阻驱动电机的运行不是单纯的发电或者电动的过程，而是将两者有机结合在一起的控制过程，即它同时包含了能量回馈的过程。这一控制系统的主要特点是不同能量流动过程分时控制，采用相同的硬件设备实现，将发电和电动过程整合到一起，实现了能量的回馈。开关磁阻驱动电机控制系统的可控参数主要有开通角、关断角、相电流幅值以及相绕组的端电压，对这些参数进行单独或组合控制就会产生不同的控制方法。常用的控制方法有角度控制法 (APC)、电流斩波控制法 (CCC) 和电压斩波控制法 (VC)3 种。

1. 角度控制法 (APC)

APC 是电压保持不变，只对开通角和关断角进行控制，通过对它们的控制来改变电流波形以及电流波形与绕组电感波形的相对位置。在 APC 控制中，如果改变开通角，因它通常处于低电感区，则可以改变电流的波形宽度、波形峰值和有效值大小以及电流波形与电感波形的相对位置，这样就会对输出转矩产生很大的影响。改变关断角一般不影响电流峰值，但可以影响电流波形宽度以及与电感曲线的相对位置，电流有效值也随之变化，因此关断角同样会对电机的输出转矩产生影响，只是其影响程度没有开通角那么大。在具体实现过程中，一般情况下采用固定关断角、改变开通角的控制模式。与此同时，固定关断角的选取也很重要，需要保证在绕组电感开始下降时使相绕组电流尽快衰减到零。对应于每个由转速与转矩确定的运行点，开通角与关断角会有多种组合，因此选择过程中要考虑电磁功率、效率、转矩脉动及电流有效值等运行指标，来确定相应的最优控制角度。

2. 电流斩波控制法 (CCC)

在电流斩波控制方式中，一般使电机的开通角和关断角保持不变，主要靠控制斩波电流限幅值的大小来调节电流的峰值，从而起到调节电机转矩和转速的目的，其实现方式有以下两种。

1) 限制电流上、下幅值的控制

在一个控制周期内，给定电流最大值和最小值，使相电流与设定的上、下限值进行比较。当相电流大于设定的最大值时，则控制该相功率开关器件关断；当相电流降低到设定最小值时，功率开关重新开通。如此反复，其斩波的波形如图 3-23 所示。这种方式在一个周期内电感变化率不同，因此斩波频率疏密不均，在电感变化率大的区间，电流上升快，斩波频率较高，开关损耗大，其优点是转矩脉动小。

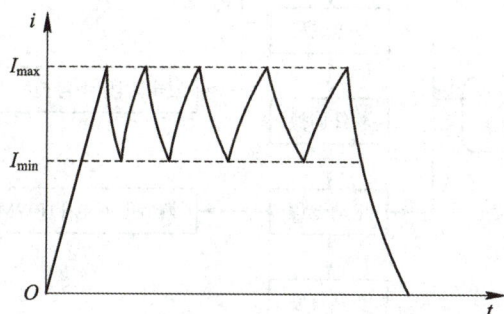

图 3-23 设定电流上、下限幅值的电流斩波的波形

2) 电流上限和关断时间恒定的控制

电流上限和关断时间恒定的控制与上一种方法的区别是，当相电流大于电流斩波上限值时，就将功率开关的时间关断一段固定的时间再开通，而重新导通的触发条件不是电流的下限而是定时，在每一个控制期内，关断时间恒定，但电流下降多少取决于绕组电感量、电感变化率和转速等因素，因此电流下限并不一致。关断时间过长，相电流脉动大，易发生"过斩"；关断时间过短，斩波频率又会较高，功率开关器件的开关损耗增大。应该根据电机运行的不同状况来选择关断时间。

电流斩波控制适用于低速和制动运行工况，可限制电流峰值的增长，并起到良好、有效的调节作用，且转矩也比较平稳，其电机转矩脉动一般比采用其他控制方式时要明显减小。

3. 电压斩波控制法 (VC)

电压斩波控制法与前两种控制方式不同，它不是实时地调整开通角和关断角，而是在某相绕组导通阶段，在主开关的控制信号中加入 PWM 信号，通过调节占空比来调节绕组端电压的大小，从而改变相电流值。具体方法是在固定开通角和关断角的情况下，用

PMW 信号来调制主开关器件相控信号，通过调节此 PWM 信号的占空比来调节加在主开关上驱动信号波形的占空比，从而改变相绕组上的平均电压，进而改变输出转矩。电压斩波控制是通过 PWM 的方式调节相绕组的平均电压值，间接调节和限制过大的绕组电流，适合于转速调节系统，抗负荷扰动的动态响应快。这种控制容易实现，且成本较低；缺点是导通角度始终固定，功率元件开关频率高、开关损耗大，不能精确控制相电流。实际上，在开关磁阻驱动电机双向控制系统中，采用的是后两种控制方法。发电 / 电动状态控制策略框图如图 3-24 所示。

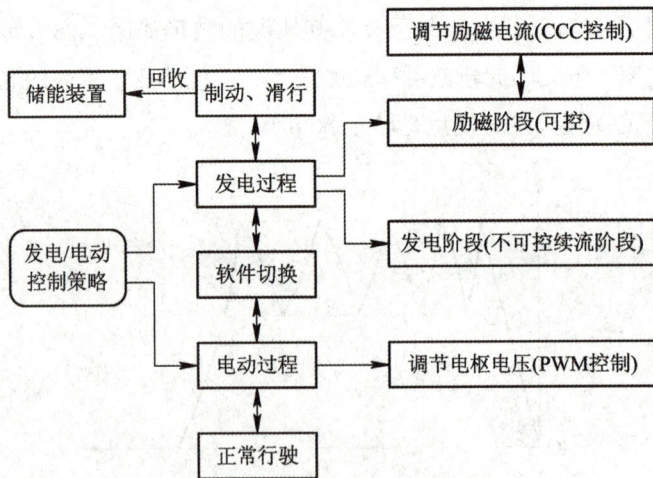

图 3-24　发电 / 电动状态控制策略框

开关磁阻驱动电机的动作过程可分为发电过程与电动过程，如图 3-24 所示。发电过程对应混合动力汽车的制动、滑行，电动过程对应正常行驶过程，将混合动力汽车制动、滑行时的能量回收到储能装置中即为能量的再生回馈。发电状态和电动状态是通过软件来实现切换的。在整个再生回馈过程中，由于开关磁阻驱动电机本体结构特殊，其定子绕组既是定子绕组又是转子绕组，故其励磁与续流（发电）过程必须采用周期性分时控制。开关磁阻驱动电机的励磁过程是可控的，但续流（发电）过程不可控，因而采用电流斩波控制来调节励磁阶段励磁电流的大小，来实现对发电过程的控制。电动过程采用电压斩波控制，调节转子平均电压，来实现对转矩和转速的控制。开关磁阻驱动电机双向控制系统的主要目标是实现开关磁阻驱动电机的发电 / 电动状态双向的切换运行，着重点在于发电与电动的调节状态下的最优控制以及能量回馈问题，不但要让开关磁阻驱动电机在电动状态下获得优越的调速性能，也要保证其发电状态下的能量回馈。

开关磁阻驱动电机具有发电 / 电动双向运行控制功能。当开关磁阻驱动电机在发电状态下运行时，会将原动机提供给电机的机械能转换为电能回馈给电源，而当其在电动状态下运行时，则将电源提供的电能转换为机械能输出。开关磁阻驱动电机分别在发电或电动状态下运行时的工作原理如图3-25所示，可以看出，相电感是以转子位置角为周期而变化的。

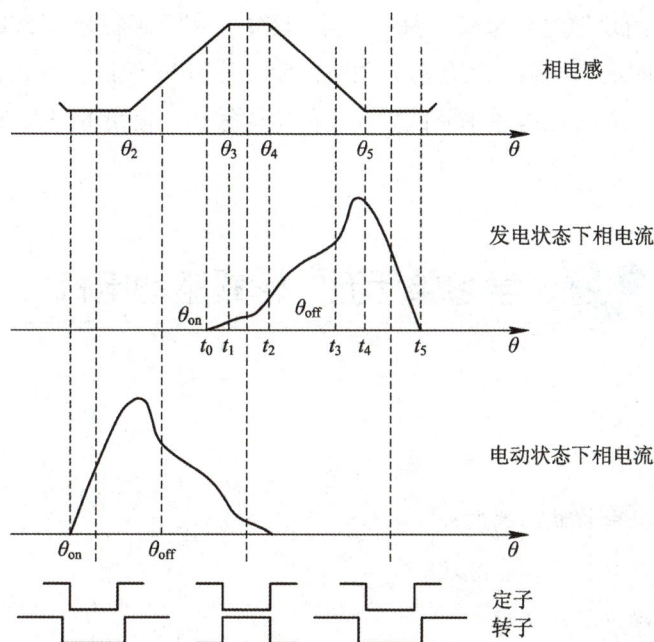

图 3-25 开关磁阻驱动电机发电／电动工作原理图

如果绕组在电感上升区域 $\theta_2 \sim \theta_3$ 内通电，则产生电动转矩，开关磁阻驱动电机将电源提供的电能转化为机械能输出和绕组磁场储能；如果在电感最大区域 $\theta_3 \sim \theta_4(t_1 \sim t_2)$ 内通电，此时没有转矩产生，电源提供的电能全部转化为绕组磁场储能；当在 $t_2 \sim t_3$ 区域给绕组通电时，会产生制动转矩，电源提供的电能以及机械能均转化为绕组的磁场储能；到了 $t_3 \sim t_4$ 阶段，同样产生制动转矩，此时开关磁阻驱动电机将输入的机械能转化为电能回馈给电源；在 $t_4 \sim t_5$ 阶段不产生转矩，开关磁阻驱动电机的绕组磁场能回馈给电源。

1) 开关磁阻驱动电机发电工作状态

工作状态是由相电流相对于相电感的位置决定的；当电感变化和发电状态下的相电流处在 $t_0 \sim t_5$ 区间产生负值转矩时，需外加机械转矩，此时开关磁阻驱动电机将机械能转化为电能输出，为发电运行，在发电状态下，开通角 θ_{on} 应设置在 t_0 点，使得 $t_0 \sim t_3$ 区间内电机吸收电能，励磁建流，关断角 θ_{off} 应设置在 t_3 时刻，在 $t_0 \sim t_5$ 阶段绕组断电，则将转子的机械能和绕组磁场能回馈给电源，驱动整个过程中的发电量的大小由这两个不同阶段中的能量的差值来决定。

2) 开关磁阻驱动电机电动工作状态

若相电流处在驱动 $\theta_2 \sim \theta_3$ 区间时，产生正的电磁转矩，为电动运行。在电动状态下，

开通角 θ_{on} 应该设置在角 θ_2 之前，关断角 θ_{off} 应在 $\theta_2 \sim \theta_3$ 区间内。为在绕组电感上升区域流过较大电流，增加有效电动转矩，通常在电感刚刚开始上升的临界点 θ_2 之前使得绕组导通，使绕组电流迅速建立起来。为减少制动转矩，在电感刚开始下降时，应尽快使绕组电流衰减到 0，即最大电感到达之前，关断角应设计在 $\theta_2 \sim \theta_3$ 区间内，主开关断开后，绕组电流迅速下降，保证在电感下降区内流动的电流很小，很快下降为 0。

学习单元五　轮毂驱动电机

学习目标：

- 了解轮毂驱动电机的结构组成。
- 掌握轮毂驱动电机的工作原理。
- 了解轮毂驱动电机的特性。
- 了解轮毂驱动电机的控制方法。

混合动力汽车常采用的轮毂驱动属于分散式电机驱动模式。分散式电机驱动模式通常有轮毂驱动和轮边驱动两种。所谓轮边驱动模式，是指每个驱动车轮由单独的电机驱动，但是电机不是集成在车轮内，而是通过传动装置（如传动轴）连接到车轮。轮边电机驱动模式的驱动属于车载质量范围，悬架系统隔振性能好。但是，安装在车身上的电机对整车总体布置的影响很大，尤其是在后轴驱动的情况下。而且，由于车身和车轮之间存在变形运动，其对传动轴的传动方向也具有一定的限制，因此，本节重点介绍轮毂驱动电机，对轮边驱动电机不再介绍。

一、轮毂驱动电机的结构形式

轮毂驱动电机通常由车辆悬架、定子、固定转子、轮轴轴承、线圈、电控组件、逆变器和传统合金轮毂等组成，如图 3-26 所示。轮毂驱动电机动力系统根据电机的转子形式主要分成外转子型和内转子型两种。通常，外转子型采用低速外转子电机，电机的最高转速为 1000 ~ 1500 r/min，无任何减速装置，轮毂驱动电机的外转子与车轮的轮辋固定或者集成在一起，车轮的转速与驱动电机相同。内转子型则采用高速内转子驱动电机，同时装备固定传动比的减速器。为了获得较高的功率，减速机构通常采用传动比在 10：1 左右的行星齿轮减速装置，车轮的转速在 1000 r/min 左右。

图 3-26　轮毂驱动电机的结构

低速外转子轮毂驱动电机的优点是结构简单、轴向尺寸小、比功率高、能在很宽的速度范围内控制转矩、响应速度快、外转子直接和车轮相连，没有减速机构，效率高；缺点是如要获得较大的转矩，必须增大电动机的体积和质量，因而成本高、加速时效率低、噪声大。

这两种结构在目前的混合动力汽车中都有应用，但是随着紧凑的行星齿轮变速机构的出现，高速内转子式驱动系统在功率密度方面比低速外转子式更具竞争力。

高速内转子轮毂驱动电机的优点是比功率高、质量小、体积小、效率高、噪声小、成本低；缺点是必须采用减速装置，效率降低，非簧载质量增大，驱动电机的高转速受线圈损耗、摩擦损耗以及变速机构的承受能力等因素的限制。由于电机电制动容量较小，轮毂驱动电机动力系统不能满足整车制动效能的要求，通常需要附加机械制动系统。轮毂驱动电机系统中的制动器可以根据结构要求采用鼓式或者盘式制动器。电动机电制动容量的存在往往可以使制动器的设计容量适当减小。大多数的轮毂驱动电机系统采用风冷方式进行冷却，也有的采用水冷和油冷的方式对电机、制动器等的发热部件进行散热降温，但结构比较复杂。

二、轮毂驱动电机的分类及特点

1. 轮毂驱动电机的分类

轮毂驱动电机可分为感应式、永磁式、开关磁阻式 3 类。轮毂驱动电机系统的驱动电机按照电机磁场的类型不同分为径向磁场和轴向磁场两种类型。

(1) 径向磁场：电机的定子、转子之间受力比较平衡，磁路由硅钢片叠压得到，技术更简单成熟。

(2) 轴向磁场：电机的结构利于热量散发，并且它的定子可以不需要铁芯。

2. 不同轮毂驱动电机的特点

(1) 感应 (异步) 式驱动电机：优点是结构简单、坚固耐用、成本低廉、运行可靠、转矩脉动小、噪声低、不需要位置传感器、转速极限高；缺点是驱动电路复杂、成本高，相对于永磁电机而言，感应 (异步) 式电机效率和功率密度偏低。

(2) 无刷永磁同步驱动电机：可采用圆柱形径向磁场结构或盘式轴向磁场结构，具有较高的功率密度和效率以及宽广的调速范围，发展前景十分广阔，已在国内外多种混合动力汽车中获得应用。

(3) 开关磁阻驱动电机：优点是结构简单、制造成本低廉、转速转矩特性好等，适用于混合动力汽车驱动；缺点是设计和控制非常困难、运行噪声大。

三、采用轮毂驱动电机驱动的混合动力汽车的特点

采用轮毂驱动电机驱动的混合动力汽车有如下特点：

(1) 可以完全省略传动装置，整体动力利用效率大大提高。

(2) 轮毂驱动电机使得整车总体布置可以采用扁平化的底盘结构形式，车内空间和布置自由度得到极大提升。

(3) 车身上几乎没有大功率的运动部件，整车的振动、噪声和舒适性得到极大改善。

(4) 便于实现四轮驱动形式，有利于改善整车的动力性能。

(5) 轮毂驱动电机作为执行元件，利用其响应迅速和准确的优点，便于实现包括线控驱动、线控制动以及线控整车动力学控制在内的整车动力学集成控制，提高了整车的主动安全性。

四、驱动电机检测

1. 驱动电机高压电缆检测

1) 绝缘性检查步骤

(1) 车辆安全性断电。

(2) 断开驱动电机侧高压电缆连接器。

(3) 使用兆欧表分别测量高压电缆 U、V、W 端与车身搭铁的电阻。标准值为 100 MΩ 或更大，如果测量结果小于标准值，则更换高压电缆。

2) 导通性检查步骤

(1) 车辆安全性断电。

(2) 断开高压电缆两侧连接器。

(3) 使用万用表分别测量高压电缆 U、V、W 两端电阻。标准值为小于 1 Ω(参照丰田卡罗拉混动版)，如果结果大于标准值，则更换高压电缆。

2. 驱动电机绕组检查

驱动电机绕组检查的步骤如下：

(1) 车辆安全性断电。

(2) 断开驱动电机侧高压电缆连接器。

(3) 使用毫欧表测量高压电缆 U、V、W 任意两端绕组电阻，如表 3-1 所示，如果结果不正常，则更换驱动电机总成。

表 3-1　驱动电机绕组检查

检测对象	检测条件	毫欧表连接	标准范围
驱动电机MG1	20℃	U—V	87～96.3 mΩ
		V—W	
		W—U	
驱动电机MG2	20℃	U—V	148～170 mΩ
		V—W	
		W—U	

练 习 测 试

一、填空题

1. 电混合动力电动汽车 (包括插电式混合动力车)、_____和燃料电池电动汽车都要采用电动机驱动及控制系统。

2. 三相异步驱动电机的定子部分包含机座、定子铁芯、_____等，主要用来产生旋转磁场。

3. 现有的永磁驱动电机可分为永磁直流电机_____、_____、_____、_____4 类。

4. 轮毂驱动电机类型分为感应式、开关磁阻式、_____。

5. 主要用来反馈位置及电流信号并传输给控制器的是_____。

二、选择题

1. 三相异步驱动电机的转子铁芯一般由 (　　) mm 厚的硅钢片叠压而成。

A. 0.15～0.30　　B. 0.25～0.40　　C. 0.35～0.50　　D. 0.45～0.60

2. 以下不属于电机定子的是 (   )。

A. 转子铁芯　　　　B. 换向极　　　　　　C. 电刷装置　　　　　　D. 主磁极

3. 主要用来产生感应电动势和电磁转矩的是 (   )。

A. 定子铁芯　　　　B. 电刷　　　　　　　C. 主磁极　　　　　　　D. 定子绕组

4. 绕组元件一般由一匝或多匝铜线绕制而成，每个线圈有 (   ) 出线端。

A. 1 个　　　　　　B.2 个　　　　　　　C.3 个　　　　　　　　D.4 个

5. 轮毂驱动电机减速机构通常采用传动比在 (   ) 左右的行星齿轮减速装置，车轮的转速在 1000 r/min 左右。

A. 2 ∶ 1　　　　　B. 5 ∶ 1　　　　　　C. 10 ∶ 1　　　　　　D. 15 ∶ 1

三、判断题

1. 控制器是系统的中枢，起决定作用但不起指挥作用。　　　　　　　　　　(   )

2. 永磁同步驱动电机只有内置式永磁同步驱动电机。　　　　　　　　　　(   )

3. 三相异步驱动电机是一个多变量 (多输入、多输出) 系统。　　　　　　(   )

4. 电刷装置的作用是只能将电流电压引出定子绕组。　　　　　　　　　　(   )

5. 轮毂驱动电机可分为感应式、永磁式、开关磁阻式 3 种类型。　　　　　(   )

四、简答题

1. 什么是矢量控制？

2. 简述直流电机的性能特点。

3. 简述永磁同步驱动电机的性能特点。

4. 简述开关磁阻驱动电机的工作原理。

5. 简述电压斩波控制法。

项目四　混合动力汽车电池

本项目包括混合动力汽车电池认知和动力电池的性能检测两个学习单元，通过学习掌握混合动力汽车电池的类型、结构和工作原理以及动力电池的性能检测方法。

学习单元一　混合动力汽车电池认知

知识目标
- 了解混合动力汽车电池的作用、类型及工作原理；
- 掌握混合动力汽车电池的冷却形式与作用；
- 掌握混合动力汽车电池的冷却结构与原理；
- 掌握混合动力汽车电池的主要性能指标与检测方法。

一、混合动力汽车电池分类与工作原理

1. 电池与能量储存

将化学能转换成电能的装置称为化学电池，通常简称为电池。电池放电后，能够用充电的方式使内部活性物质再生，把电能储存为化学能；需要放电时，再次把化学能转换为电能，这类电池称为蓄电池，一般又称二次电池。1836 年，丹尼尔根据伏打电堆发明了世界上第一个实用电池，并用于早期铁路的信号灯，其后，又先后发现了铅酸电池，氧化银电池、镍镉电池和镍铁电池。进入 20 世纪后，电池理论和技术一度处于停滞时期。在第二次世界大战之后，电池技术又进入快速发展时期。首先，为了适应重负荷用途的需要，发展了碱性锌锰电池；1951 年，实现了镍镉电池的密封化。1958 年，Hari 提出了采用有机电解液作为锂一次电池的电解质，20 世纪 70 年代初期便实现了军用和民用。随后基于环保考虑，研究重点转向蓄电池。镍镉电池在 20 世纪初实现商品化以后，在 20 世纪80 年代得到迅速发展。随着人们环保意识的日益增加，铅、镉等有毒金属的使用日益受

到限制，因此需要寻找新的可代替传统铅酸电池和镍镉电池的可充电电池。锂离子电池自然成为有力的候选者之一，1990 年前后发明了锂离子电池；1991 年锂离子电池实现商品化；1995 年发明了聚合物锂离子电池 (采用凝胶聚合物电解质为隔膜和电解质)，1999 年开始商品化。

2. 混合动力汽车电池的作用

混合动力汽车电池分为储备电池和动力电池。本项目重点介绍动力电池，动力电池的作用是接收和储存由车载充电机、发电机、制动能量回收装置或外置充电装置提供的高压直流电，并且为混合动力汽车提供高压直流电。动力电池是新能源汽车上价格最高的部件之一，其性能好坏直接决定了这辆车的实际价值。应用在混合动力汽车上的储能技术主要是电化学储能技术，即铅酸镍氢、锂离子等电池储能技术。作为混合动力汽车的动力源，动力电池技术是其核心技术，更是电气技术与汽车行业的关键结合点，一直制约着混合动力汽车的发展。近年来，随着混合动力汽车动力电池技术的研发受到各国能源、交通、电力等部门的重视，动力电池的很多性能得到了提高，例如，我国就在离子电池技术方面取得了突破性进展。

动力电池属于高压安全部件，内部机构复杂，工作时需要很苛刻的条件，任何异常因素都将导致汽车动力被切断，因此对动力电池的诊断与测试需要丰富的基础技术知识，对动力电池组的更换更需要专业规范的操作。

3. 动力电池的类型

混合动力汽车上所使用的动力电池种类繁多，按其工作性质和使用特征的不同，可分为一次电池、二次电池、储备电池、燃料电池等。

(1) 一次电池 (原电池)。

一次电池是放电后不能用充电的方法使其复原的电池。这种类型的电池只能使用一次，放电后电池只能被遗弃。这类电池不能再充电的原因，或是电池反应本身不可逆，或是条件限制使可逆反应很难进行，如锌锰干电池、锌汞电池、银锌电池等。

(2) 二次电池 (蓄电池)。

二次电池是放电后可用充电的方法使活性物质复原而能再次放电，且可反复多次循环使用的电池。这类电池实际上是一个化学能量储存装置，用直流电将电池充足，这时电能以化学能的形式储存在电池中，放电时，化学能再转换为电能，如铅酸电池、镍镉电池、镍氢电池、锂电池、锌空气电池等。

(3) 储备电池 (激活电池)。

储备电池是正、负极活性物质和电解液不直接接触，使用前临时注入电解液或用其他方法使电池激活的电池。这类电池的正、负极活性物质易化学变质或自放电，因与电解液的隔离而使电池能长时间储存，如镁银电池、钙热电池、铅高氯酸电池等。

(4) 燃料电池 (连续电池)。

燃料电池是只要活性物质连续地注入电池，就能长期不断地进行放电的一类电池。它的特点是电池自身只是一个载体，可以把燃料电池看成是一种需要电能时将反应物从外部送入的一种电池，如氢燃料电池。

需要说明的是，上述分类方法并不意味着某一种电池体系只能分属一次电池、二次电池、储备电池或燃料电池。某一种电池体系可以根据需要设计成不同类型的电池。例如，锌银电池可以设计成一次电池，也可以设计成二次电池或储备电池。目前混合动力汽车上二次电池的主要类型有铅酸电池、镍氢电池、锂电池、燃料电池。

4. 锂电池

锂电池的结构如图 4-1 所示，由负极材料、正极材料、绝缘片、隔离膜、铝塑包装膜等组成。锂电池是指电化学体系中含有锂 (包括金属锂、锂合金、锂离子、锂聚合物) 的电池。锂电池是靠锂离子在电极之间移动而产生电能的，这种电能的存储和放出是通过正极活性物质中放出的锂离子向负极活性物质移动完成的，并不伴随化学反应，这是锂电池的最大特点，正因为这种特点，使得锂电池比传统的二次电池具有更长的寿命。此外，电极材料种类有较大的选择空间也是锂电池的一大特点，再加上锂电池本身就具有小型化、轻量化和高电压化的特点，通过材料的选择和结构设计即能实现高输出功率和高容量，因此可以设计出与实际用途完全相符的结构及特性，这也是锂电池的优势之一。

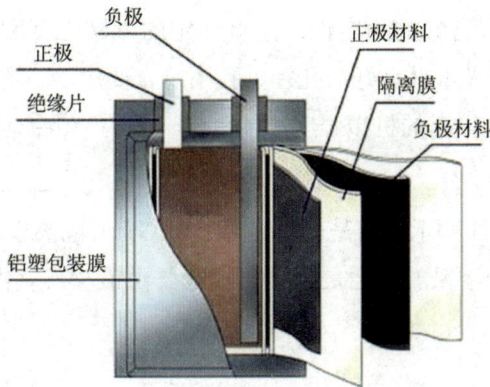

图 4-1 锂电池结构示意图

1) 锂电池工作原理

锂电池实际上是一种锂离子浓差电池，如图 4-2 所示为其工作原理。正、负电极由两种不同的锂离子嵌入化合物组成。充电时，Li^+ 从正极脱嵌，再经过电解质嵌入负极，负极处于富锂态，同时电子的补偿电荷从外电路供给到碳负极以保证负极的电荷平衡。放电时则相反，Li^+ 从负极脱嵌，经过电解质嵌入正极，正极处于富锂态。在正常充、放电情况下，锂离子在层状结构的碳材料和层状结构氧化物的层间嵌入和脱出，一般只引起层面间距变化，不破坏晶体结构，在充、放电过程中，负极材料的化学结构基本不变。因此，从充、放电反应的可逆性看，锂电池反应是一种理想的可逆反应。

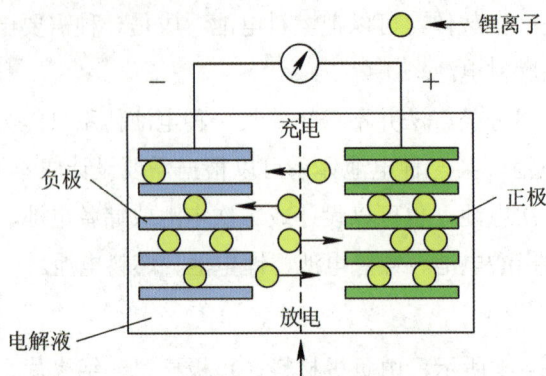

图4-2　锂电池工作原理

2) 锂电池要求

(1) 对正、负极物质的要求：正极电位越正，负极电位越负；活性要高（反应快，得胜率高）；活性物质在电解液中要稳定，自溶速度要小；活性物质要有良好的导电性能，即电阻要小；便于生产，资源丰富。

(2) 对电解液的要求：电导率高，扩散效率好，黏度低；化学成分稳定，挥发性小，易贮存；正、负极活性物质在电解液中能长期保持稳定；便于生产，资源丰富。

(3) 对隔膜的要求：有良好的稳定性；具有一定的机械强度和抗弯曲能力，有抗拒枝晶穿透能力；便于使用；吸水性良好，孔径、孔率符合要求。

(4) 对外壳的要求：有较高的机械强度，能承受一般的冲击；具有耐工艺腐蚀的能力。

5. 铅酸电池

铅酸电池结构如图4-3所示，它是由电池盖、（AGM）隔离板、中盖、极柱、电解槽、正极板和负极板等组成的，铅酸电池是一种电极主要由铅及其氧化物制成，电解液是硫酸溶液的电池。

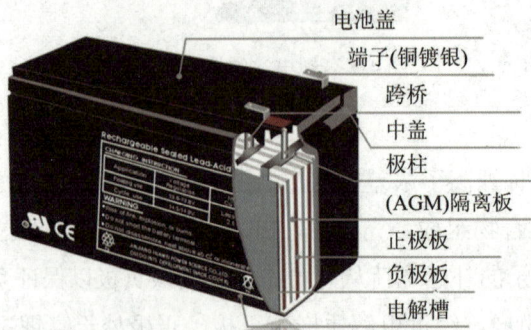

图4-3　铅酸电池结构

在铅酸电池放电状态下，其正极主要成分为 PbO_2，负极主要成分为海绵状 Pb，故称为铅酸电池。铅酸电池已经使用了近百年，是目前唯一大量使用的车载动力电池。与其他动力电池相比，铅酸电池具有性能可靠、技术成熟、价格便宜；大功率性能优异、电压平稳、安全性好、维护简便或者免维护；适用范围广、原材料丰富；自放电低，回收技术成熟等优点，国内外的第一代电动汽车广泛使用了铅酸电池。目前，已经有很多专业生产公司在生产新型铅酸电池，使得铅酸电池的性能有了较大的提高。但由于其能量密度低、循环寿命短、质量大、过充／过放性能差等缺点，不符合环保与高效的要求，今后将逐渐被淘汰。

铅酸电池的基本单元是单体电池，每个单体电池都是由正极板、负极板和装在正极板和负极板之间的隔板组成。每个单体电池的基本电压为 2 V，将不同容量的单体电池按使用要求进行组合，装置在不同的塑料外壳中，可获得不同电压和不同容量的铅酸电池。铅酸电池总成经过灌装电解液和充电后，就可以从铅酸电池的接线柱上引出电流。有的铅酸电池采用密封无锡板等技术措施，并在普通铅酸电池的电解液中加硅酸胶之类的凝聚剂，使电解质成为胶状物，形成一种"胶体"电解质，采用"胶体"电解质的铅酸电池使用起来更加方便。典型的铅酸电池是阀控式密封铅酸电池 (AM 电池)。

近年来，阀控式密封铅酸电池被广泛地用于传统汽油车和一些低速纯电动汽车上，其结构如图 4-4 所示。阀控式密封铅酸电池由防爆陶瓷过滤网、正极板、隔板、负极板、接线柱、安全阀、电解液等组成。

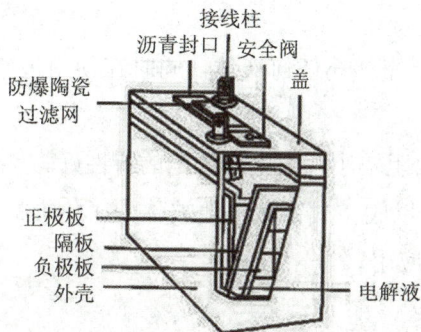

图 4-4　阀控式密封铅酸电池结构

如果与小型的镍镉电池或镍氢电池等密封型电池比较，则阀控式密封铅酸电池是一种阀门开启压力相当低的电池，在充电过程中利用负极吸收反应消耗正极上所产生的氧气并使之处于密封状态，未能吸收完的剩余氧气将通过控制阀向外界排出。负极吸收反应是指充电过程中正极所产生的氧气与负极的铅发生反应生成氧化铅，氧化铅又与电解液中的硫酸起反应生成硫酸铅，硫酸铅通过再次充电又被还原为铅的一整套循环。由于在整个充电过程中将持续进行这样的循环，因此能始终保持密封的状态。但是，液体式铅酸电池中充足的电解液会阻碍氧气的移动，因此在阀控式密封铅酸电池中采用一种被称为 ACM 隔板的超细玻璃纤维隔板,电解液将限制该隔板所能吸收的氧气量并使氧气平稳地向负极移动。另外,因电解液的量受到了限制,因此即使蓄电池发生翻倒,电解液也不会泄漏;而且由于极板群是被栅网状的隔板牢固压紧的,因此它还具有因正极难以老化而使得寿命延长的特点。

阀控式密封铅酸电池隔板是由玻璃微纤维作为原料生产而成,其不含任何有机黏结剂,用直径约 1 μm 的玻璃微纤维采用湿法制造,玻璃微纤维隔板是阀控式铅酸电池的关键材料之一。国内普遍采用高碱和中碱玻璃纤维混合原料,而国外则一般使用高碱玻璃纤维作为原料。

阀控式铅酸电池是一种免维护电池,由于免维护铅酸电池在使用中不会出现极板短路、活性物质脱落、水分损失等问题,从而提高了使用寿命。其结构特点主要有以下方面:

(1) 阀控式铅酸电池的极板栅采用无锑铅合金,电池的自放电系数很小。

(2) 阀控式铅酸电池的正、负极板完全被玻璃微纤维隔离板包围,有效物质不易脱落,使用寿命长。

(3) 阀控式铅酸电池的体积小,而容量却比其他电池的容量高。

(4) 单格极板组之间采取内连式接法,正、负极桩位于密封式壳体的外部。

(5) 壳体上部设有收集水蒸气和硫酸蒸气的集气室,待其冷却后可变成液体重新流回电解槽内。

(6) 密封程度高,电解液像凝胶一样被吸收在高孔率的隔离板内,不会轻易流动,所以电池可以横放。

(7) 电池在长期运行中无需补充任何液体,同时在使用过程中不会产生酸雾气体,维护工作量极小。

(8) 阀控式铅酸电池的内阻较小,大电流放电的特性好。

正是由于上述优点,所以阀控式铅酸电池被称为"免维护电池"。近几年在电力系统各个专业部门中得到了广泛应用。

6. 镍氢电池

镍氢电池正极的活性物质为 NiOOH(放电时)和 $Ni(OH)_2$(充电时),负极板的活性物质为 H_2(放电时)和 H_2O(充电时),电解液采用 30% 的氢氧化钾溶液。镍氢电池的充/放电反应如下所示:

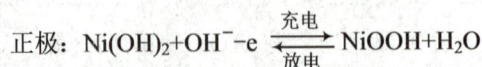

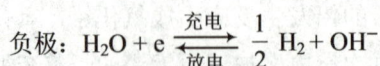

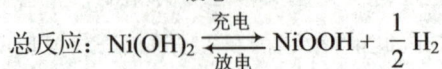

$$正极:Ni(OH)_2+OH^--e \underset{放电}{\overset{充电}{\rightleftharpoons}} NiOOH+H_2O$$

$$负极:H_2O+e \underset{放电}{\overset{充电}{\rightleftharpoons}} \frac{1}{2}H_2+OH^-$$

$$总反应:Ni(OH)_2 \underset{放电}{\overset{充电}{\rightleftharpoons}} NiOOH+\frac{1}{2}H_2$$

从方程式可看出：充电时，负极析出氢气，贮存在容器中，正极由氢氧化亚镍变成氢氧化镍 (NiOOH) 和水 H_2O；放电时氢气在负极上被消耗掉，正极由氢氧化镍变成氢氧化亚镍。过量充电时的电化学反应如下：

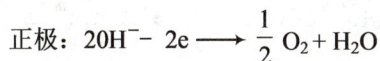

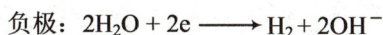

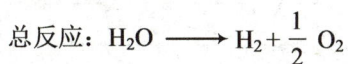

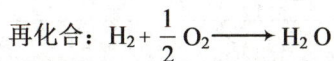

$$正极：20H^- - 2e \longrightarrow \frac{1}{2}O_2 + H_2O$$

$$负极：2H_2O + 2e \longrightarrow H_2 + 2OH^-$$

$$总反应：H_2O \longrightarrow H_2 + \frac{1}{2}O_2$$

$$再化合：H_2 + \frac{1}{2}O_2 \longrightarrow H_2O$$

实际上，正极和负极的反应生成物并不像上述反应式中那么简单，在充电时，正极氢氧化镍被氧化生成羟基氧化镍和水。另一方面，水在负极被还原贮氢合金的表面生成氢原子，此氢原子被贮氢合金吸收发生反应，生成金属氢化物。放电反应则与之相反。与镍镉电池的电池反应不同，在镍氢电池中，充电时氢从正极向负极移动，放电时向反方向移动，其间并不伴随着电解液总量和浓度的增减。电解液中的羟基虽然参与正极和负极的反应，但在电池反应中羟基并没有增减。

1) 镍氢电池结构

搭载在混合动力汽车上的镍氢电池是将 84240 个容量为 $6 \sim 6.5A \cdot h$ 的单体电池以串联方式连接后使用的。迄今为止，已开发出了圆形和方形的混合动力汽车用的镍氢电池。如图 4-5 所示为混合动力汽车用镍氢电池的输出功率密度的变化，可以看出，近年来，其输出功率密度正在逐年上升。尽管混合动力汽车用镍氢电池的电能量 (容量) 还不到电动汽车用镍氢电池的 1/10，但是要求其具有与电动汽车用电池相同的输出功率和再生恢复性能。因此，多种技术领域正致力于对单体电池或电池模块 (由多个单体电池以串联方式连接而成的电池组) 的研究开发工作。

混合动力汽车用圆柱密封型镍氢电池的单体模块结构如图 4-6 所示，它由氢氧化镍、隔板、正极、负极、保护阀 (安全阀)、正极接线柱、绝缘板等组成。在这种电池中，正极是以隔板作为分离层的镍正极板，负极是贮氢合金板卷成涡旋形后插入用金属制成的外壳内，正极和负极分别采用烧结式 (或非烧结式) 的镍正极和膏状的贮氢合金负极。封口的固定方法是把绝缘板作为间隔且具有再恢复功能。安全阀的封口预先固定在外壳上。为了在即使有大电流流过的瞬间也能阻止电池电压的下降或发热，正极和负极的集电体采用了尽可能降低连接电阻值的设计方法。由于单体电池连接成的模块将搭载在车辆上，因此模块必须具有承受剧烈振动的能力，并必须以很低的连接电阻来承担单体电池之间的电气连接。另外，牢固支承模块的结构体也很重要。

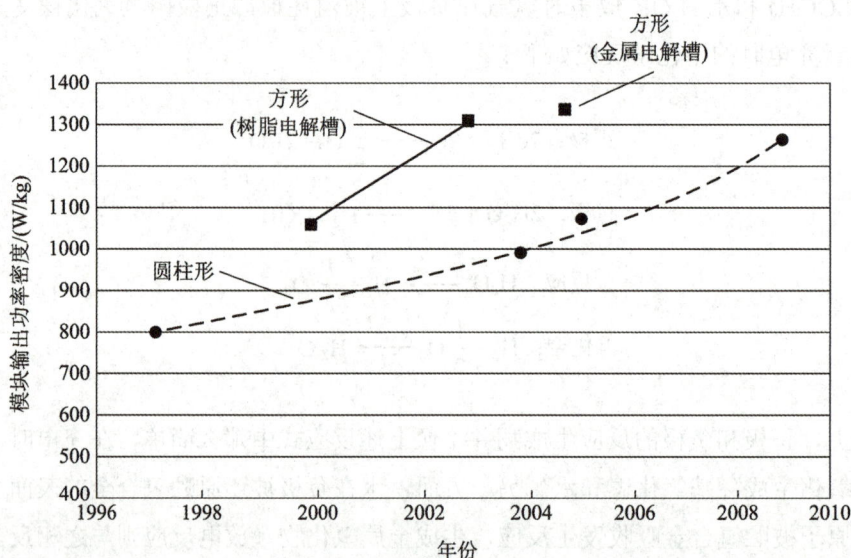

图 4-5　混合动力汽车用镍氢电池的输出功率密度的变化

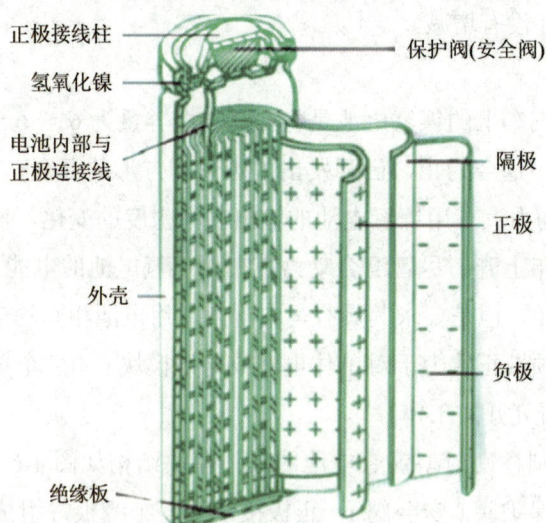

图 4-6　混合动力汽车用圆柱密封型镍氢电池的单体模块结构

采用碟形的连接环对单体电池之间进行电气连接，由于这种连接环能够以最短距离和最大宽度来完成连接，因此才使单体电池间采用低电阻接线的设想成为可能。另外，经过精心研制，这种连接环不仅具有电气连接的功能，而且其结构体以强度和柔软性兼备的特点发挥出了重要的支承作用。为了防止在单体电池之间发生短路，专门嵌入了用树脂制作的绝缘环，从而保证了模块强度的强化和安全性。位于模块两端且能够被螺钉固定在模块之间的连接母线上的端子是通过焊接方式固定的。

用于混合动力汽车的方形镍氢电池模块的结构如图4-7所示，它是由负极端子、安全阀、外盖、正极端子、电极群、电解槽和集电体等组成的。方形镍氢电池是一种采用树脂电解槽的方形镍氢模块。该模块是一种具有6个电极群结构的电池，其电极群的结构是在由6个单体电池组成的整体式树脂型电解槽内，分别将多块镍正极板和贮氢合金负极板以隔板作为间隔层互相重叠而成，封口采用的是一种可再恢复安全阀的树脂型外盖下端部与电解槽上端部之间采用热焊进行密封焊接的结构。通过将设置在模块间的电解槽表面的凸筋相互对接，能在模块之间形成间隙，这样就可以使冷却气流从该间隙中穿过，从而获得更为均匀的冷却效果。对于这种方形的电池模块，以串联方式连接20～40个模块时，由于它比圆柱形模块节省空间且减轻了质量，因此具有良好的搭载性。

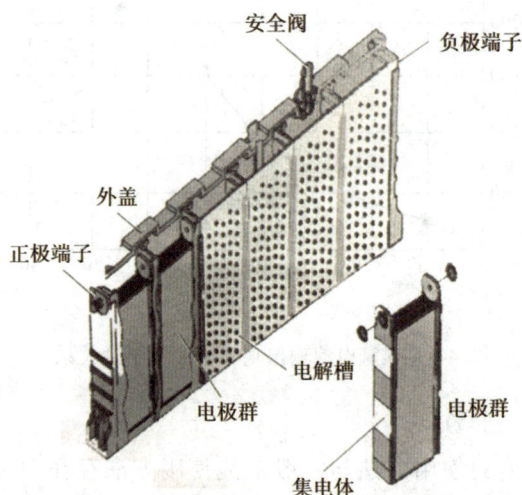

图4-7 用于混合动力汽车的方形镍氢电池模块的结构

2) 镍氢电池特性

将电池封装体搭载在车辆上，不但要求它具有良好的耐振动特性和耐冲击性，而且在结构上应该保持其能把因大电流充/放电时产生的电池热量迅速散发而使其冷却的性能。此外，因电池的特性随温度不同会有较大的变化，因此最好能够尽量减小封装体内电池温度的分散度。

(1) 镍氢电池输出功率特性。如图4-8和图4-9所示为正在量产的方形电池模块的输出功率特性。当SOC(荷电状态)到达60%左右时，其输出功率密度在10S输出以下具有优良的特性，而且在宽阔的SOC区域内几乎能获得相同的输出功率。

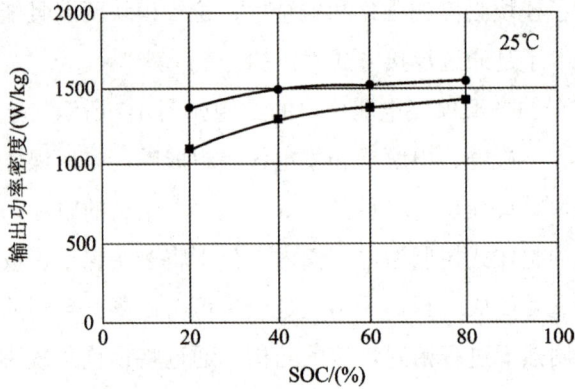

图 4-8　镍氢电池充电状态与输出功率密度关系

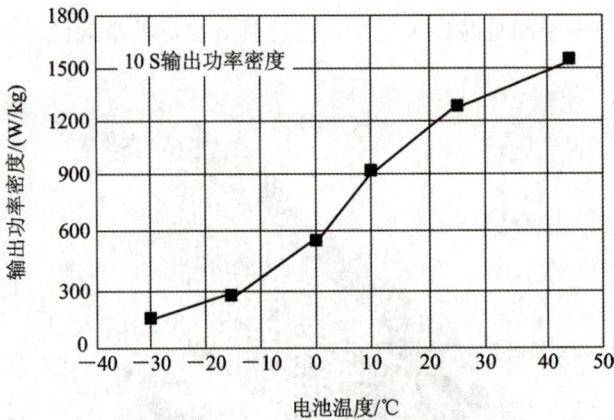

图 4-9　镍氢电池输出功率密度与温度关系

(2) 镍氢电池充电恢复特性。

混合动力汽车用电池的使用方法与一般电池使用方法存在很大的差异，即混合动力汽车用电池不进行完全充电和完全放电。车辆行驶时已被输出的电能始终以再生电能再度回收，以形成电能再收支的平衡。因此，对混合动力汽车用镍氢电池的充电恢复能力具有很高的期望值。从已投入量产的镍氢电池来看，再生恢复特性大致可以达到与输出功率密度相等的数值。此外，它在高温下的脉冲充电恢复能力也很高，能确保 90% 以上的效率。在制动时对车辆能量进行高效回收，可转换为电能进行补充充电。

7. 燃料电池

燃料电池严格来说并非电池，只能算是发生电化学反应的媒介，是一种发电装置。因为参与电极反应的活性物质不能储存于电池内部，而是由电池之外供应，所以只要燃料不断输入，电力就会不断地输出。

燃料电池的主要燃料通常以氢气为主，氢气与氧气通过电化学反应发生氧化作用输出电能、纯水和热量。

如图 4-10 所示，由于燃料电池直接将化学能转化为电能，不需要经过多次转换，而且没有卡诺循环的限制，所以节省了转换为机械能浪费的能量损失，因此燃料电池比内燃机多了 30% 以上的能量转换效率，目前效率可达 70%，若加上热回收利用，更可高达 85%，有望成为最具经济效益的能源。

图 4-10　水的电解与电化学反应

燃料电池的工作原理如图 4-11 所示，是由氧气腔和氢气腔夹着一种具有渗透性的质子交换器，两腔通常加入碳粉、铂等触媒作为催化剂加速氢气、氧气分解为电子及离子，电解质作为离子的通道用，其传输效率越高，电流密度越高，电解质对电子的传输效果越差，所以电子由外接电路传输。

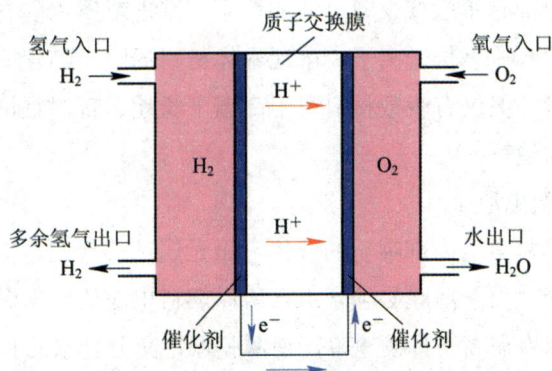

图 4-11　燃料电池工作原理

1) 燃料电池分类

现今已研发出多种形式的燃料电池，人们依据电解质的不同将燃料电池分为碱性燃料电池、磷酸燃料电池、熔融碳酸盐燃料电池、固态氧化物燃料电池、质子交换膜燃料电池以及甲烷燃料电池等。也有依据操作温度的高低来区分为高温型燃料电池（高于 300℃）、中温型燃料电池（150～300℃）以及低温型燃料电池（低于 150℃），但通常以电解质类型来区分。以下针对一些燃料电池作简单说明。

(1) 碱性燃料电池。

碱性燃料电池最早是在 1925 年由 Dr. Francis Thomas Bacon 开始发展的，一般被运用于人造卫星、航天及军事等用途上。因氧气在碱性溶液中的活性大于在酸性溶液中，所以可以使用非贵金属（如银、镍等）作为电极材料。但电解质溶液为强碱，会与空气中的二氧化碳生成碳酸盐而沉积在多孔电极上造成堵塞，所以须以纯氢气作为阳极燃料，以纯氧气作为阴极的氧化剂。

(2) 磷酸燃料电池。

磷酸燃料电池有第一代燃料电池之称，是使用浓磷酸作为电解质的酸性溶液燃料电池，所以电池性能不受二氧化碳的影响，可将空气直接提供给阴极。目前磷酸燃料电池大都运用在发电机组上，虽已商业化生产，但因为其成本始终居高不下而未能推广。

(3) 熔融碳酸盐燃料电池。

碱金属碳酸盐只有在熔融状态时，才能发挥离子传导的功能，所以操作温度须在熔点以上。在操作温度下，阴极的二氧化碳与氧气发生反应形成 CO_3^{2-}，CO_3^{2-} 经电解质导引至阳极与氢气反应，生成二氧化碳及水蒸气。二氧化碳经阳极回收后，可再循环至阴极使用。熔融碳酸盐燃料电池反应容易，不需以昂贵的金属作为触媒，使用镍及氧化镍即可。

(4) 固态氧化物燃料电池。

固态氧化物燃料电池有第三代燃料电池的称号，其电解质为固态、无孔隙的金属氧化物，由氧离子在晶体中穿梭来传送离子，电池本体材料局限于陶瓷或金属氧化物。目前技术已进入成熟稳定阶段，但仅有少数材料可于高温下长期运转，且价格昂贵，因此有朝中温型电池的方向发展的趋势。

(5) 质子交换膜燃料电池。

水是质子交换膜燃料电池内部唯一的液体，虽无腐蚀的问题，但水的管理是影响该燃料电池工作的重要因素。由于薄膜必须含水，所以燃料电池的操作温度必须限制在水的沸点以下，且水的产生速率需高于挥发速率，使薄膜保持充分含水的状态。

(6) 甲烷燃料电池。

甲烷是无色、无味的气体，是最简单的有机物，别名天然气或沼气，也是含碳量最小（含氢量最大）的烃，是沼气、天然气、瓦斯、坑道气和油田气的主要成分，与空气的重量比是 0.54，比空气轻约一半。甲烷溶解度很小，燃烧时产生明亮的深蓝色火焰，有轻微的毒性。实验室中可用醋酸钠与氢氧化钠混合加热生成碳酸钠与甲烷的方法来制备少量甲烷。大量制备甲烷，可将有机质放入沼气池中，控制好温度和湿度，经过甲烷菌快速繁殖，将有机质分解成甲烷、二氧化碳、氢、硫化氢、一氧化碳等，其中甲烷占 60%～70%。经过低温液化，将甲烷提出，可制得廉价的甲烷。

甲烷燃料电池是化学电池中的氧化还原电池，就是用沼气（主要成分为 CH_4）作为燃料的电池，与氧化剂 O_2 反应生成 CO_2 和 H_2O。反应中得失电子，产生电流从而发电。美国科学家已经设计出以甲烷等碳氢化合物为燃料的新型电池，其成本大大低于以氢为燃料的传统燃料电池。燃料电池使用气体燃料和氧气直接反应产生电能，其效率高、污染低，是一种很有前途的能源利用方式。传统燃料电池使用氢作为燃料，而氢既不易制取又难以储存，导致燃料电池成本居高不下。科研人员曾尝试用便宜的碳氢化合物作为燃料，但化学反应产生的残渣很容易积聚在镍制的电池正极上，导致断路。美国科学家使用铜和陶瓷的混合物制造电池正极，解决了残渣积聚问题。这种新电池能使用甲烷、乙烷、甲苯、丁烯、丁烷等 5 种物质作为燃料。其反应方程式如下：

碱性介质下的甲烷燃料电池：

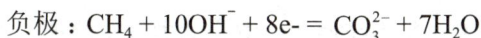

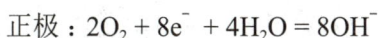

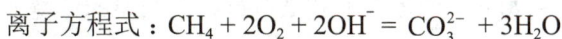

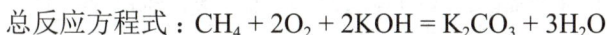

负极：$CH_4 + 10OH^- + 8e^- = CO_3^{2-} + 7H_2O$

正极：$2O_2 + 8e^- + 4H_2O = 8OH^-$

离子方程式：$CH_4 + 2O_2 + 2OH^- = CO_3^{2-} + 3H_2O$

总反应方程式：$CH_4 + 2O_2 + 2KOH = K_2CO_3 + 3H_2O$

反应情况：

① 随着电池不断放电，电解质溶液的碱性减小；

② 通常情况下，甲烷燃料电池的能量利用率大于甲烷燃烧的能量利用率。

酸性介质下的甲烷燃料电池：

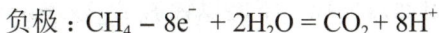

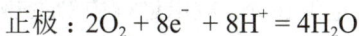

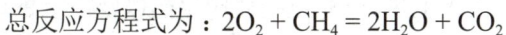

负极：$CH_4 - 8e^- + 2H_2O = CO_2 + 8H^+$

正极：$2O_2 + 8e^- + 8H^+ = 4H_2O$

总反应方程式为：$2O_2 + CH_4 = 2H_2O + CO_2$

2) 燃料电池的优点

(1) 低污染：使用氢气与氧气作为燃料，生成物只有水和热，若使用烃类为燃料，则生成水、二氧化碳和热，没有污染物。

(2) 高效率：直接将燃料中的化学能转换成电能，故不受卡诺循环的限制。

(3) 无噪音：电池本体在发电时，无需其他机件的配合，因此没有噪音问题。

(4) 用途广泛：提供的电力范围相当广泛，小至计算器大至发电厂。

(5) 无需充电：电池本体中不包含燃料，只需不断地供给燃料便可不停地发电。

3) 燃料电池的缺点

(1) 燃料来源：燃料的储存、保管和运输都比较复杂，对安全性要求较高。

(2) 无标准化的燃料：现今市面上有以天然气、甲烷、甲醇与氢气等作为燃料的电池，虽然提供给消费者很多种选择，但因为没有单一化及标准化的燃料，要营利是很困难的，而且燃料种类的更换要对现有的供应系统进行改装，产生额外的费用。

(3) 体积太大：目前的燃料电池体积都还过大，携带不方便。

(4) 成本过高：目前燃料电池使用可以提高发电效率的材料，但成本也就相对高，不过经由制造技术的改进及量产，成本已下降许多。

二、动力电池的冷却系统

1.动力电池冷却系统的作用

汽车的冷却系统是保证汽车动力驱动系统性能的重要部分，是动力驱动系统能够正常工作的重要基础，冷却系统的技术水平及工作状况直接影响汽车性能指标。汽车冷却系统控制受到了汽车行驶工况、行驶环境等多个因素影响，是较为复杂的控制对象，除了冷却系统的本体外，其控制方法的优劣也直接影响着冷却系统性能。混合动力汽车的动力电池、电机、电机控制器等部件在工作中会产生大量的热量，部件的过热会严重影响其工作性能。另外，动力电池组最佳工作温度为 23 ~ 24℃，温度并非越低越好，在低温的环境下需要对动力电池组进行加热，保持合适的工作温度。因此混合动力汽车与传统汽车一样，也必须采用冷却系统。

2.动力电池的生热机理

动力电池作为电动汽车的动力能源，其充电、做功的发热一直阻碍着电动汽车的发展。动力电池的性能与电池温度密切相关，40 ~ 50℃ 及以上的高温会明显加速电池的衰老，更高的温度（如 120 ~ 150℃ 及以上）则会引发电池热失控。下面以镍氢电池为例，介绍电池生热的机理。镍氢电池电化学反应原理决定了镍氢电池在充 / 放电过程中的生热。生热因素主要有 4 项：电池化学反应生热、电池极化生热、过充电副反应生热以及内阻焦耳热。如果把电池内部所有的物质（如活性物质、正极和负极、隔板等）假定为一个具有相同特性的整体，电池内部的热传导性非常好，使电池内部单元等温。但由于电池壳体基本不产生热量，因而其温度与电池内部的温度非常接近。由表 4-1 可以看出，电池经过变电流充放工况后，电池的最高温度和最低温度与电池平均温度之差在 4.2℃ 左右，电池的最高温度在 35.5℃ 左右。

表 4-1　放电前后电池箱电池温度对照

工况	最高温度/℃	最低温度/℃	平均温度/℃
放电前	30.2	29.2	29.7
放电后	35.5	32.2	33.9

电池组在充 / 放电时会释放一定的热量，故需要对电池组进行冷却。在低温环境下，由冷却单元对电池组进行加热处理，以提高运行效率，动力电池组采用冷却系统的作用是：通过对动力电池组冷却或加热，保持动力电池组处于最佳的工作温度，以改善其运行效率并提高电池组的寿命。如图 4-12 所示是高压动力电池组的冷却系统示意图，热管理系统可以根据需要对电池组进行冷却或加热。需要特别说明的是，目前国内常见的绝大多数新能源汽车的电机及控制器都采用该系统，但动力电池除了少数车型（如荣威汽车）以外，

基本上都没有专门的冷却系统，这是因为一方面由于冷却系统增加了电池组的体积，或会消耗了电池的一部分能量；另一方面是国内车型对动力电池的材料进行了改进，以及利用控制程序进行了修正，对电池工作环境要求不高。当然，这是以损耗电池寿命为代价的。电池组的热管理系统如图 4-13 所示。

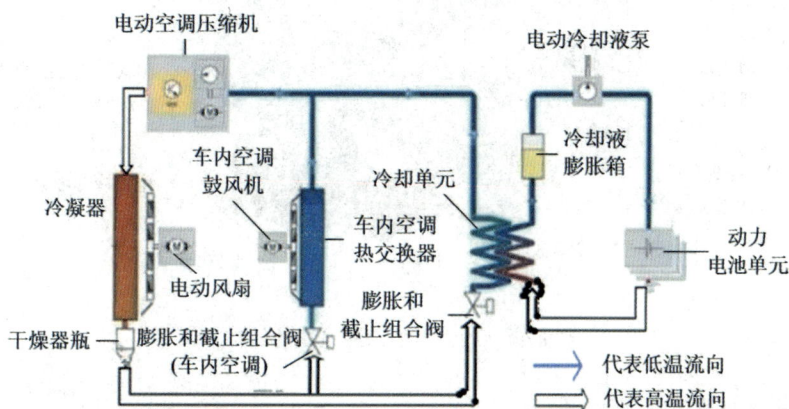

图 4-12　高压动力电池组的冷却系统示意图

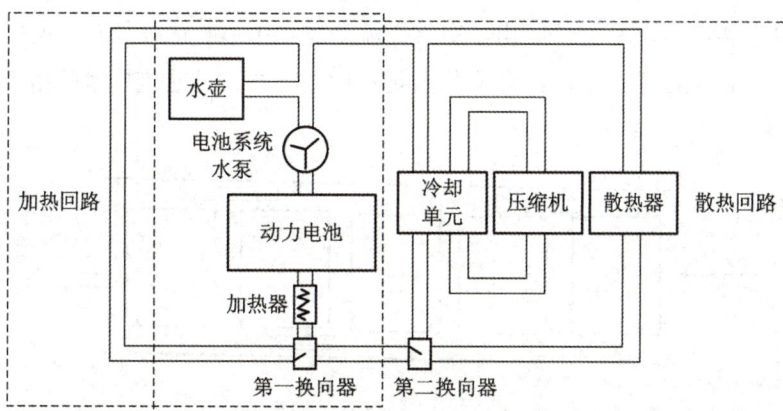

图 4-13　电池组的热管理系统

3. 动力电池的冷却形式

目前应用在动力电池上的冷却方式有水冷和风冷两种。

1) 动力电池水冷系统

动力电池水冷系统的结构如图 4-14 所示，其主要部件包括电动冷却液泵、膨胀和截止组合阀、动力电池单元、冷却液制冷剂热交换器、冷却管路等。

动力电池水冷系统的优点是电池平均能量效率高、电池模块结构紧凑、冷却效果优异、能集成电池加热组件，解决了在环境温度低的情况下加热电池的问题。其缺点是系统复杂，多了很多部件，如水泵、阀、低温水箱等，成本增加。

图 4-14　动力电池水冷系统的结构

2) 动力电池风冷系统

冷却空气在动力电池模块中的流动有串行、并行通风两种。

(1) 串行通风结构。风冷电池模块采用如图 4-15 所示的串行通风结构。在该散热模式下，冷空气从左侧吹入，从右侧吹出。空气在流动过程中不断地被加热，所以右侧的冷却效果比左侧要差，电池箱内电池组温度从左到右依次升高。目前该技术应用于第一代丰田普锐斯等车型。

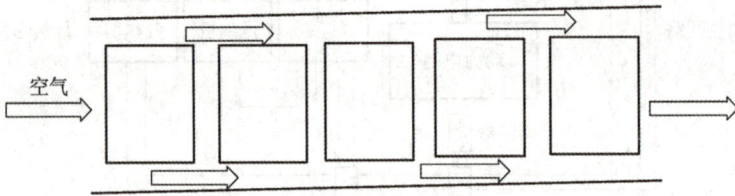

图 4-15　风冷电池模块的串行通风结构

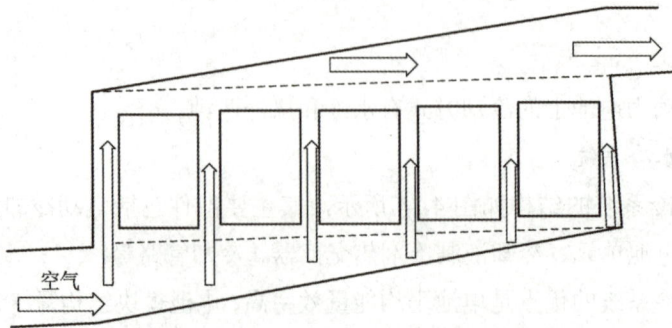

图 4-16　风冷电池模块的并行通风结构

(2) 并行通风结构。风冷电池模块的并行通风结构如图 4-16 所示。

并行通风方式可以使电池在布置位置上进行很好的设计。其楔形的进、排气通道使得不同模块间缝隙上下的压力差基本保持一致，确保吹过不同电池模块的空气流量的一致性，从而保证了电池组温度场分布的一致性。

(3) 冷却风扇。动力电池冷却风扇外形如图 4-17 所示，它是对汽车电池散热的离心型散热风扇，主要安装在汽车的电池箱上。其结构紧密，整体强度高，具有防振性能，使其能在颠簸的路况下正常使用。外壳、风轮采用耐高低温、耐腐蚀的材料制成，使其能在相对恶劣的环境中长期稳定工作。另外，其寿命长、噪声低、能耗小、输出风压大、散热性能稳定的特点可以让汽车的动力电池系统得到迅速、高效的散热，并提供稳定的电力输出，从而保障汽车能持续、稳定地运转。

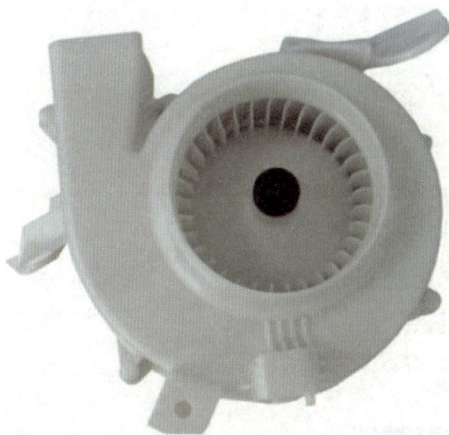

图 4-17　动力电池冷却风扇外形

3) 普锐斯混合动力汽车电池冷却系统

普锐斯动力电池总成如图 4-18 所示，采用的是风冷，因此行李舱内还布置有电池的冷却管路。在温度较高的时候，利用乘客舱内空调产生的冷空气对电池组进行冷却；当环境温度较低时，也会利用在低温情况下乘客舱内温暖的空气对电池组进行保温。

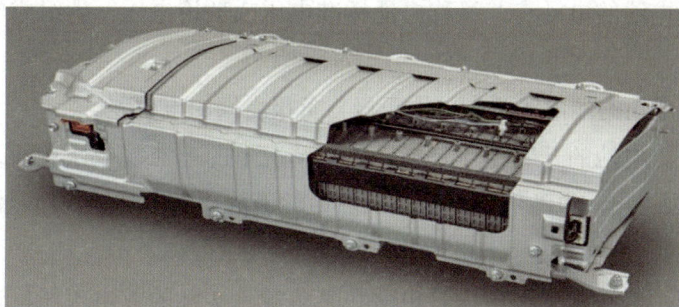

图 4-18　普锐斯动力电池总成

冷却空气通过后排座椅右侧的进气管流入，通过进气风道进入行李舱右表面的蓄电池鼓风机总成（冷却空气流过进气风道将动力电池鼓风机总成与蓄电池总成的右上表面相连接）流向动力电池总成。冷却空气在蓄电池模块间从高处向低处流动，在对模块进行制冷后，从动力电池总成的底部右侧表面排出。制冷后的空气通过行李舱右侧排气通道排出，并排放到车辆外部。电池管理模块使用蓄电池温度传感器来检测动力电池总成的温度。根据该检测结果，电池管理模块控制电池鼓风机总成，当动力电池温度上升到预定温度时，电池鼓风机总成将启动运转。

学习单元二　动力电池的性能检测

学习目标：

- 能够简述动力电池的主要性能指标；
- 能够简述动力电池的性能指标含义；
- 掌握动力电池性能指标的检测方法；
- 掌握动力电池的维护。

一、动力电池的主要性能指标

动力电池（以下简称"电池"）品种繁多，性能各异。常用以表征其性能的指标有电能、力学性能、储存性能等，有时还包括使用性能和经济成本。

1. 电池的电压指标

电池的电压指标有电动势、额定电压、开路电压、放电电压和终止电压等。

(1) 电动势。电池的电动势，又称电池标准电压或理论电压，为组成电池的两个电极的平衡电位之差。

(2) 端电压。电池的端电压是指电池正极与负极之间的电位差。

(3) 开路电压。电池的开路电压是指无负荷情况下的电池端电压。开路电压不等于电池的电动势。必须指出，电池的电动势是从热力学函数计算得到的，而电池的开路电压则是实际测量出来的。

(4) 工作电压。电池的工作电压是电池在某负载下实际的放电电压，通常是指一个电压范围。例如，铅酸电池的工作电压为 1.8 ～ 2 V；镍氢电池的工作电压为 1.1 ～ 1.5 V；

锂离子电池的工作电压为 2.75 ~ 3.6 V。

(5) 额定电压。电池的额定电压是指该电化学体系的电池工作时公认的标准电压。例如，锌锰干电池的额定电压为 1.5 V，镍镉电池为 1.2 V，铅酸电池为 2 V。

(6) 终止电压。电池的终止电压是指电池放电终止时的电压值，根据放电电流大小、放电时间、负载和使用要求的不同而不同。以铅酸电池为例，其电动势为 2.1 V，额定电压为 2 V，开路电压接近 2.1 V，工作电压为 1.8 ~ 2 V，放电终止电压为 1.5 ~ 1.8 V。根据放电率的不同，其终止电压也不同。

(7) 充电电压。电池的充电电压是指直流外电源对电池充电的电压。一般的充电电压要大于电池的开路电压，通常在一定的范围内。例如，镍镉电池的充电电压为 1.45 ~ 1.5 V，锂离子电池的充电电压为 4.1 ~ 4.2 V，铅酸电池的充电电压为 2.25 ~ 2.7 V

(8) 电压效率。电池的电压效率是指电池的工作电压与电池电动势的比值。在电池放电时，由于存在电化学极化、浓差极化和欧姆压降，会使电池的工作电压小于电动势。改进电极结构 (包括真实表面积、孔率、孔径分布、活性物质粒子的大小等) 和加入添加剂 (包括导电物质、膨胀剂、催化剂、疏水剂、掺杂等) 是提高电池电压效率的两个重要途径。

2. 内阻

内阻是指电池在工作时，电流流过电池内部所受到的阻力，电池在短时间内的稳态模型可以看作一个电压源，其内部阻抗等效为电压源的内阻，内阻大小决定了电池的使用效率。电池内阻包括欧姆内阻和极化内阻，极化内阻又包括电化学极化内阻和浓差极化内阻。例如，铅酸电池的内阻包括正、负极板的电阻，电解液的电阻，隔板的电阻和连接体的电阻等。

3. 容量和比容量

1) 容量

电池的容量指电池在充足电以后，在一定的放电条件下所能释放出的电量，以符号 C 表示，其单位为安时 (A · h) 或毫安时 (mA · h)。容量与放电电流大小有关，与充 / 放电截止电压也有关系。电池的容量可分为理论容量、额定容量、实际容量和标称容量。

(1) 理论容量：假设电极活性物质全部参加电池的电化学反应所能提供的电量，是根据法拉第定律计算得到的最高理论值。

(2) 额定容量：额定容量又称保证容量，是指在设计和制造电池时，按照国家或相关部门颁布的标准，保证电池在一定的放电条件下能够放出的最低限度的电量。

(3) 实际容量：实际容量是指电池在一定的放电件下实际放出的电量。它等于放电电流与放电时间的乘积，对于实用中的化学电源，其实际容量总是低于理论容量，通常比额定容量大 10% ~ 20%。电池容量的大小，与正、负极上活性物质的数量和活性有关，也与电池的结构和制造工艺性物质的利用率有关。换言之，活性物质利用得越充分，电池输出的容量也就越高。采用薄型电极和多孔电极，以及减小电池内阻，均可提高活性物质的利用率，从而提高电池实际输出的容量。

(4) 标称容量：标称容量 (或公称容量) 是用来鉴别电池容量的近似值。在指定放电条件时，一般指 0.2C 放电时的放电容量。

2) 比容量

为了比较不同系列的电池性能，常用比容量的概念。比容量是指单位质量或单位体积的电池所能给出的电量，相应地称为质量比容量或体积比容量。电池在工作时通过正极和负极的电量总是相等的。但是，在实际电池的设计和制造中，正、负极的容量一般不相等，电池的容量受容量较小的电极的限制。实际电池中多为正极容量限制整个电池的容量，而负极容量过剩。

4. 效率

作为能量存储器，在充电时电池把电能转化为化学能储存起来，在放电时再把电能释放出来。在这个可逆的电化学转换过程中，有一定的能量损耗。通常用电池的容量效率和能量效率来表示。

对于电动汽车，续驶里程是最重要指标之一。在电池组电量和输出阻抗一定的前提下，根据能量守恒定律，电池组输出的能量转化为两部分，一部分作为热耗散失在电阻上，另一部分提供给电机控制器转化为有效动力。两部分能量的比率取决于电池组输出阻抗和电机控制器的等效输入阻抗之比，电池组的阻抗越小，无用的热耗就越小，输出效率就更大。

(1) 容量效率：指电池放电时输出的容量与充电时输入的容量之比。影响电池容量效率的主要因素是副反应。当电池充电时，有一部分电量消耗在水的分解上。此外，自放电、电极活性物质的脱落、结块、孔率收缩等也降低容量输出。

(2) 能量效率：又称电能效率，是指电池放电时输出的能量与充电时输入的能量之比，当电池内阻增大时，就会导致电池充电电压增加，放电电压下降。电池内阻能量损耗是以电池发热的形式损耗的。

5. 能量

电池的能量是指在一定放电制度下，电池所能输出的电能，通常用瓦时 (W·h) 表示。电池的能量反映了电池作功能力的大小，也是电池放电过程中能量转换的量度。对于电动汽车来说，电池的能量大小直接影响电动汽车的行驶距离。

(1) 理论能量：假设电池在放电过程中始终处于平衡状态，其放电电压保持电动势的数值，而且活性物质的利用率为 100%，即放电容量等于理论容量，则在此条件下电池所输出的能量为理论能量，也就是可逆电池在恒温、恒压下所作的最大功。

(2) 实际能量：指电池放电时实际输出的能量。它在数值上等于电池实际容量与电池平均工作电压的乘积。

(3) 比能量 (能量密度)：分为质量比能量和体积比能量，质量比能量是指单位质量电池所能输出的能量，单位常用 W·h/kg，又称质量能量密度。体积比能量是指单位体积电池所能输出的能量，又称体积能量密度，单位常用 W·h/L。常用比能量来比较不同的电池系列。比能量也分为理论比能量和实际比能量。

① 理论比能量指质量为 1 kg 的电池反应物质完全放电时理论上所能输出的能量。根据正、负极活性物质的理论质量比容量和电池的电动势，电池的理论比能量可以直接计算出来。如果电解液参加电池的反应，还需要加上电解质的理论用量。理论比能量只考虑了按照电池反应式进行的完全可逆的电池反应条件下的比能量，因此是一种理想化的模型。对于实际应用的电池，实际比容量更有意义，因为电池反应不可能达到完全可逆的充 / 放电和能量状态，而且实际电池中很多必要辅助材料占据了电池的质量和体积。

② 实际比能量是指质量为 1 kg 的电池在放电过程中实际输出的能量，表示为电池实际输出能量与整个电池质量 (或体积) 之比。由于各种因素的影响，电池的实际比能量远小于理论比能量。

电池的比能量是综合性指标，它反映了电池的质量水平。电池的比能量影响电动汽车的整车质量和续驶里程，是评价电动汽车的动力电池是否满足预定的续驶里程的重要指标。

6. 功率与比功率

电池的功率是指电池在一定放电制度下，单位时间内输出的能量，单位为瓦 (W) 或千瓦 (kW)。单位质量或单位体积电池输出的功率称为比功率，单位为 W/kg 或 W/L。如果一个电池的比功率较大，则表明在单位时间内，单位质量或单位体积中给出的能量较多，即表示此电池能用较大的电流放电。因此，电池的比功率也是评价电池性能优劣的重要指标之一。

对于纯电动汽车，其电能储存装置应具有尽可能高的比能量，以保证汽车的续驶里程。对于混合动力汽车，其电能储存装置则应具有尽可能高的比功率，以保证汽车的动力性。不同储能器的比能量和比功率比较如表 4-2 所示。

表 4-2　不同储能器的比能量和比功率比较

电池种类	比能量/(W·h/kg)	比功率/(W/kg)
铅酸电池	30～40	300～500
镍氢电池	40～50	500～800
锂电池	60～70	500～1500
锂聚合物电池	50	600～1100
飞轮储能器	1～5	50～300
超级电容器	2～8	400～450

7. 放电电流和放电深度

电池的放电电流大小或放电条件，通常用放电率表示，是电池容量或能量的技术参数。

(1) 放电率：指放电时的速率，常用"时率"和"倍率"表示。时率是指以放电时间 (h) 表示的放电速率，即以一定的放电电流释放完额定容量所需的时间。倍率是指电池在规定时间内放出额定容量所输出的电流值，数值上等于额定容量的倍数。例如，2 倍率放电表示放电电流数值为额定容量的 2 倍，若电池容量为 3A·h，那么放电电流应为 $2 \times 3 = 6(A)$，也就是 2 倍率放电。

(2) 放电深度：表示放电程度的一种量度，为放电容量与总放电容量的百分比，简称 DOD。放电深度的高低与二次电池的充电寿命有很深的关系，二次电池的放电深度越深，其充电寿命就越短，因此在使用时应尽量避免深度放电。

8. 荷电

荷电也称荷电状态 (State of Char，SOC)，是指电池使用一段时间后与电池完全充满电的容量比值，通常用百分比表示，它的取值范围为 0～1。当 SOC = 0 时表示电池完全放完电；当 SOC = 1 时表示电池完全充满电。由于荷电是非线性变化的，所以它是较难获得的参数数据。

9. 储存性能和自放电

对于所有化学电源，即使在与外电路没有接触的条件下开路放置，容量也会自然衰减，这种现象称为自放电，又称荷电保持能力。电池自放电的大小用自放电率来衡量，一般用单位时间内容量减少的百分比表示：

自放电率 = (储存前电池容量 − 储存后电池容量)/ 储存前电池容量 ×100%

电池的自放电率主要是由电极材料、制造工艺、储存条件等多方面因素决定的。从热力学的角度来看，电池的放电过程是体系自由能减少的过程，因此自放电的发生是必然的，只是速率有所差别。影响自放电率的因素主要是电池储存的温度和湿度条件等。温度升高会使电池内正、负极材料的反应活性提高，同时电解液的离子传导速度加快，镉等辅助材料的强度降低，使自放电反应速率大大提高。如果温度太高，就会严重破坏电池内的化学平衡，发生不可逆反应，最终会严重损害电池的整体性能。湿度的影响与温度条件相似，环境湿度太高也会加快自放电反应。一般来说，在低温和低湿的环境条件下，电池的自放电率低，有利于电池的储存。但是温度太低也可能造成电极材料发生不可逆变化，使电池的整体性能大大降低。

电池的储存性能是指电池在一定条件下储存一定时间后主要性能参数的变化，包括容量的下降、外观情况和有无变形或渗液情况。国家标准中有对电池的容量下降、外观变化及漏液比例的限制。

10. 寿命

电池的寿命分储存寿命和使用寿命。储存寿命有"干储存寿命"和"湿储存寿命"两个概念。对于在使用时才加入电解液的电池储存寿命，习惯上称为干储存寿命，干储存寿命可以很长。而对于出厂前已加入电解液的电池储存寿命，习惯上称为湿储存寿命，湿储存时自放电严重，寿命较短。使用寿命是指电池实际使用的时间长短。对一次电池而言，电池的寿命是表征给出额定容量的工作时间（与放电倍率大小有关）。对二次电池而言，电池的寿命分充/放电循环寿命和湿搁置使用寿命两种，充/放电循环寿命是衡量二次电池性能的一个重要参数。在一定的充/放电制度下，电池容量降至某一规定值之前，电池能耐受的充/放电次数，称为二次电池的充/放电循环寿命。充/放电循环寿命越长，电池的性能越好。在目前常用的二次电池中，镍镉电池的充/放电循环寿命为 500 ～ 800次，铅酸电池为 200 ～ 500 次，锂电池为 600 ～ 1000 次，锌银电池很短，为 100 次左右。

二次电池的充/放电循环寿命与电池放电深度、温度、充/放电模式等因素有关。减少放电深度（即"浅放电"），二次电池的充/放电循环寿命可以大大延长。超级电容在寿命、比功率和充/放电效率方面具有明显优势。锂电池则在比能量和比功率方面具有极强的竞争力。铅酸电池各种指标均处于中等水平。

二、动力电池性能指标与检测方法

1. 动力电池性能指标

动力电池作为测试对象的形式有单体和电池组两种形式。单体是电池最基本的单元，称为单元电池，是构成车用动力电池的基础。单元电池的电压和能量都十分有限，在使用过程中，一般都是以串、并联的形式成组地提升输出电压和功。为了方便电池的安装运输和使用，一般将若干个单元电池以串、并联的方式构成动力电池组。动力电池组装在具有一定尺寸和接口的电池盒内，再配以电池管理系统后，即可在电动车辆上安装和使用。

常见的车用动力电池有铅酸电池、镍氢电池、锂电池等。每种电池根据各自技术原理有不同的特性，各种电池在比容量、充放电次数、技术成熟度等性能上有差别，典型电池的参数如表 4-3 所示。

表 4-3　典型电池的参数

电池类型	单体电压/V	比容量/(A·h/kg)	循环次数/次	技术成熟度	成本
铅酸电池	2.0	50	500	成熟	低
镍氢电池	1.2	80	2000	较成熟	较低
锂电池(磷酸铁锂)	3.2	150	2000	较成熟	较高

从表 4-3 中数据可是,铅酸电池技术最成熟,价格较低,但比容量较低且循寿命较短;镍氢电池循环寿命较长,技术较为成熟,但单体电压较低;锂电池单体电压较高,循环寿命和比容量也相当可观,但成本相对比较高;目前,锂电池在电动汽车动力电池的应用上拥有更广阔的前景。目前,市场上应用较多的电池正极材料有磷酸铁锂、锰酸锂和三元材料,还有关于将钛酸锂作为负极电极材料的研究。混合动力汽车用动力电池的主要性能指标包括电压、内阻、容量和比容量、能量以及效率等。要使电动汽车能与传统的燃油汽车相竞争,关键就是要开发出比能量高、比功率大、使用寿命长的高效电池。目前,针对动力电池性能的评价已经有了较为完善的法规和测试方法。总结下来,主要从电池基本性能、循环性能(使用寿命)和安全性能三方面对电池的好坏作出评价(见表 4-4)。

表 4-4 动力电池常见性能评价

评价指标	单体	模块	包/系统
基本性能	一致性(容量、能量、内阻、功率)		
	绝热量热测试(ARC)分析,Cρ测试	不同温度、倍率下充/放电性能	电池管理系统功能测试,不同温度、功率下充/放电性能,高/低温启动,能量效率性能
循环性能	常规寿命(考虑要素:充/放电电流、工作SOC区间)		
	日历寿命(电池质保期)	模拟工况寿命	实际工况寿命(FUDS工况、US06工况、MVEC工况、NEDC工况)
安全性能	电可靠性、机械可靠性、环境可靠性		
	过放电、过充电、短路、跌落、挤压、针刺、海水浸泡、加热、温度冲击		EMC、短路保护、过充电保护、过放电保护、不均衡放电、模拟碰撞、挤压、机械冲击跌落、振动、翻转外部火烧、结露、冷热循环、沙尘、淋雨、浸水、盐雾、过温

在基本性能的评价上,通过测试电池的容量、内阻和输出功率来评定电池的基本性能。由于测试的对象是用在汽车上的动力电池,此测试既包括对动力电池的单体电池,即单元(单个)的检测,也有针对串、并联的电池模组进行的检测。

2. 动力电池性能检测方法

常用的动力电池性能指标的检测包括荷电状态(SOC)、内阻、容量、循环寿命、一致性等。

1) 荷电状态检测

电池的荷电状态(SOC)可反映电池的剩余容量状况,这是目前国内外比较统一的认识,其数值上定义为电池剩余容量占电池容量的比值。荷电状态(SOC)是动力电池重要的技术参数,只有准确知道电池的荷电状态,才能更好地使用电池。因为电池组的 SOC 和很多因素相关，且具有很强的非线性，从而给 SOC 实时在线估算带来很大的困难，还没有一种方法能十分准确地测量电池的荷电状态。目前主要的测量方法有开路电压法、安时积分法、内阻法等。

(1) 开路电压法。开路电压法是利用电池的开路电压与电池的 SOC 的对应关系，通过测量电池的开路电压来估计 SOC。开路电压法比较简单，但是只适用于测试稳定状态下的电池 SOC，不能用于动态的电池 SOC 估算。

(2) 安时积分法。安时积分法是通过负载电流的积分估算 SOC，该方法实时测量充入电池和从电池放出的电量，从而能够给出电池任意时刻的剩余电量，如图 4-19 所示为安时积分法常规估算模型。

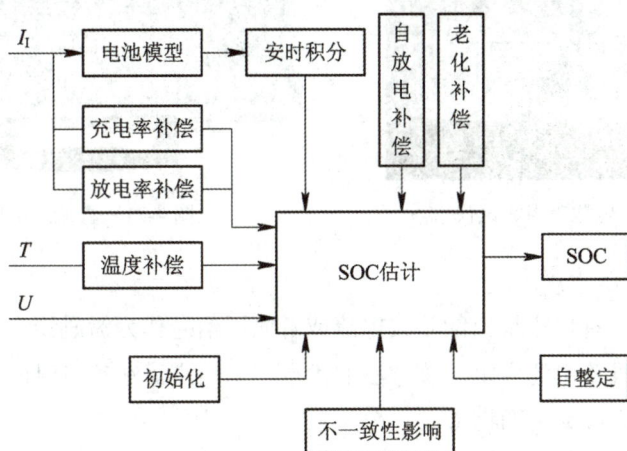

图 4-19 安时积分法常规估算模型

这种方法实现起来较简单，受电池本身情况的限制小，可发挥实时监测的优点，简单易用、算法稳定，成为目前电动汽车上使用最多的 SOC 估算方法。

(3) 内阻法。电池的 SOC 与电池的内阻有一定的联系，可以利用电池内阻与 SOC 的关系来预测电池的荷电状态。如图 4-20 所示是电池内阻测试仪。

2) 内阻检测

内阻是电池最为重要的特性参数之一，绝大部分老化的电池都是因为内阻过大而造成无法继续使用。通常电池的内阻阻值很小，一般用毫欧来度量。不同电池的内阻不同，型号相同的电池由于各电池内部的电化学性能不一致，所以内阻也不同。对于电动汽车的动力电池而言，电池的放电倍率很大，在设计和使用过程中应尽量减小电池的内阻，确保电池能够发挥其最大功率特性。

另外，电池的内阻也不是固定不变的常数，在使用过程中主要受荷电状态 (SOC) 和温度等因素的影响。

内阻测量是一个比较复杂的过程，目前主要有两种方法，即直流放电法和交流阻抗法。

(1) 直流放电法。

直流放电法是对蓄电池进行瞬间大电流放电 (一般为几十到上百安培)，然后测量电池两端的瞬间压降，再通过欧姆定律计算出电池内阻。该方法比较符合电池工作的实际工况，简单且易于实现，在实践中得到了广泛的应用，该方法的缺点是必须在静态或脱机的情况下进行，无法实现在线测量。直流放电检测仪如图 4-21 所示。

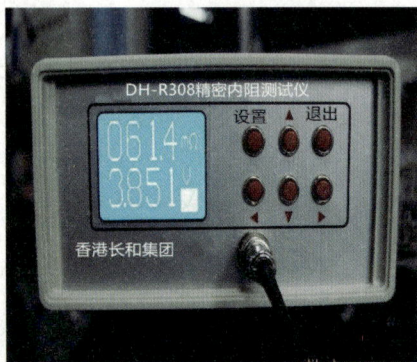

图 4-20　电池内阻测试仪

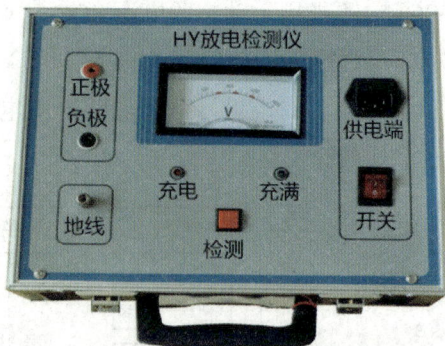

图 4-21　直流放电检测仪

(2) 交流阻抗法。

交流阻抗法是一种以小幅值的弦波电流或者电压信号作为激励源，注入蓄电池，通过测定其响应信号来推算电池内阻。该方法的优点在于用交流法测量时间较短，不会因大电流放电对电池本身造成太大的损害。

3) 容量检测

电池容量是指在一定条件下 (包括放电率、环境温度、终止电压等) 供给电池或者电池放出的电量，即电池存储电量的大小，是电池另一个重要的性能指标。容量通常以安培·小时 (A·h) 或者瓦特·小时 (W·h) 表示。A·h 容量是国内外标准中通用容量表示方法，延续电动汽车电池中概念，表示一定电流下电池的放电能力，常用于电动汽车电池。如图 4-22 所示为电池容量测试仪。

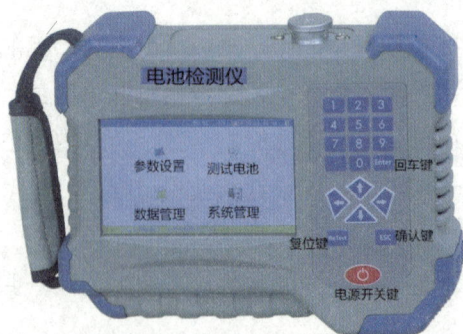

图 4-22　电池容量测试仪

电池容量测试的标准流程为：放电阶段→搁置阶段→充电阶段→搁置阶段→放电阶段。具体操作步骤如下：

① 用专用的电池充/放电设备，在特定温度条件下，将电池以设定好的电流进行放电，至电池电压达到技术规范或产品说明书中规定的放电终止电压时停止放电。

② 静置时间为5分钟左右。

③ 再进行充电，充电一般分为两个阶段，首先以固定电流的方式恒流充电，充至电压达到技术规范或产品说明书中规定的充电终止电压，然后以恒压的方式充电，充电到电流逐渐减小到电流降至某一值时停止充电。

④ 充电完成后，静置5～10分钟。在设定好的环境下以固定的电流进行放电，直到放电电压终止时，用电流值对放电时间进行积分，可计算出容量(以A·h计)。

4) 寿命检测

电池的循环寿命试验：假设电池单体容量为12.5A·h，标称电压为3.2 V，成组方式分别为4并95串和5并95串，电池总容量分别为50A·h和62.5A·h，总能量分别为15.2kW·h和19.0kW·h。对其中4并95串的电池包进行25℃、55℃充/放电循环寿命试验，其结果如表4-5所示。成组后的电池包的容量衰减速率是单体电池的1.2倍。其原因主要有两点：① 成组后电池包的容量由95串电池中容量最低的电池模块决定；② 成组后的电池包在充/放电循环中，温升比单体电池大。综合这两点，可知电池包包含的电池单体数量越多，采用这种方法得出的电池循环寿命越短。

表.4-5　不同温度下充/放电循环寿命数据

循环次数	容量保持率	
	25℃	55℃
0	100.0%	100.0%
100	97.9%	96.8%
200	97.4%	95.4%
300	96.5%	94.1%
400	95.7%	93.0%
500	95.2%	92.1%
600	94.6%	91.3%
700	94.3%	90.5%
800	93.8%	90.0%
900	93.3%	89.3%
1000	92.9%	88.8%

5) 一致性检测

混合动力汽车的动力性、续驶里程取决于电池的性能，电池不一致性是影响混合动力汽车整车性能的主要因素。根据电池组不一致性对电池性能影响方式不同和作用原理不同，可以把电池的不一致分为容量不一致、电阻不一致和电压不一致。

(1) 容量不一致。容量不一致性的影响可分为以下 3 个方面：

① 电动汽车行驶距离相同，因容量不同，电池的放电深度也不同。在大多数电池还属于浅放电情况下，容量不足的电池已经进入深放电阶段，并且在其他电池深放电时，低容量电池可能已经没有电量放出，成为电路中的负载。

② 同一种电池都有相同的最佳放电率，容量不同，最佳放电电流就不同。在串联组中电流相同，所以有的电池以最佳放电电流放电，而有的电池达不到或超过了最佳放电电流。

③ 在充电过程中，小容量电池将提前充满，为使电池组中其他电池充满，小容量电池必将过充电，充电后期电压偏高，甚至超出电池电压最高极限，形成安全隐患，影响整个电池组充电过程。

以上 3 个原因会使容量不足的电池在充 / 放电过程中进入恶性循环而提前损坏。

(2) 电阻不一致。电阻不一致分为串联和并联两种情况，其中，对于串联电池组，其放电过程中由于串联特性使得放电电流相同，然而由于内阻的不一致使得分压情况有所不同，内阻较大的分压较大，相应地，由于内部能量消耗而产生的热量也较大，同时使电池内部的温度升高较快，然而内阻会随着温度的升高而增大，一旦出现散热问题，电池温度将持续升高，会导致电池变形甚至爆炸；在充电过程中，由于内阻不一致，内阻大的电池电压将会提前到达充电的最高电压极限，为保证安全不得不停止充电，而其余电池还未充满；相反，如果还保持充电状态，那么将会存在安全隐患。对于并联电池组，在放电过程中，由于并联特性使得各单体的放电电压相同，然而由于内阻不一致，内阻较大的放电电流较小，内阻较小的放电电流较大，致使电池在不同放电倍率下工作，由于放电倍率的不同会造成各个单体电池的放电深度也不同，这样会对电池的健康状况造成不良影响；在充电过程中，由于内阻不一致，使得相同的充电电压状态下各个并联支路的电流不同，所以相同的充电时间却得不到相同的充电效果。

(3) 电压不一致。电压不一致主要体现在并联电池组中，由于电池电压有高有低，所以在并联回路中将产生电流，也就是高电压电池放电，低电压电池被充电，因此电压不一致会导致能量无谓地损耗到电池互充电过程中而达不到预期的对外输出效果。

由于电池单体的电压、容量都非常有限，为能满足车辆的应用要求，通常用串联、并联的方式将多个电池单体连接成电池组。电池组有先并联后串联方案，也有先串联后并联的方案。采用先并联后串联的方案，并联的电池单体之间相互均衡，一致性较好。但如果某一节单体出现短路故障，它将成为其他与其并联电池的负载，与之并联的所有电池的能量将迅速在故障单体中释放，从而导致更严重后果。采用先串联后并联方案，如果某节单体出现短路故障，其他单体电池的能量只能通过并联回路来释放，虽然释放总能量与串联方案相当，但释放速度只有先并联后串联的 $1/n$（n 为串联电池的个数）。但是，先串联后并联方案的电池组均衡困难。在同一组电池单体上加入并联支路，可以在一定程度上起到均衡的作用，但这又带来了另外的问题，即当某单体内部短路的时候，与该单体并联的所有单体都被外部短路；当某单体内部断路的时候，与之并联的单体会出现电流增大。这两种情况下，问题都会从坏单体蔓延到其他单体。解决问题的方法是将这个坏掉的单体从电池组网络中隔绝开来。

练 习 测 试

一、填空题

1. 动力电池系统主要由动力电池模组、＿＿＿＿＿＿＿＿＿＿、＿＿＿＿＿＿＿＿＿＿ 和电控单元（电池管理系统）等四部分组成。

2. 动力电池模组是由多个＿＿＿＿＿＿＿＿ 或单体电芯＿＿＿＿＿＿＿＿ 组成的一个组合体。

3. 动力电池箱有承载及保护＿＿＿＿＿＿＿＿ 及＿＿＿＿＿＿＿＿ 的作用。

4. 接触器用于控制高电压的＿＿＿＿＿＿＿＿。当接触器断开后，高电压保存＿＿＿＿＿＿＿＿ 在＿＿＿＿＿＿＿＿ 内。

5. 冷却空气在动力电池模块中的流动有＿＿＿＿＿＿＿＿ 、＿＿＿＿＿＿＿＿ 通风等几种方式。

6. 动力电池不一致检测有＿＿＿＿＿＿＿＿ 、＿＿＿＿＿＿＿＿ 、＿＿＿＿＿＿＿＿ 3 种。

二、判断题

1. 电池模块是构成动力电池组的最小单元。　　　　　　　　　（　　）

2. 电池模组是由单个电池模块或单体电芯串联组成的一个组合体。（　　）

3. 电池管理系统具有高压回路绝缘检测功能，以及为动力电池系统加热功能。（　　）

4. 动力电池应当正立安装放置，不可倾斜，动力电池组间应有通风措施。（　　）

5. 只允许具备高电压电池单元修理资质的维修人员进行蓄电池拆装和分解工作。（　　）

6. 动力电池温度越高，其性能越好。　　　　　　　　　　　　（　　）

7. 为了实现电动机驱动的高效率化，会将电动汽车的工作电压设定为 $100 \sim 500 \text{ V}$。

　　　　　　　　　　　　　　　　　　　　　　　　　　　（　　）

8.电池管理的核心问题就是 SOC 的预估问题，SOC 的合理范围是 10% ～ 50%。

（　　）

三、选择题

1.动力电池组的电池单体的构成为（　　）。

A. 正极、负极　　　B. 电解质　　　C. 外壳　　　　　D. 电池模块

2.动力电池辅助元器件有（　　）。

A. 熔断器　　　　　B. 继电器　　　C. 接触器　　　D. 维修开关

3.损坏的动力电池存放位置必须与建筑物、车辆或其他燃材料（例如垃圾）容器至少距离（　　）。

A. 2 m　　　　　　B. 5 m　　　　　C.10 m　　　　　D.20 m

4.在高压系统部件的安装（包括所有连接器的连接）完成之前，必须确保电池的负极电缆始终处于断开状态，手动维修开关处于（　　）。

A. 断开位置　　　　　　　　　　　B. 闭合位置

C. 没有特殊要求　　　　　　　　　D. 根据实际情况确定

5.以下不是电池生热因素的是（　　）。

A. 电池化学反应生热　　　　　　　B. 运动摩擦生热

C. 过充电副反应生热　　　　　　　D. 内阻焦耳热

6.动力电池冷却液说法正确的是（　　）。

A. 采用和传统车辆一样的冷却液　　B. 采用纯净水

C. 采用专用的去离子冷却液　　　　D. 以上都错误

7.电池管理系统的简称是（　　）。

A. PCU　　　　　　B. MCU　　　　C. BMS　　　　　D. VCU

项目五 混合动力汽车变速器

本项目包括混合动力汽车变速器认知和故障维修两个学习单元，通过学习，要求掌握混合动力汽车变速器的结构、工作原理及维修知识。

学习单元一 混合动力汽车变速器认知

知识目标

- 掌握混合动力汽车变速器的结构组成；
- 掌握混合动力汽车变速器的工作原理；
- 掌握变速器的耦合器分类与原理。

一、混合动力汽车变速器的结构组成

混合动力汽车变速器由行星齿轮机构、液力变矩器、电动机、离合器、制动器、油泵等组成。与传统汽车自动变速器相似，只是在液力变矩器后端增设了电动机/发电机。混合动力汽车变速器结构如图 5-1 所示，是在传统汽车自动变速器的基础上多设置了电动机/发电机动力源辅助输出/输入，传递动力给变速器齿轮，经过变速变矩的动力传递到车轮。

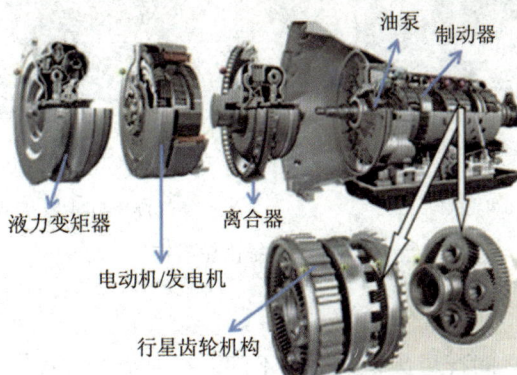

图 5-1 混合动力汽车变速器结构

二、行星齿轮机构的结构与工作原理

1.简单的行星齿轮机构的组成类型

简单的行星齿轮机构如图 5-2 所示，由太阳轮、一个内齿圈、一个行星架组成，一般称为单排行星齿轮机构。太阳轮、齿圈和行星架是构成行星排的三个基本元件。

1) 行星齿轮机构布置

行星齿轮安装于行星架的行星齿轮轴上，与内齿圈和太阳齿轮两者啮合。行星齿轮既可绕行星齿轮轴自转，又可在内齿圈内绕行，绕太阳轮公转，如图 5-3 所示为行星齿轮数量不同的两种行星齿轮机构布置方式，这两种布置方式均有两个自由度。

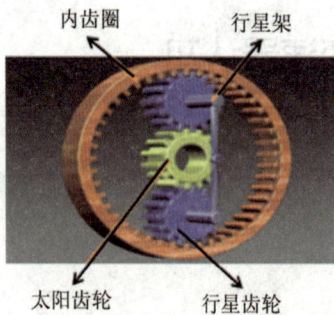

图 5-2 简单的行星齿轮机构

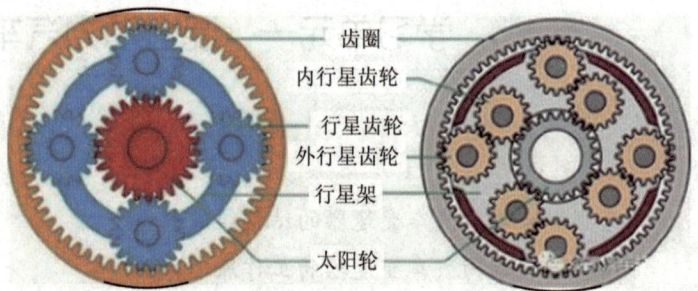

图 5-3 行星齿轮机构布置

2) 行星齿轮排数

按齿轮排数的不同，行星齿轮机构分为单排行星齿轮机构和多排行星齿轮机构。如图 5-4(a) 所示为单排行星齿轮机构，如图 5-4(b) 所示为双排行星齿轮机构，它由两个单排行星齿轮机构组成。自动变速器中的行星齿轮变速器采用的就是双排行星齿轮机构。

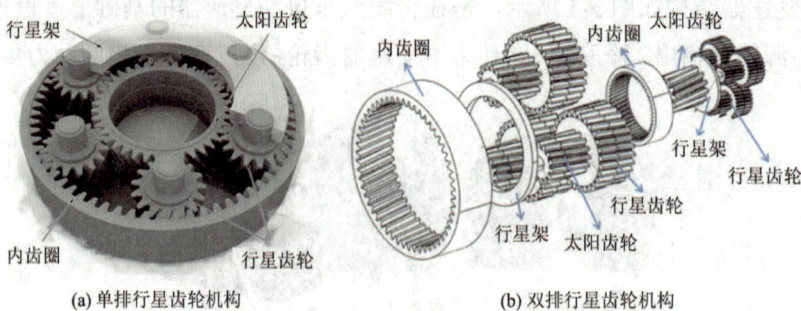

(a)单排行星齿轮机构

(b)双排行星齿轮机构

图 5-4 行星齿轮机构

3) 行星齿轮组数

按照太阳轮和齿圈之间行星齿轮组数的不同，行星齿轮机构又分为单星行星排和双星行星排。双星行星排在太阳轮和齿圈之间有两组互相啮合的行星齿轮，其中外面一组行星齿轮与内齿圈啮合，里面一组行星齿轮与太阳轮啮合，如图5-5所示。

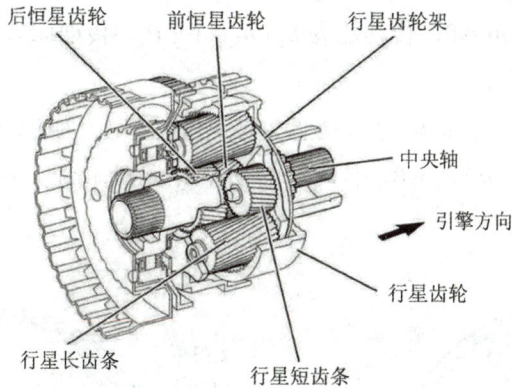

图5-5　双星行星排

2. 单排行星齿轮机构变速原理

单排行星齿轮机构变速原理如图5-6所示，设太阳轮、齿圈和行星架的转速分别为 n_1、n_2 和 n_3，齿圈与太阳轮的齿数比为2，则根据能量守恒定律，由作用在该机构各元件上的力矩和结构参数可导出表示单排行星齿轮机构一般运动规律的特性方程为

$$n_1 + \alpha n_2 - (1 + \alpha) n_3 = 0$$

可知，由于单排行星齿轮机构具有两个自由度，在3个基本元件中，任选两个分别作为主动件和从动件，而使另1个元件固定不动（该元件转速为0）或使其运动受到一定的约束（该元件的转速为定值），则机构只有1个自由度，整个轮系将以一定的传动比传递动力，如图5-7所示。

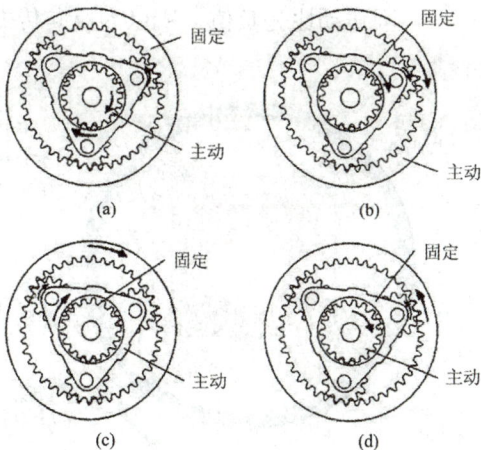

图5-6　单排行星齿轮机构变速原理

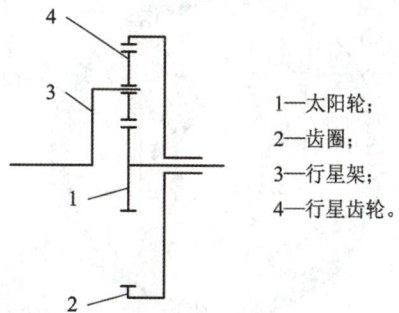

1—太阳轮；
2—齿圈；
3—行星架；
4—行星齿轮。

图5-7　单排行星齿轮机构动力传递方式

单排行星齿轮机构动力传递方式有以下几种：

(1) 太阳轮为主动件，行星架为从动件，齿圈固定。如图5-8所示，特性方程中 $n_2 = 0$，从而有：$n_1 - (1 + \alpha) n_3 = 0$，传动比为 $n_1 / n_3 = 1 + \alpha$，传动比大于1且为正值，因此为同向降速。

(2) 齿圈为主动件，行星架为从动件，太阳轮固定。如图5-9所示，特性方程中 $n_1 = 0$，从而有 $\alpha n_2 - (1 + \alpha) n_3 = 0$，传动比为 $n_2 / n_3 = (1 + \alpha) / \alpha$，传动比大于1且为正值，因此为同向降速。

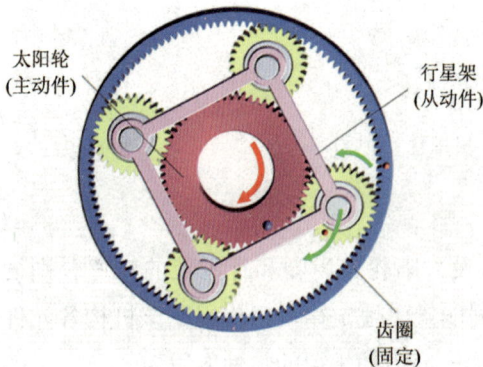

图 5-8　行星齿轮机构同向降速 (1)　　　图 5-9　行星齿轮机构同向降速 (2)

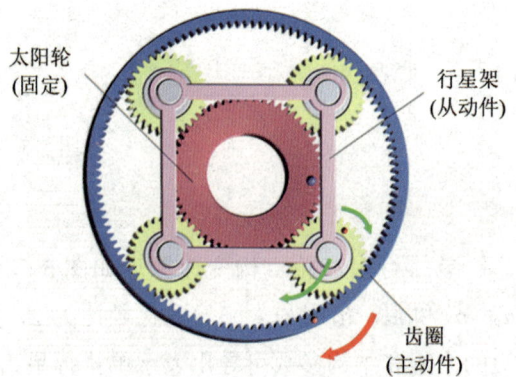

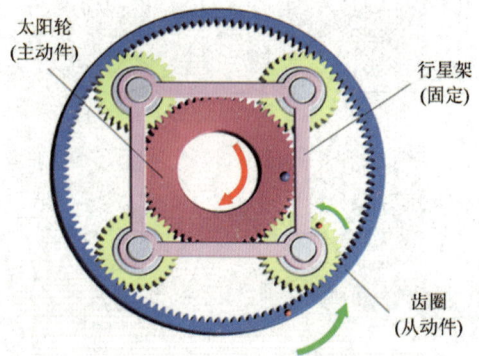

(3) 行星架为主动件，齿圈为从动件，太阳轮固定。如图5-10所示，特性方程中 $n_1 = 0$，从而有 $\alpha n_2 - (1 + \alpha) n_3 = 0$，传动比为 $n_3 / n_2 = \alpha/(1 + \alpha) < 1$，传动比小于1且为正值，因此为同向增速。

(4) 太阳轮为主动件，齿圈为从动件，行星架固定。如图5-11所示，特性方程中 $n_3 = 0$，从而有 $n_1 + \alpha n_2 = 0$，传动比为 $n_1 / n_2 = -\alpha$，因传动比为负值，所以为反向传力。

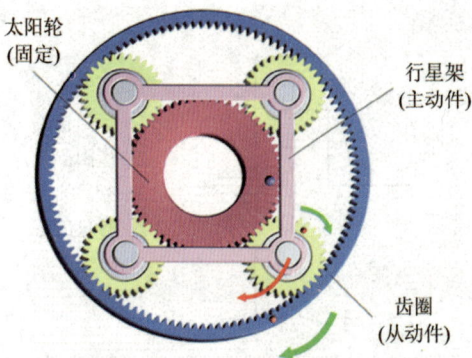

图 5-10　行星齿轮机构同向增速　　　　图 5-11　行星齿轮机构反向传力（倒挡）

(5) 任意两元件互相连接，如图 5-12 所示。也就是说 $n_1 = n_2$ 或 $n_2 = n_3$，则由运动特性方程可知，第三个基本元件的转速必与前两个基本元件的转速相同，即行星排按直接挡传动，传动比为 1。

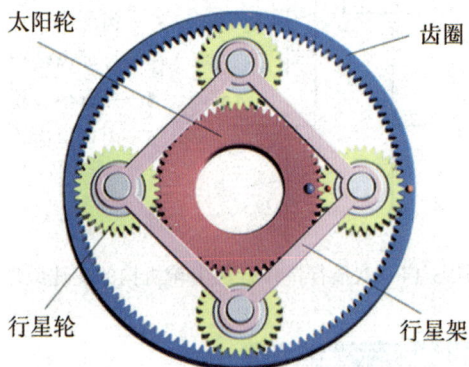

图 5-12　行星齿轮机构按直接挡传动

(6) 任一个为主动件，如图 5-13 所示。若任一个元件为主动件，无夹持部件，则该机构有两个自由度，因此不论以哪两个基本元件为主动件、从动件，都不能传递动力，处于空挡状态，传动比 $n_1 + \alpha n_2 - (1 + \alpha) n_3 = 0$。

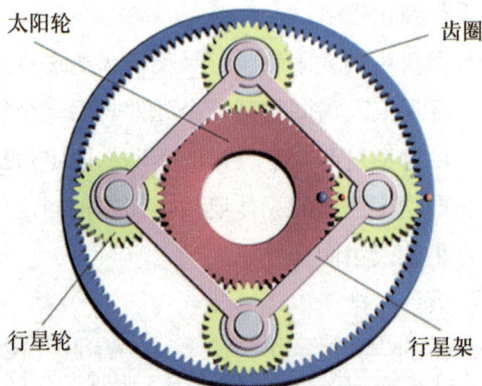

图 5-13　行星齿轮机构空挡状态

3. 双星行星排行星齿轮机构的变速原理

双星行星排行星齿轮机构的变速原理如图 5-14 所示，设太阳轮、齿圈和行星架的转速分别为 n_1、n_2 和 n_3，齿圈和太阳轮的齿数比为 α，则该行星齿轮的一般运动规律的特性方程式为

$$n_1 - \alpha n_2 + (\alpha - 1) n_3 = 0,$$

它与单排行星轮机构有所不同，但当其中一个元件受约束，另外两个基本元件一个主动，一个从动时，依然可按照前述方法计算传动比和判别旋转方向。

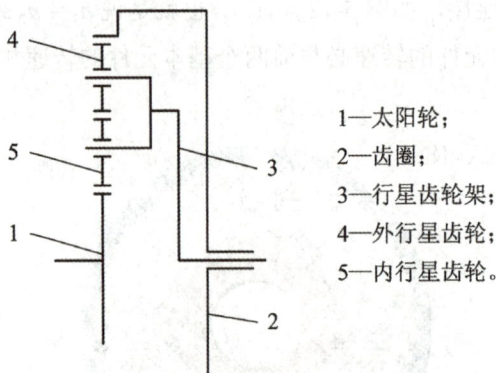

1—太阳轮；
2—齿圈；
3—行星齿轮架；
4—外行星齿轮；
5—内行星齿轮。

图 5-14　双星行星排行星齿轮机构的变速原理

三、换挡执行机构的结构和工作原理

行星齿轮变速器中所有的齿轮都是处于常啮合状态，其挡位变换必须通过以不同的方式对行星齿轮机构的太阳轮、行星架及齿圈的元件进行约束（即固定或连接其中某些元件）来实现。能对这些元件实施约束的机构，就是行星齿轮变速器的换挡执行机构。行星齿轮变速器的换挡执行机构由离合器、制动器、单向离合器 3 种执行元件组成，能对太阳轮、行星架及齿圈起连接、固定和锁止作用。

连接是指将输入轴与行星排中的太阳轮、行星架及齿圈进行连接，以传递动力，或将前一个行星排中的太阳轮、行星架及齿圈的某一个元件与后一个行星排中太阳轮、行星架及齿圈的某一个元件连接，以约束这两个行星排的运动；固定是指将行星排中太阳轮、行星架及齿圈中的某个元件与自动变速器的壳体连接，使之被固定住而不能旋转；锁止是指把某个行星排的太阳轮、行星架及齿圈元件中的两个连接在一起，从而将该行星排锁止。

换挡执行机构就是按一定的规律对行星齿轮机构的太阳轮、行星架及齿圈中某些基本元件进行连接、固定或锁止，让行星齿轮机构获得不同的传动比，从而实现挡位的变换。

1. 离合器的结构

离合器的结构如图 5-15 所示，它是由摩擦片、钢片、活塞、回位弹簧、单向阀、输入轴、输出轴、密封圈等组成的。离合器是连接轴和行星排的基本元件，或将行星排的某两个基本元件连接成一体，使之成为一个整体进行转动。

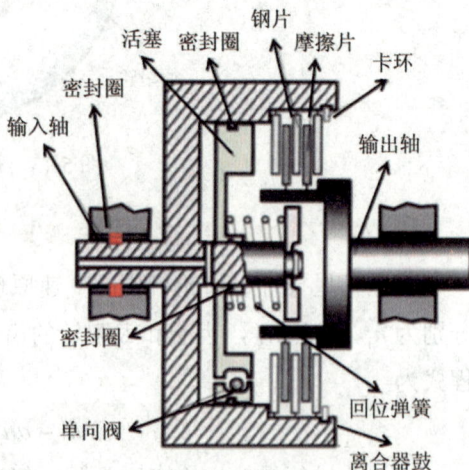

图5-15　离合器结构

(1) 摩擦片。如图 5-16 所示，摩擦片由其内花键齿与离合器毂的外花键齿连接，也可沿键槽作轴向移动。摩擦片的两面均为摩擦系数较大的铜基粉末冶金层或合成纤维层。

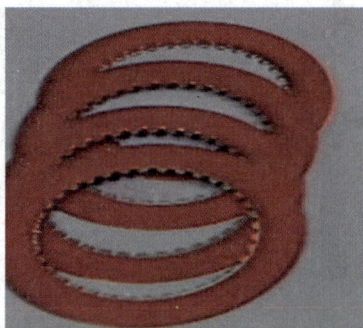

图 5-16　摩擦片

(2) 钢片。钢片的外花键齿安装在离合器鼓的内花键齿圈上，可沿齿圈键槽作轴向移动。当活塞受液压力压紧在钢片上时，会压紧摩擦片起到传递动力的作用

(3) 离合器鼓。离合器鼓以一定的方式和变速器输入轴或行星排中太阳轮、行星架及齿圈的某个元件相连接，一般离合器鼓为主动件。

2. 离合器的工作原理

离合器的工作原理主要是将油压转换为机械压紧能，如图 5-17 所示。通过对钢片、摩擦片的施压或泄压来完成离合器的结合或分离。

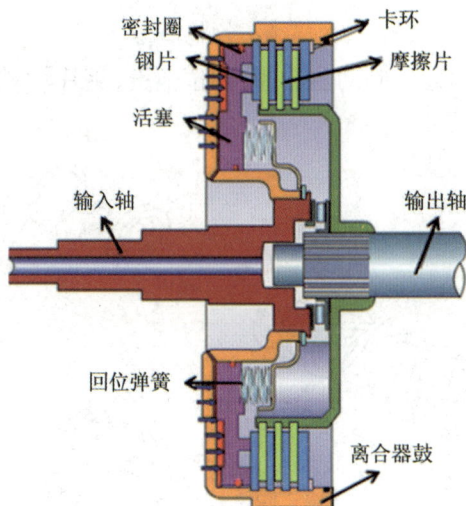

图 5-17　离合器布置

(1) 离合器接合：当来自控制阀的液压油进入离合器液压缸时，油压推动活塞克服弹簧的作用力将钢片和摩擦片相互压紧在一起，如图 5-18 所示，利用两者间的摩擦力使离合器鼓和离合器连接为一个整体，使输入轴和行星排的某基本元件连接在一起，此时离合

器处于接合状态，动力从输入轴传递到输出轴。

图 5-18　离合器接合　　　　　　　　图 5-19　离合器分离

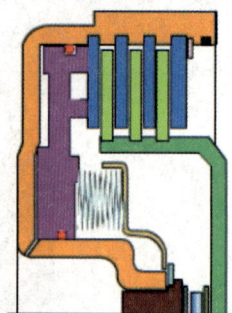

(2) 离合器分离：当液压控制系统将作用在离合器液压缸内的液压油的压力解除后，活塞被回位弹簧压回液压缸的底部，如图 5-19 所示，并将液压缸内的压力油从进油孔排出。此时，钢片与摩擦片相互分开，两者间无压紧力，离合器处于分离状态，切断动力从输入轴到输出轴的传递。

四、制动器的结构和工作原理

制动器的作用是将行星排中的某一元件加以固定，使之不能转动。目前常见的是带式制动器和片式制动器。

1. 片式制动器

(1) 片式制动器由制动器鼓、制动器活塞、回位弹簧、钢片、摩擦片、卡环及挡圈等组成，如图 5-20 所示。

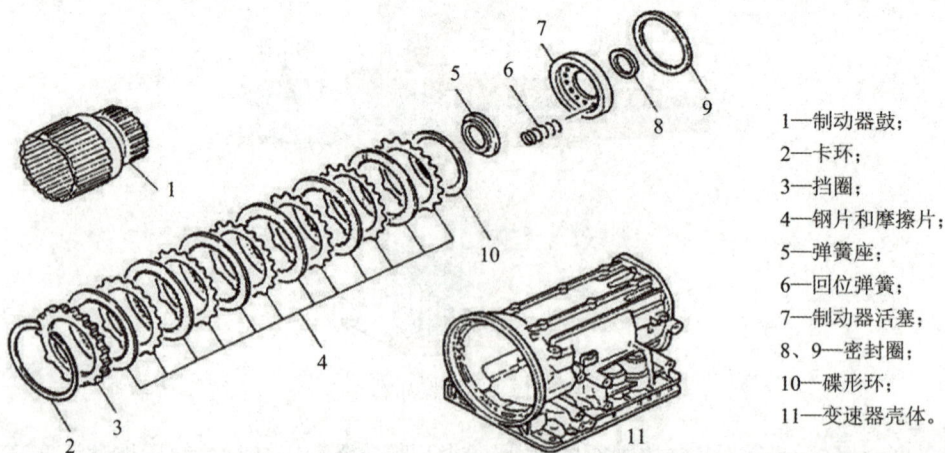

1—制动器鼓；
2—卡环；
3—挡圈；
4—钢片和摩擦片；
5—弹簧座；
6—回位弹簧；
7—制动器活塞；
8、9—密封圈；
10—碟形环；
11—变速器壳体。

图 5-20　片式制动器

(2) 片式制动器的工作原理。它的工作原理和湿式多片离合器的基本相同，但片式制动鼓是固定在变速器壳体上的，当制动器工作时，与制动器鼓相连的行星排某一元件被固定住而不能转动。

2. 带式制动器

(1) 带式制动器又称制动带，由推杆、活塞、外弹簧、制动带、制动鼓及内弹簧等组成，制动鼓与行星排的某一基本元件连接，并随之一起转动。

(2) 带式制动器的工作原理。制动带的内表面敷摩擦材料，它包绕在制动鼓的外圆表面，制动带的一端固定在变速器壳体上，另一端则与制动油缸中的活塞相连。如图 5-21(a) 所示，当制动油进入制动油缸后，压缩活塞回位弹簧推动活塞，进而使制动带的活动端移动，箍紧制动鼓。由于制动鼓与行星齿轮机构中的某一元件构成一体，所以箍紧制动鼓即意味着夹持固定了该元件，使其无法转动。如图 5-21(b) 所示，在制动油压力解除后，回位弹簧使活塞在制动油缸中复位，并拉回制动带活动端，从而松开制动鼓，解除制动。

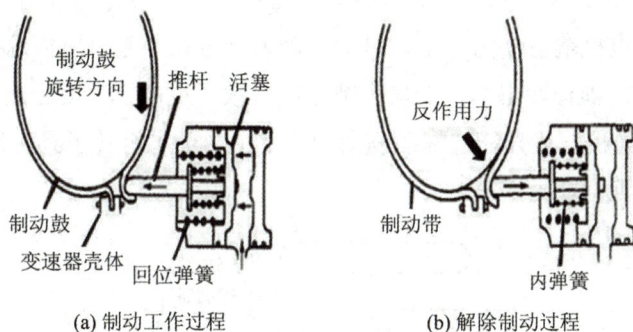

图 5-21 带式制动器工作原理

五、混合动力汽车耦合器

混合动力汽车耦合器是把发动机输出的动力源与电动机输出的动力源耦合在一起的装置，既可以分离为两个相互独立的动力源，又可以把这两个动力源按输出转速互成比例耦合为一个整体输出扭矩，最终的合成扭矩是两动力源输出扭矩的耦合叠加，其合成扭矩大小为

$$T_3 = \eta(T_1 + kT_2)$$

式中：η、k 分别为耦合效率和从动力源 2 到动力源 1 的传动比。依据机械结构的不同，扭矩耦合方式又可分为齿轮耦合式、磁场耦合式、转速耦合式、牵引耦合式、混合耦合式。

1) 齿轮耦合式

齿轮耦合式通过啮合齿轮 (组) 将多个输入动力合成在一起输出，如图 5-22 所示。这种耦合方式结构简单，可以实现单输入、双输入等多种驱动方式，耦合效率较高，控制相对简单，但由于齿轮是刚性啮合的，在动力切换、耦合过程中易产生冲击。

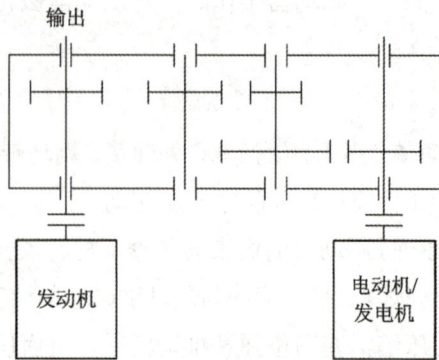

图 5-22　齿轮耦合式

2. 磁场耦合式

　　磁场耦合式如图 5-23 所示，这种耦合方式是将电机的转子与发动机输出轴做成一体，通过磁场作用力将电机输出动力与发动机输出动力耦合在一起，所以这种耦合方式的耦合效率高，结构紧凑，耦合冲击小，能量回馈方便，效率更高；但混合度（电机功率与发动机功率之比）低，电机一般只能起辅助驱动的作用。由于电机转子具有一定的惯性，所以多用于轻度混合的混合动力汽车上。

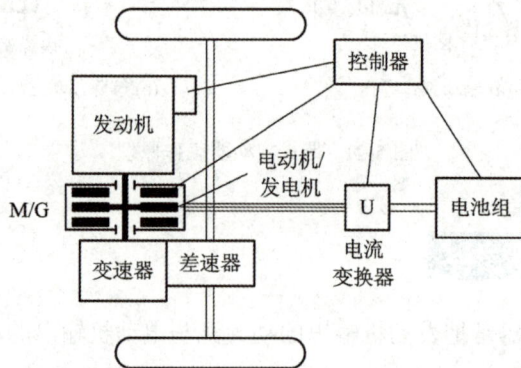

图 5-23　磁场耦合式

3. 转速耦合式

　　转速耦合式是指在耦合过程中，两动力源的输出转速相互独立，而输出扭矩必须互成比例，最终的合成转速是两动力源输出转速的耦合叠加，合成扭矩则不是两动力源输出扭矩的叠加，合或转速大小为

$$n_3 = pn_1 + qn_2$$

式中：p、q 由耦合器的结构确定。

　　依据驱动结构的不同，转速耦合方式又可分为行星齿轮式和差速器式两种。

1) 行星齿轮式

行星齿轮式耦合方式如图 5-24 所示，这是一种普遍采用的动力耦合形式，通常发动机输出轴与太阳轮连接，电机与齿圈连接，行星架作为输出端。行星齿轮式耦合方式结构简单，传动效率高（约 98%），混合程度高，并且还可实现多形式驱动，动力切换过程中冲击较小，但整车驱动控制难度增大。

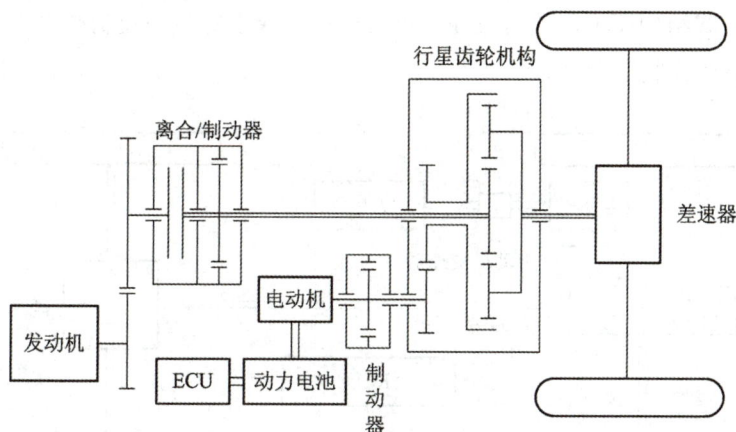

图 5-24　行星齿轮式耦合方式

2) 差速器式

差速器实际上是行星齿轮系数 $k = 1$ 时的一种特殊情况。一般差速器是将动力分解，对此功能逆用即可实现动力的耦合，如图 5-25 所示。差速器式耦合方式与行星齿轮式耦合方式基本类似，只是二者对发动机和电动机的动力性能要求不同，从而导致动力混合程度高低不同。差速器式耦合方式要求发动机和电动机动力参数相当，动力混合程度比较高。

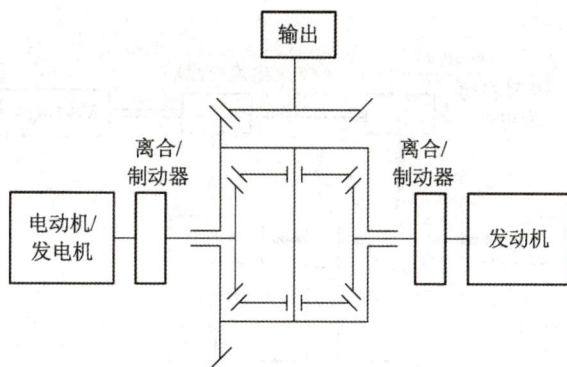

图 5-25　差速器式耦合方式

4. 牵引力耦合式

牵引力耦合式的耦合方式比较特殊，发动机驱动汽车前轮（后轮），电动机驱动后轮

(前轮)，通过前、后车轮驱动力将多个动力源输出动力合成在一起，如图 5-26 所示，动力合成规律为

$$Z = Z_1 + Z_2$$

式中：Z 为整车驱动力，Z_1 为发动机最终作用在前轮(后轮)上的驱动力，Z_2 为电动机最终作用在后轮(前轮)上的驱动力。

这种耦合方式结构简单，改装方便，可实现单、双模式驱动及制动再生等多种驱动方式，但整车的驱动控制更为复杂。

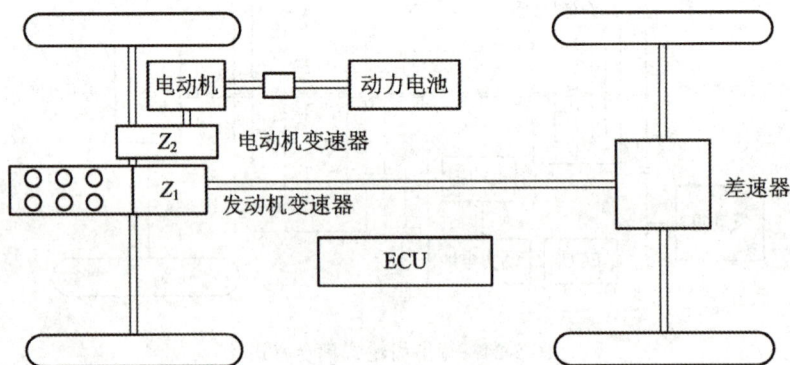

图 5-26　牵引力耦合式

5. 混合耦合式

混合耦合式是采用前面两种或两种以上耦合方式来实现动力耦合的，如日本丰田汽车公司开发的普锐斯混合驱动结构，如图 5-27 所示。发动机与电动机 / 发电机的动力耦合是行星齿轮式，之后两者的合成动力又与电动机动力进行齿轮式耦合，最终的合动力驱动差速器。

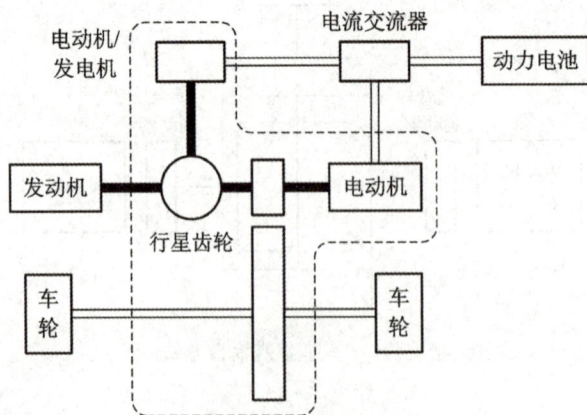

图 5-27　混合耦合式

6. 各种动力耦合方式的比较（见表 5-1）

表 5-1　各种动力耦合方式的比较

耦合方式	混合度	结合平顺度	结构复杂度	耦合效率	控制难度	能量再生	造价
齿轮耦合	中	差	低	高	低	中	低
磁场耦合	中	好	中	高	中	低	中
行星齿轮耦合	中	中	低	高	中	高	低
差速器耦合	高	中	低	高	中	高	低
牵引力耦合	高	好	中	高	高	中	中
混合耦合	高	好	高	低	较高	低	高
混合度是指电动机输出功率与发动机输出功率之比							

学习单元二　混合动力汽车变速器故障维修

知识目标

- 能描述混合动力汽车变速器的故障现象；
- 能描述混合动力汽车变速器的故障类型；
- 掌握混合动力汽车变速器故障的排除方法。

混合动力汽车变速器常见的故障有变速器不能换挡、变速器无超速挡、自动变速器无锁止、变速器无倒挡、自动变速器换挡过迟、自动变速器频繁跳挡、自动变速器换挡冲击、自动变速器打滑、自动变速器温度过高等。

一、自动变速器不能换挡

1. 故障现象

汽车行驶中自动变速器始终只能以某个挡位行驶，无论怎样踩踏加速踏板，变速器始终不能换挡。

2. 故障主要原因

对于电液控制型自动变速器，挡位的变换由电子控制装置决定，利用液压控制装置来操作齿轮变速器来换挡，引起变速器不能换挡的故障部位可能是电子控制装置中的传感器、动力管理控制单元、执行器、液压控制装置等。

3. 处理方法

这种故障的一般处理方法是检修电路、更换电子元件、清洗液压控制装置、更换阀板等。对于这种故障需要解释说明的问题如下：

(1) 如果自动变速器油发黑，则说明有执行元件烧毁，造成汽车不能行驶，必须解体大修。自动变速器油在自动变速箱中有多重任务，首先它是液压介质，液压系统能够工作主要依赖于它。

(2) 自动变速器油是自动变速箱中重要的润滑剂，负责润滑变速箱中大量的齿轮阀门和其他所有运动部件。

(3) 自动变速器油还要带走变速箱中产生的热量，起到冷却的作用。它是由石油提炼而成的（现在也出现了全合成的自动变速器油），此外还要人为地添加染色剂以使其明显区别于车上使用的其他液体；为避免混淆，通常都是染成红色。

(4) 检查自动变速器的过程：先行驶至少 15 min 以上，关闭发动机，找到自动变速器的油标尺，拔出，用纸巾擦干净，后插回原位再拔出来，这时候油标尺上沾上的油液面处应该在油尺标记的 HOT 与 COLD 之间，如图 5-28 所示，最佳位置是在标记中上处；然后把油标尺上的油滴到干净的纸巾上观察，颜色为淡红色，均匀扩散，应没有任何黑点和细小碎末，变速器新旧油质对比如图 5-29 所示。新油的颜色是清澈而鲜艳的，如图 5-29(c) 所示，带有石油制品的味道，没有任何其他异味。使用过后的变速器油是浑浊的，如图 5-29(b) 所示，这种油况属于正常现象。油质的性能失效就会变为黑色，如图 5-29(a) 所示，需要及时更换，否则就容易使变速箱内部产生故障和损坏部件。据统计，90% 的自动变速器故障是由于变速器油污染劣化引起的。即使检查自动变速器没有异常，润滑油也会自然老化和污染而使性能下降，因此混合动力汽车的维护手册建议定期更换润滑油，更换周期通常为 3 万～ 9 万公里。

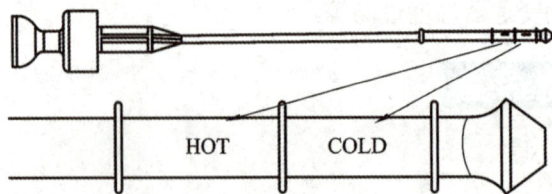

图 5-28　混合动力汽车自动变速器油标尺

(5) 如果动力管理控制单元 (ECU) 中有故障代码，则变速器电子控制系统可能会锁挡，即只产生一个挡位。

(6) 如果油压过低，且外部调整已经没有意义，必须解体检修油泵、液压装置等。

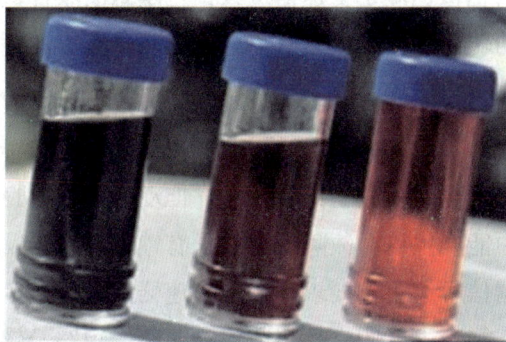

(a) 旧油　　　(b) 更换后的油　　　(c) 新油

图 5-29　自动变速器新旧油质对比

二、自动变速器无超速挡

1. 故障现象

在汽车行驶中，车速已经升至超速挡范围，但自动变速器仍不能从低速挡换入超速挡。

变速箱会根据驾驶者的驾驶情况自动调整换挡时机，若重踩加速踏板，变速箱会自动延迟换挡时机，以获得长时间的大功率输出，一般在 3000 r/min 以后才会升挡 (动力优先，若自动变速器判断要超车加速，则会保持挡位不变甚至降挡)。相反，若缓踩加速踏板，变速箱会最早在转速不到 2000 r/min 时就升入下一挡，(燃油经济优先，只要车速达到升挡范围，就马上升挡) 以达到配合驾驶者意图和节油省电的目的。

2. 故障主要原因

无超速挡的原因往往是由于转速传感器或传感器电路问题、接触不良、液压控制装置故障、换挡执行元件损坏等，使动力管理控制单元 (ECU) 无法接收到有效信号，而限制超速挡的使用。

3. 处理方法

这种故障的一般处理方法是先使用解码器读取有无故障码，检查传感器、电磁阀功能，然后拆下阀体进行清洗、调整或更换。

三、锁止离合器工作不良

1. 故障现象

在汽车行驶中，车速、挡位已满足变速器进入锁止状态的条件，但迅速踩踏加速踏板时，发动机转速或驱动电机的转速先上升，然后车速才上升，汽车油耗和电能耗损较大，经济性下降。

2. 故障分析

根据故障现象可知动力耦合器处于结合状态，但动力传递不良，从动力耦合器到自动变速器之间的动力传递中能产生这样故障现象的只有锁止离合器。影响锁止离合器工作的因素有节气门位置传感器信号达不到要求、自动变速器油温过高、动力管理控制单元中断或延迟锁止离合器工作。锁止电磁阀有故障或线路断路、短路及锁止控制阀有故障都会导致锁止离合器工作不良。

3. 处理方法

锁止离合器工作不良的一般处理方法是先进行故障自诊断，检查有无故障代码。如有故障代码，则可按显示的故障代码查找相应的故障原因，或按如图5-30所示，进行锁止离合器无锁止的诊断操作流程。

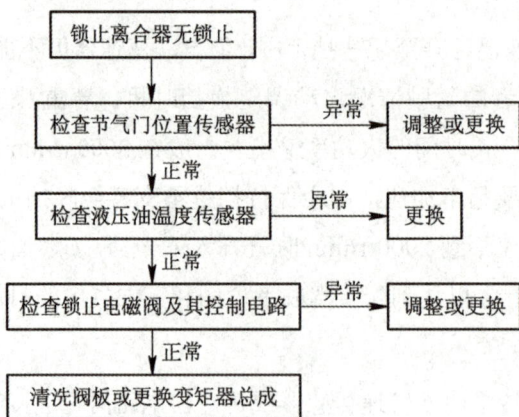

```
        ┌──────────────────┐
        │   锁止离合器无锁止   │
        └──────────────────┘
                 │
                 ▼
    ┌──────────────────────┐  异常   ┌────────────┐
    │  检查节气门位置传感器    │───────▶│  调整或更换  │
    └──────────────────────┘        └────────────┘
                 │ 正常
                 ▼
    ┌──────────────────────┐  异常   ┌────────┐
    │  检查液压油温度传感器    │───────▶│   更换   │
    └──────────────────────┘        └────────┘
                 │ 正常
                 ▼
    ┌──────────────────────┐  异常   ┌────────────┐
    │ 检查锁止电磁阀及其控制电路 │──────▶│  调整或更换  │
    └──────────────────────┘        └────────────┘
                 │ 正常
                 ▼
    ┌──────────────────────────┐
    │   清洗阀板或更换变矩器总成    │
    └──────────────────────────┘
```

图 5-30　锁止离合器无锁止的诊断操作流程

四、自动变速器无倒挡

1. 故障现象

汽车能够向前行驶，且前进挡位正常换挡，但换挡控制手柄移动到 R 位后，汽车不能向后行驶。

2. 故障原因

当手动阀移至 R 位时，液压控制装置直接导通倒挡油路，除了主油路调压阀外，几乎没有其他阀参与控制倒挡，故障常常是倒挡执行元件摩擦片烧毁、倒挡执行元件油道密封元件损坏和液压阀卡滞引起的。

3. 处理方法

自动变速器无倒挡的处理方法一般是解体后清洗、检修或更换。

这种故障一般是由于不正确或非常规的使用造成的，例如车未停稳直接挂倒挡。出现最多的故障部位是倒挡执行元件，因执行元件摩擦片烧毁打滑引起，并且自动变速器油已经发黑，一般通过外围途径无法解决。

五、自动变速器换挡过迟

1. 故障现象

在汽车行驶中，升挡时车速明显高于标准值，升挡前发动机转速或电机转速偏高；必须采用松、踩加速踏板，提前升挡的方式才能使变速器升入高速挡或超速挡。降挡时车速明显降低，并有较强的冲击感。

2. 故障主要原因

对于自动变速器，挡位的变化时刻由动力管理控制单元根据车辆运行的参数决定，而影响车辆运行参数的因素如下：

(1) 节气门位置传感器调整不当或信号不良。

(2) 自动变速器输出轴转速传感器 (OSS) 或车速传感器 (VSS) 不良。

(3) 自动变速器油温传感器不良。

(4) 强制降挡开关短路。

(5) 自动变速器电脑需进行自学习过程，或有故障。

(6) 发动机动力不足。

(7) 全液控自动变速器的节气门油压过高或速控油压过低。

3. 处理方法

自动变速器换挡过迟的诊断流程分为电控自动变速器与全液控自动变速器两种，如图5-31 所示。电控自动变速器首先要确定有无故障码，而全液控自动变速器不需要过多的仪器就可以诊断出换挡过迟的原因。

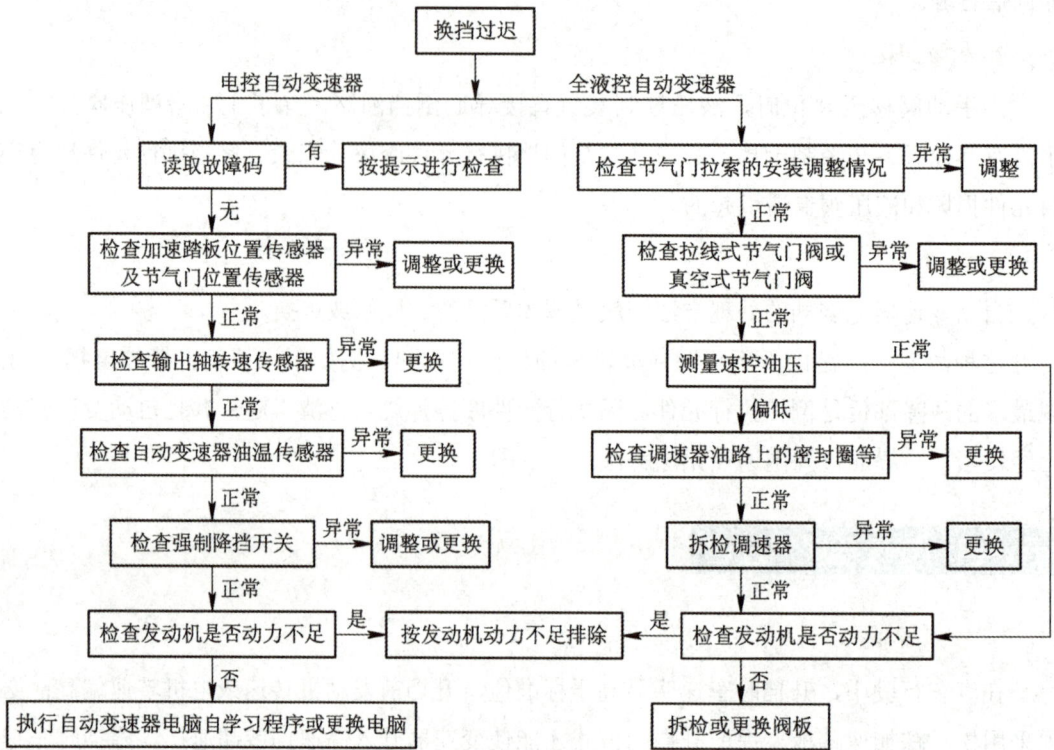

图 5-31　自动变速器换挡过迟诊断流程

六、自动变速器频繁跳挡

1. 故障现象

在汽车行驶中，即使加速踏板保持不动，自动变速器仍然会突然降挡，降挡后发动机转速或驱动电机转速异常升高，同时产生换挡冲击；然后，变速器又会突然升挡，发动机转速或驱动电机转速下降，同时产生换挡冲击。

2. 故障主要原因

变速器的挡位是由动力管理控制单元 (ECU) 根据传感器的信号控制换挡电磁阀来确定的。如果换挡电磁阀的状态频繁变化，将造成挡位的频繁变动。引起电磁阀状态频繁变化的原因一般有节气门位置传感器及电路故障、车速传感器及电路故障、控制系统电路搭铁不良、换挡电磁阀接触不良和动力管理控制单元 (ECU) 故障。

3. 处理的方法

这种故障的一般处理方法是对电路部分进行检修或更换。

七、自动变速器换挡冲击

1. 故障现象

汽车在行驶中能够在各个换挡点正确换挡，但换挡时车辆有强烈的振动和冲击，有的车辆是发生在升挡过程中，有的车辆是发生在降挡过程中，不换挡时车辆一切正常。

2. 故障主要原因

引起换挡冲击的最根本原因是两个挡位之间的换挡执行元件变化状态的时间差与标准不符。如果时间差过大，则变速器处于空挡的时间长，使发动机升速过高或驱动电机转速过高而产生冲击；如果时间差过小，则变速器可能会出现同时挂上两个挡位，导致运动干涉，同样会产生冲击。影响时间差的因素有自动变速器油的油质、主油路的压力、蓄能器的性能、单向节流阀的性能、换挡执行元件的间隙、执行元件油路的密封性能等。

3. 处理方法

这种故障的一般处理方法是先检查或调整油压，进而解体检修液压装置。

八、自动变速器打滑

1. 故障现象

车辆行驶中能正常换挡，但在某个挡位加速无力，加速时，发动机转速明显上升或驱动电机转速明显升高，而车速升高缓慢。

2. 故障主要原因

自动变速器出现打滑的原因有以下方面：

(1) 液压油油面太低或太高，运转中被行星排剧烈搅动后产生大量气泡。

(2) 离合器或制动器摩擦片、制动带磨损过甚或烧焦。

(3) 油泵磨损过甚或主油路泄漏，造成油路油压过低。

(4) 单向超越离合器打滑。

(5) 离合器或制动器活塞密封圈损坏，导致漏油。

3. 处理方法

这样故障的一般处理方法首先是检查变速器油面，如图 5-32 所示为自动变速器打滑故障诊断流程，找出故障点进行更换，或按维修手册进行维修。

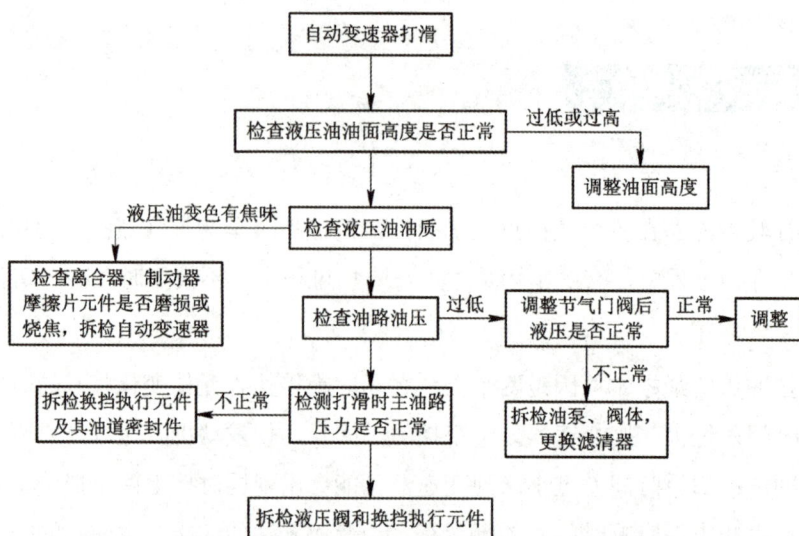

图 5-32　自动变速器打滑故障诊断流程

九、自动变速器温度过高

1.故障现象

将长时间行驶的车辆举起来，在自动变速器壳体下方能感觉到很大的热辐射，甚至异味，用故障诊断仪能读出自动变速器油温超出正常值，但驾驶员感觉不到车辆有什么异常，少数车辆还会出现加速无力或不升挡的情况。

2.故障主要原因

自动变速器的正常工作温度因车而异，工作温度为80℃左右，有的车辆用发动机冷却液冷却，温度可能超过100℃。引起温度过高的原因是散热器内的自动变速器油循环量不够，单向离合器发卡不转，锁止离合器无法锁止等。

3.处理方法

这种故障的一般处理方法是先从外围检修散热器故障，检查、清洗液压控制装置。汽车出现交通事故后，容易撞坏自动变速器油的散热器，使其弯曲或变形，影响自动变速器油的冷却循环，从而影响冷却强度。

练习测试

一、填空题

1.混合动力汽车变速器由＿＿＿＿＿、＿＿＿＿＿、＿＿＿＿＿、＿＿＿＿＿、

_____等组成。

2. 按齿轮排数的不同，行星齿轮机构分为_____、_____。

3. 行星齿轮变速器的换挡执行机构由_____、_____、_____三种执行元件组成。

4. 离合器是_____、_____的某个基本元件，或将行星排的某两个基本元件连接成一体，使之成为一个整体转动。

5. 钢片的_____安装在离合器鼓的内花键齿圈上，可沿齿圈键槽作轴向移动。

6. 片式制动器由_____、_____、_____、_____、_____及_____组成。

二、判断题

1. 齿圈为主动件，行星架为从动件，太阳轮固定属于降速。　　　　　　（　　）

2. 行星齿轮变速器中所有的齿轮都是处于常啮合状态，其挡位变换必须通过以不同的方式对行星齿轮机构的基本元件进行约束（即固定或连接某些基本元件）来实现。（　　）

3. 固定是指将行星排的所有基本元件与自动变速器的壳体连接，使之被固定住而不能旋转。　　　　　　　　　　　　　　　　　　　　　　　　　（　　）

4. 摩擦片由其内花键齿与离合器毂的外花键齿连接，不可沿键槽作轴向移动。（　　）

5. 离合器结合靠油压作为控制力从而传递动力，分离靠回位弹簧的张力切断动力传递。

（　　）

三、选择题

1. 太阳轮为主动件，行星架为从动件，齿圈固定属于（　　）。

A. 增矩　　　　　B. 降矩　　　　　　　C. 增速　　　　　　　D. 降速

2. 任意两元件互相连接，则（　　）。

A. $i=1$　　　　　B. $i=2$　　　　　　　C. $i=3$　　　　　　　D. $i=4$

3. （　　）是将行星排中的某一元件加以固定，使之不能转动。

A. 离合器　　　　B. 制动器　　　　　　C. 行星机构　　　　　D. 驱动电机

4. 磁场耦合方式是将（　　）与发动机输出轴做成一体，通过磁场作用力将电机输出动力与发动机输出动力耦合在一起。

A. 行星架　　　　　B. 离合器　　　　　　C. 电机的转子　　　　D. 制动器

5. 日本丰田汽车公司开发的普锐斯混动的 HEV 混合驱动结构常用的是（　　）。

A. 齿轮耦合式　　B. 磁场耦合式　　　　C. 牵引耦合式　　　　D. 混合耦合式

参 考 文 献

[1] 丰田汽车公司 . 普锐斯维修手册 [Z]. 2006.

[2] 上汽公司 . 荣威 E50 维修手册 [Z]. 2012.

[3] 北汽新能源汽车公司 E150EV 维修手册 [Z]. 2015.

[4] 袁亮，雷春国 . 汽车发动机维修 [M]. 北京：人民交通出版社，2011.

[5] 陈家瑞 . 汽车构造 (上册)[M]. 北京：机械工业出版社，2009.

[6] 朱军 . 汽车发动机常见维修项目实训教材 [M]. 北京：人民交通出版社，2009.

[7] 赵俊山，孙永江 . 汽车构造 [M]. 北京：人民交通出版社，2011.

[8] 张嫣，苏畅 . 汽车发动机构造与维修 [M]. 北京：人民交通出版社，2011.

[9] 屈殿银，刁维芹 . 汽车发动机构造与维修 [M]. 北京：机械工业出版社，2010.

[10] 上海市教育委员会职教办，上海交运 (集团) 公司，上海市公共交通总公司 . 汽车构
     造 [M]. 2 版 . 上海：上海科学技术出版社，1995.